盆景制作与养护

（修订版）

马文其　编著

金盾出版社

内 容 提 要

本书主要介绍盆景发展的历史、风格与流派、盆景造型基本原则,36种植物盆景的造型技艺及栽种、养护知识,山水盆景各类款式、制作技艺及其养护,微型盆景、挂壁式盆景、立屏式盆景、云雾山水盆景的制作与创新,盆景和观赏石的艺术欣赏等。

本书内容丰富,图文并茂,具有较强的知识性、科学性、实用性,是盆景初学者和创作者的良师益友。书中有插图200余幅,优秀盆景照片176幅,多为名家之作,可供读者欣赏和制作盆景时参考。

图书在版编目(CIP)数据

盆景制作与养护/马文其编著. —修订版. —北京:金盾出版社,2000.8(2018.5重印)
ISBN 978-7-5082-1189-3

Ⅰ. 盆… Ⅱ. 马… Ⅲ.①盆景-制作-技术培训-教材②盆景-观赏园艺 Ⅳ. S688.1

中国版本图书馆 CIP 数据核字(2000)第 18743 号

金盾出版社出版、总发行

北京市太平路 5 号(地铁万寿路站往南)
邮政编码:100036 电话:68214039 83219215
传真:68276683 网址:www.jdcbs.cn

北京天宇星印刷厂印刷、装订

各地新华书店经销

开本:787×1092 1/16 印张:16.5 彩页:64 字数:336 千字
2018 年 5 月修订版第 19 次印刷
印数:180 001~183 000 册 定价:48.00 元

本书曾获得一九九七年中国艺术界名人作品展示会银鼎奖

（本书由中国盆景艺术大师、中国盆景艺术家协会会长徐晓白题写书名，撰写题记）

第 1 版前言

盆景起源于中国,以后流传到海外,目前已成为世界性的一种造型艺术形式。盆景是园林栽培技术和造型艺术巧妙结合的产物。它主要有树木盆景和山水盆景两大类。

随着我国经济的发展,人们生活水平和文化水平的不断提高,对环境美、居室美提出了较高的要求,越来越多的人已不满足于栽种一般的花木,而对具有诗情画意和优美造型的盆景产生了浓厚的兴趣。当前,盆景爱好者越来越多,盆景创作队伍日益扩大。为了适应盆景艺术迅速发展的需要,笔者总结了近30年盆景创作实践和多年从事盆景教学的经验,编写了这本书。本书将盆景的实用性和欣赏性融为一体,内容通俗易懂,方法简便易学,看后便能动手制作,同时有助于提高对盆景艺术的欣赏水平。

盆景是雅俗共赏的一种艺术作品,其价值在于可供欣赏,能丰富人们的文化生活。人们在工作之暇,茶余饭后,制作或欣赏盆景,能使人心旷神怡,自然放松,消除疲劳,对身心健康大有裨益。为此,本书对盆景的立意、选材、制作、配盆、养护、命名、陈设、欣赏,也就是完成盆景作品的全过程,作了深入浅出的介绍,以适应人们制作和欣赏盆景的需要。

本书是盆景爱好者必备的实用参考书,也可作为盆景花卉职业高中和盆景技艺培训班的教材,盆景专业工作者也值得一读。

由于本人水平所限,书中可能会有差错和不当之处,敬请读者批评指正。

在本书编写过程中,承蒙解秀纯、马琳、马莉、王选民、韩淑玲、张世藩、苏放、李和平等同志给予大力帮助,在此一并致谢。

作 者
1993 年 2 月

修订版说明

　　《盆景制作与养护》一书,自1993年问世以来,承蒙广大读者的厚爱,先后印刷7次,印数达117000余册,并获得1997年中国艺术界名人作品展示会银鼎奖。为适应时代的要求和盆景艺术的发展,特对本书进行修订。这次修订为满足广大盆景爱好者的需要,增加了以下主要内容:制作盆景常用植物由25种增加到36种,特别是深受人们喜爱的水仙盆景,对水仙花头的挑选、雕刻、水养、造型技艺介绍得更加详细;由于近年来国内外出现了赏石热,这次增加赏石一章,对赏石的历史沿革、现状、分类、欣赏等作了简要介绍;山水盆景方面,增添了山水盆景地方风格一节,山水盆景的款式由原来的4种增加到10种。另外对盆景的命名和欣赏也增添了新内容;更换了部分盆景彩色图片,增添了盆景插图86幅。总之,修订后的新书,给人耳目一新的感受,内容更加丰富,实用性、欣赏性、艺术性更强。

作　者
2000年2月

盆景爱好者的良师益友

——《盆景制作与养护》（修订版）题记

　　盆景为园林栽培技术与造型艺术巧妙结合而成。随着我国经济的不断发展，人民生活水平与文化水平的不断提高，人们对环境美与居室美有了更高要求，因此对具有诗情画意、造型优美的盆景产生了浓厚兴趣。全国各地围绕盆景艺术如何制作与创新等课题，纷纷著书立说，其发展势头令人振奋。

　　中国盆景艺术家协会副秘书长暨北京市盆景艺术研究会常务副会长马文其先生对盆景艺术情有独钟，已有 10 余种盆景书籍编著问世，其中《盆景制作与养护》一书，乃多年从事盆景创作与教学经验之总结，至为可贵。书中介绍有盆景造型原则与技艺，多种盆景常用植物特性、栽种与养护知识。对山水盆景各种款式与技艺，对各类盆景的立意、选材、制作、配盆、养护、命名、陈设与欣赏各方面，均能深入浅出地加以阐述。

　　通过这次修订，使《盆景制作与养护》一书的内容更加充实和完善，如制作盆景常用植物由 25 种增加到 36 种；增加了观赏石内容，对其历史、现状、分类与欣赏等作了较为详细的阐述；山水盆景增加了地方风格内容，款式由 4 种增至 10 种；其他如命名与欣赏内容，均有增添。

　　该书内容丰富，图文并茂，能将实用性与欣赏性融为一体，可供盆景爱好者与创作者参考。本书不愧为读者的良师益友，诚属可贵之精神食粮。

徐晓白

2000 年 2 月

一、植物盆景

名称:秋韵　材料:槭树　制作:周西华

名称:撒给人间都是爱

材料:赤楠　制作:庄荣奎

名称:华盖　材料:榆树　制作:周国梁

名称：樵归图
材料：榔榆
制作：赵庆泉

名称：叠翠
材料：五针松
制作：赵庆泉

名称：竹林逸隐　材料：凤尾竹、龟纹石　　制作：赵庆泉

名称：垂钓图　材料：雀梅、龟纹石　制作：赵庆泉

名称:晨曲　材料:桎柳　制作:王选民

名称:风华正茂　材料:榉木　制作:闫文林

名称:三代情　材料:三角枫　制作:冯连生

名称:长相依　材料:雀梅　制作:高鹤鸣

名称:别有情趣　材料:辣椒　制作:赵士杰

名称:疏影横斜　材料:榆树　制作:周国梁

名称：大王雄风
材料：榕树
制作：刘友坚

名称：春意盎然　材料：六月雪　制作：伍宜孙

名称:君子遗风
材料:雀梅
制作:华炳生

名称:横绝碧空
材料:真柏
制作:华炳生

名称:刘松年笔意　材料:五针松　制作:潘仲连

名称:野趣　材料:六月雪　制作:赵庆泉

名称:春江鹅曲　材料:黄杨　制作:林凤书

名称:行云流水　材料:五针松　制作:潘仲连

名称:龙蟠虎踞　材料:榧子　制作:李双海

名称:春华秋实　材料:石榴
制作:刘发群　王选民提供

　名称:疏林幽径　材料:络石　制作:周龙华

名称:清翠欲滴　材料:雀梅　制作:高鹤鸣

名称:枫林清话　材料:枫树、龟纹石　制作:刘传刚

名称:南国牧歌　材料:榆树　制作:冯连生

名称:柔条风暖　材料:桎柳　制作:王选民

名称:横秀叠翠　材料:桎柳　制作:赵士杰

名称:碧叶含珠　材料:火棘　制作:伞志民　王选民提供

名称:临崖不惧

材料:水腊

制作:贺淦荪

名称:雁兮归来
材料:五针松
制作:潘仲连

名称:寒暑不改容　材料:五针松　制作:胡乐国　　　　名称:悠闲自得　材料:桎柳　制作:王选民

名称:幽林逸趣　材料:枫树、龟纹石
制作:刘传刚

　名称:老柏不知春　材料:刺柏　制作:王明生　　　名称:鼎盛春秋　材料:榉木　制作:闫文林

名称:眠柳惊风　材料:柽柳　制作:王选民

名称:柳岸风迅　材料:柽柳　制作:王选民

名称:婀娜多姿　材料:小叶菊　制作:于锡昭

名称:紫薇花开百日红
材料:小叶紫薇　制作:黄元正

名称:平步青云
材料:罗汉松　制作:陈思甫

名称:回首
材料:蜡树
制作:乔松波

名称:泰岳真趣　材料:五针松　制作:胡乐国

名称:莺歌燕舞　材料:榕树　制作:傅耐翁　　　名称:盘根错结　材料:六月雪　制作:李保山

名称:历尽沧桑
材料:圆柏
制作:赵庆泉

名称:烂漫
材料:寿星桃
制作:赵庆泉

名称:怒放
材料:杜鹃
制作:赵庆泉

名称:檀香流溢　材料:黄檀　制作:李双海

名称:飘扬　材料:荆条　制作:马文其

名称:晚浦烟雨　材料:柽柳　制作:王选民

名称:春牧　材料:柽柳　制作:马文其

名称:龙回头
材料:小叶榕　制作:雷从军

名称:三百犹童颜　材料:榆树　制作:陈添丁

名称:势若蟠龙
材料:榆树　制作:仲济南

名称:别有洞天
材料:雀梅
制作:吴义伯

名称:秋思　制作:贺淦荪
材料:榆树、朴树、牡荆、水腊、三角枫

名称:飞云直下　材料:赤楠　张世藩提供

· 21 ·

名称：汴水秋声　材料：柽柳　制作：王选民

名称：烟雨归舟　材料：柽柳　制作：王选民

名称：情深意长　材料：黄杨　制作：贺淦荪

名称:黄花满树　材料:菊花　制作:赵士杰

名称:铁骨生春　材料:南天竹　制作:毛耀南

名称:春光永缀　材料:小叶槐　制作:刘传刚

名称:错落有致　材料:榔榆　制作:钱阿炳

名称:古梅新姿　材料:雀梅　制作:高鹤鸣

德国盆景　材料:山毛榉　马文其提供

名称:似象非象　材料:南天竹　制作:柯宗荣

名称:遮天蔽日　材料:丹桂　制作:周国梁

名称:青山有情　材料:银杏　制作:万海清

名称:红果挂珠　材料:石榴　制作:开封龙亭公园

名称:高低呼应　材料:雀梅　制作:李保山

名称:坦诚　材料:雀梅
制作:仲济南

名称:情意绵绵　材料:锦鸡儿　制作:陶志明

名称:远客来迎　材料:榕树　制作:蒋东壁

名称:老当益壮　材料:假色槭　制作:乔松波

名称:一枝红杏出墙来　材料:红枫
制作:湖北省武穴市花木公司

名称:叶绿花好　材料:海棠　制作:陈思甫

名称:柳荫唱和图　材料:柽柳　制作:王选民

名称:香自苦寒来

材料:梅花　制作:马文其

名称:曲劲挺秀　材料:乌柿　制作:钱阿炳

名称:寄生　材料:小叶女贞　制作:王选

名称:咏史怀古　材料:榉木　制作:刘渊

名称:奔驰　材料:三角枫　制作:贺东岑　　　　名称:枯荣与共　材料:真柏　制作:胡乐国

名称:金碧生辉　材料:小叶菊　制作:于锡昭

名称:春雪　材料:杜鹃　制作:赵庆泉

名称:繁花似锦
名称:菊花　制作:赵士杰

名称:姿态各异
材料:菊花
制作:赵士杰

名称:风韵飘然
材料:榕树
制作:郑建明　施德勇提供

名称:玉象驮花　材料:水仙
制作:马文其

名称:竞秀
材料:水仙
制作:马文其

名称:昂首
材料:雀梅　制作:赵庆泉

微型盆景　琳琅满目
制作:赵士杰

名称:对酌　材料:椰榆　制作:薛平

名称:老态龙钟
材料:小叶女贞
制作:伞志民　王选民提供

名称:蕊寒香冷蝶难来
材料:菊花　制作:赵士杰

名称:风在吼 材料:榆树 制作:贺淦荪

名称:春绿两岸 材料:雀梅、龟纹石 制作:贺淦荪

名称:坦荡　材料:赤楠　制作:彭先仲

名称:向天涯　材料:五针松

制作:胡乐国

名称:红花满树　材料:石榴

制作:卢迺骅

名称：万木峥嵘
材料：榆树、雀梅、
　　　水腊、真柏、
　　　黄杨
制作：贺淦荪

名称：雄风犹存
材料：雀梅
制作：毛耀南

名称：秋实　材料：石榴
制作：开封龙亭公园

名称：群龙会　材料：南天竹
制作：万海清

名称：枯木逢春　材料：迎春
制作：陶志明、邢毅

名称：坚忍不拔　材料：雀梅　制作：湖北省武穴市花木公司

台湾盆景　材料:真柏　制作:苏义吉

名称:硕果累累　材料:苹果树
制作:河北农业大学

名称:青春永驻　材料:金弹子
制作:万海清

名称:苍翠凌空
材料:六月雪   制作:万海清

名称:老当益壮   材料:柽柳
制作:马文其

名称:蒸蒸日上   材料:五针松
制作:湖北省武穴市花木公司

名称:青龙探海　材料:雀梅　制作:吴义伯

名称:松韵　材料:柽柳　制作:王选民

名称:花团锦簇　材料:杜鹃　制作:陈新森

名称:枫桥夜泊
材料:三角枫
制作:冯连生

名称:潇洒
材料:红枫
制作:赵庆泉

印尼盆景　材料:海芙蓉　李华超提供

微型盆景　架上风光
制作:赵士杰　王选民提供

名称:妙趣
材料:雀梅
制作:雷从军

名称:翠叶凌空
材料:黄荆
制作:王选民

德国盆景
材料:银杏
制作:米夏埃尔·克罗尔茨

二、山水盆景

云雾山水盆景 云峰秀谷 材料:芦管石 制作:赵征祚

名称:太湖风光
材料:细砂积石
制作:周龙华

名称:一览众山小
材料:英石
制作:周文广

名称:渔家乐　材料:木化石　制作:周龙华

名称:乍暖还寒　材料:雪花石　制作:刘荣森

名称:枫桥夜泊　材料:三角枫、芦管石　制作:贺淦荪

名称:沙漠驼铃　材料:千层石　制作:马文其

名称:故乡行　材料:龟纹石　制作:冯连生

名称:秋山夕照　材料:黄雪花石　制作:符灿章

名称:燕山情
材料:燕山石
制作:王修

名称:鹫峰绝壁
材料:燕山石
制作:刘宗仁

名称:壁立千仞
材料:砂积石
制作:刘天明

名称:仙居图　材料:钟乳石　制作:冯连生

名称:群峰帆影　材料:英石　制作:符灿章

名称:壮美山河醉吾心　材料:石灰石　制作:赵征祚

名称:崖韵　材料:福建茶树、芦管石　制作:贺淦荪

名称:寒江雪　材料:雪花石　制作:冯舜钦

名称:幽居秋山　材料:钟乳石　制作:冯连生

名称：湖光塔影
材料：英石
制作：冯舜钦

名称：寒江独钓
材料：英石
制作：冯舜钦

名称：万水千山
材料：斧劈石
制作：冯舜钦

名称：夜访石钟
材料：英石
制作：李保山

名称：深邃雄伟
材料：树皮
制作：马文其

名称：通天河
材料：钟乳石
制作：尹家春

名称：秋山萧寺　材料：龙骨石　制作：冯舜钦

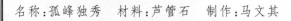

名称：孤峰独秀　材料：芦管石　制作：马文其

名称:春江余雪
材料:雪花石
制作:符灿章

名称:画中游
材料:木纹石
制作:符灿章

名称:故乡情
材料:浮石
制作:仲济南

名称:蜀江行
材料:钟乳石
制作:万海清

名称:扬帆
材料:奇石
制作:符灿章

名称:群峰竞秀　材料:芦管石　制作:贺淦荪

名称:春来冰融　材料:黄山石　制作:符灿章

名称:渔趣　材料:墨石　制作:秦甏翊

名称:秀岭轻舟　材料:石灰石　制作:尹家春

名称:大江东去　材料:五彩斧劈石　制作:张建朝

名称:湖光山色　材料:斧劈石　制作:冯舜钦

名称:雪后晚晴　材料:斧劈石　制作:周国梁

名称:刺破青天　材料:雪筋石　制作:符灿章

名称:古寺塔影　材料:龙骨石　制作:冯舜钦

名称:横云　材料:千层石　制作:冯舜钦

名称:春江观渡　材料:锰石　制作:冯舜钦

墙角大型山水盆景
材料:英石
制作:周文广

阳台山景　材料:塑石　刘洪居室阳台

名称:江山如画　材料:燕山石　制作:马文其

三、观赏石

名称:天趣　材料:彩石　马文其收藏　　　　名称:一泻千里　材料:金海石　刘宗仁收藏

名称:超越时空　材料:金海石　高存收藏　　　名称:旭日东升　材料:黄河石　马文其收藏

名称:柽柳雀皓鸣
材料:九龙壁石
袁其芳收藏
施德勇提供

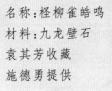

名称:远古遗韵
材料:龟石
姬民生收藏

目　　录

第一章　盆景概述

盆景是诗、画、园艺、美学、雕塑、制陶等学科和技艺交融结合而成的一门造型艺术。它起源于中国，发扬于日本，目前已成为世界性的一种艺术。

盆景是将自然美与艺术美融为一体的一种艺术形式，它源于自然又高于自然，有"无声的诗"、"立体的画"、"凝固的音乐"的美称。

盆景艺术运用"缩龙成寸"、"缩地千里"、"以小见大"、"以少胜多"等艺术手法，把自然界的风姿神采、名胜古迹、名山大川，艺术地再现于盆钵之中。盆景以它特有的艺术魅力来美化人们的工作和生活环境，陶冶精神情操，丰富文化生活。

在国际上通过盆景艺术的交流，还能增加各国人民之间的友好往来，加深各国人民之间的了解，增进友谊与感情。

第一节　盆景发展简史

（一）盆景的起源

中国是世界文明古国，有着悠久的历史。1977年，考古工作者在浙江省余姚县河姆渡新石器时期（距今6000余年）遗址挖掘中，发现一片绘有盆栽植物的陶片，其画面显示，盆内生长着一株有五个叶片的植物，从所绘植物的形态来看似为万年青。

在河北省望都县东汉墓壁绘画中，有盆栽花卉的画面：在一个圆形盆中栽着六枝红花，盆下配以方形几架，形成植物、盆钵、几架三位一体的艺术形象（图1-1）。这1700多年前的绘画图形，和现在的盆景极为相似，可以说这就是盆景的前身了。

图1-1　东汉墓壁画中盆栽花卉摹本

南北朝时期梁代萧子显在《南齐书》中记载："会稽剡县刻石山，相传为名。"此处说的是在会稽剡县制作的工艺品刻石山，人们相互传颂很有名气。从这一记载中可以看出，这一时期的山水盆景，已经有了一定程度的发展。

关于盆景的起源年代，目前众说纷纭，尚无定论。有的说出现于魏晋，有的说出现在殷周，还有人说出现在距今6000年前的新石器时代。究竟谁是谁非？我们期待着今后有更多的出土文物来加以证实。

（二）盆景的形成

同盆景起源年代争论不休形成鲜明对比，大家对盆景形成年代的意见基本上是一致的。绝大多数人认为，盆景形成在唐代，其根据是1972年考古工作者在陕西省乾陵发掘的唐代章怀太子李贤（武则天之子）墓甬道东壁上，有侍女手捧盆景的壁画。该画显示在黄色浅盆中有几块小山石，石上长着两株小树，树上还结有果实（图1-2）。所画的这一盆景与现代盆景非常近似。

北京故宫博物院内保存着一幅唐代画家阎立本绘的《职贡》图，图中有这样一个画面：在进

图 1-2 唐代章怀太子李贤墓壁画摹本

贡的行列中有一人手托浅盆,盆中立着造型优美的山石,此物类似现代的山水盆景;在进贡的行列中还有几人或手托山石,或用肩扛着山石(图 1-3)。

图 1-3 唐代《职贡》图局部摹本

盆景艺术经过了漫长的萌芽期,它随着社会经济文化的发展而发展。魏晋、南北朝时期,山水画和山水诗以及堆砌假山造园的兴起,对

盆景艺术的逐渐形成产生了很大的促进作用。唐代是封建社会高度发达的时期,政局稳定,经济昌盛,国强民富,文化艺术繁荣,为盆景艺术的形成和发展创造了必要的条件。

(三)盆景历史的沿革

盆景艺术刚形成时,还没有与绘画、雕塑、制陶等融为一体,当时也没有较完整的盆景理论专著问世。但是到后来,盆景艺术经过宋代、明代和清代的不断发展和完善,便逐步成熟起来。

据考证,宋代的盆景艺术已相当发达,不论在造型上还是在用材上,都有了新的发展,而且形成树木盆景和山水盆景两大类。宋代对山水盆景用石已有相当的研究,并有专著问世,如杜绾著《云林石谱》一书中记载的石品就有 116 种之多,还对各种山石的形态、颜色、产地、采集方法,以及哪些可供制作盆景等,均有较详细的论述。宋代大书画家米芾爱石成癖,人们称其为"米癫",他对山石有相当的研究,有"瘦、漏、皱、透"的论述和分类。米芾对盆景用石的论述一直被人们引用至今。

故宫博物院珍藏的宋人画《十八学士图》4幅,其中两幅画有松树盆景。画上的盆松悬根露爪,老态龙钟,好似历尽人间沧桑。

元代统治阶级崇尚武功,对文化艺术不够重视,所以盆景艺术发展缓慢。元代在盆景艺术上有名气的要算平江高僧韫上人了。他云游四方,来往于名山大川之间,颇悟自然景色之奥妙。他喜作"些子景"(即小景致)。他创作的盆景形态多变,师法自然,富有诗情画意。

明代是继宋代之后盆景艺术发展的重要时期。明代文学、绘画、园林等艺术的迅速发展以及书院、画院的兴起,都对盆景艺术的发展起到了积极的促进作用。明代受元代韫上人"些子景"的影响,盆景趋向小型化。

明代有关盆景的著作很多,如屠隆的《考槃余事》、文震亨的《长物志》等。著书立说之多,是前几个朝代未曾有过的。除上面提到的盆景著作外,还有王象晋著的《群芳谱》、林有麟著的

《素园石谱》等等。

明代对盆景有多种称呼,如盆玩、盆景、盆树、盆岛等。

清代康熙至嘉庆年间,长达近160年的历史,是清代比较兴盛发达的时期。在此期间,盆景艺术理论发展很快,在盆景的创作设计上,立意、布局讲究诗情画意;在造型技艺上,对蟠扎、修剪方法更加讲究;盆景的形式和风格向多样化发展,不但有水式盆景、旱式盆景,还有水旱盆景。清代末年至民国时期,由于统治阶级腐败,加之外敌入侵,军阀混战,政局动荡,经济衰退,民不聊生,盆景艺术日趋衰落。

(四)盆景艺术的繁荣发展

在旧中国,盆景这种高雅的艺术品,被束之殿堂楼阁,为达官贵人、富商巨贾所占有。那时,盆景艺人制作盆景不是为了自己欣赏,也不是为了发展盆景艺术,主要是为了养家糊口,其风格主要是为了迎合统治阶级欣赏的需要。盆景这门艺术,在我国迄今虽有1300多年的悠久历史,但其在解放前的发展速度是比较缓慢的。1949年新中国成立后,人民当家做主,成为国家主人,盆景才真正成为人民大众的艺术品。由于党和政府的重视与关怀,在"百花齐放"、"推陈出新"的正确方针指引下,盆景艺术和文学、美术等艺术一样,都进入了一个繁荣发展的新的历史时期,古老的盆景艺术又焕发了青春。

在"文化大革命"期间,盆景艺术被当作"封、资、修"加以批判,很多古桩、古盆被砸、被毁,不少盆景工作者被下放改行,一些盆景艺术家遭到批斗。这10年是新中国成立后盆景艺术处于最低潮的时期。

1978年,党的十一届三中全会的春风,使万木竞发,百花争艳,古老的盆景艺术,迈入史无前例的高速发展时期。在十一届三中全会以后的十余年里,盆景艺术的发展速度超过了前三十年,其标志主要有以下五个方面。

1. 盆景组织发展迅速 1981年,第一个全国性的花卉盆景组织——中国花卉盆景协会在北京诞生。1984年,中国花卉协会成立。1988年,中国盆景艺术家协会成立。上述三个全国性的协会,在全国大部分省、市、自治区都建立了分支机构。近几年,省、市、县级的花卉盆景协会,犹如雨后春笋,在各地纷纷诞生。

2. 组织展览交流技艺 为了使各地的盆景工作者能够更好地切磋技艺,交流经验,促进盆景艺术更快的发展,满足人们日益增长的物质文化生活的需要,为了增进中国人民和世界各国人民之间的文化交流与友好感情,并为中国盆景出口创汇扩大影响,近10余年组织了多次全国性的盆景展览,收到了很好的效果。

3. 盆景艺术水平不断提高 为了促进盆景艺术的发展与创新,我国许多城市建立了园林学校、园林花卉职业高中,其中盆景课占有相当大的比重。全国各地组织的花卉盆景技艺培训班比比皆是。这对盆景艺术水平的提高,产生了重要的作用。

近10余年,我国盆景多次参加世界性盆景展览,并获得优异成绩。如1990年在日本大阪市举办的国际花卉博览会上,江苏省如皋绿园的一盆名为《饱览人间春色》的雀梅盆景,以其"稀少、奇特、古老、怪异"的艺术特色,荣获国际金奖和博览会最高荣誉奖——国际优秀金奖。

4. 有关盆景的报刊书籍大量发行和问世

除大量专著外,近些年发行的主要报刊有:

(1)1982年,《大众花卉》双月刊在天津市创刊,成为发行全国的第一家花卉盆景刊物。

(2)1984年,《中国花卉盆景》月刊在北京创刊。目前该月刊已成为我国发行量最大的花卉盆景刊物。它不但发行全国,而且向世界不少国家和地区发行。

(3)1984年,中国花卉协会机关报——《中国花卉报》在北京创刊发行。

(4)1984年,《花木盆景》双月刊在湖北省武汉市创刊,并向全国发行。

5. 盆景艺术对外交往更加密切 我国人民首创的盆景艺术,解放前主要是通过日本流传到世界各国。1979年以来,我国盆景多次参加世界性的花卉盆景展览,并获得多枚奖牌。1979年10月,我国盆景首次参加了在前联邦德国首都波恩举办的第 15 届国际园艺博览会，以荣获 1 枚大金牌和 7 枚单项金牌而轰动整个欧洲。其后我国盆景曾先后在比利时、英国、美国、荷兰、丹麦、法国、加拿大等 10 余个国家展出，均受到好评。通过对外展出与广泛交往，使我国盆景流传到五大洲，目前它已经成为世界性的一种艺术品。

第二节　盆景的风格与流派

中国盆景艺术的风格与流派，主要是指树木盆景的风格与流派。各地山水盆景的风格虽不尽相同，但比树木盆景的差异要小得多。中国盆景经过 1300 多年的发展，形成众多的地方风格和流派。

为了继承和弘扬我国古老的盆景艺术，1980 年国家城市建设总局下达了关于中国盆景艺术研究的科研项目，由广州市园林局牵头，上海、成都等市园林部门参加，组成编委会，对我国盆景进行比较系统地探讨和研究，编写了《中国盆景艺术》一书，该书 1981 年问世。书中写道："我国桩景的流派众多，主要以广州的岭南派、成都的川派、苏州的苏派、扬州的扬派和上海的海派为代表"。这就是人们常说的中国盆景艺术五大流派的来源。

风格与流派是密切相连的，但又有所不同。什么是风格？马克思说："风格即人。"所谓风格，是指艺术家在创作实践中表现出来的艺术特色和创作个性。艺术家们由于各自的生活经历、立场观点、艺术素养和个性特征的不同，在题材处理、表现手法等方面会各有特色，从而形成了作品的不同风格。当然，盆景艺术风格的形成，还受到地理气候、历史条件、民众欣赏习惯以及当地绘画、造园艺术等诸多因素的影响。一种艺术风格，经过一个时期的稳定并流传开来，就形成了流派。如用"蓄枝截干"法制成的大树型树木盆景，不论何地、何人制作，盆景艺术家们一看便知这是岭南派的艺术风格。

现将我国盆景的五大艺术流派分别简要介绍如下：

（一）岭南派盆景

岭南派盆景是指以广州为中心，大庾岭以南广东和广西的广大地区的盆景艺术流派。岭南地处亚热带，终年气候温和，雨量充足，很适合盆景植物的生长发育。广州历史悠久，有 2000 余年建城史，经济昌盛，文化艺术发达。距广州不远的佛山市石湾出产的釉陶盆做工精细，款式繁多，久负盛名。这些有利条件对岭南盆景的发展起到促进作用。

岭南派盆景过去与其他流派盆景的差别并不太大，20 世纪 30 年代～40 年代，岭南一些盆景艺术家吸取岭南画派的技法，并受自然界各种优美树木形态的启迪，创造出"蓄枝截干"的造型技法，开创了岭南盆景的新境界，形成了现在的岭南派。

岭南派树木盆景的艺术风格，因创作者的生活经历、艺术素养、审美情趣、个人性格、表现方法等的不同，又分为三种艺术风格。

其一，大树型。主要表现自然界中一些树干粗壮挺拔、枝条曲折多变、树冠丰满、枝叶分布疏密得当的大树形态。该种款式的树木盆景，充分展现了南方旷野大树的雄姿风貌，给观赏者以欣欣向荣的感受（图 1-4）。

其二，自然型。主要表现自然界中千姿百态的树木形态。如生长在悬崖峭壁、湖河岸边的一些树木的风姿，特别是那些在自然界中经过急风暴雨、闪电雷击、人砍、畜啃等因素造成的不拘一格、仪态万千的树木风姿，极富天然野趣（图 1-5）。

其三，高耸型。该种风格的树木不论单干还是双干，树干瘦而高耸，大有"刺破青天"之势，

· 4 ·

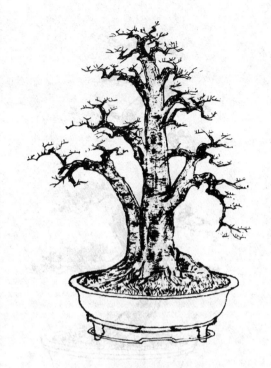

图 1-4 岭南派大树型树木盆景

图 1-5 岭南派自然型树木盆景

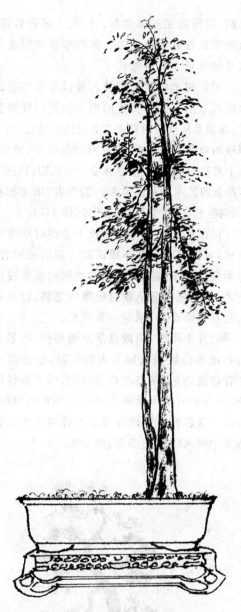

图 1-6 岭南派高耸型树木盆景

侧枝少而短,多集中于树干上部,参差不齐,枝与枝不交叉,叶与叶不重叠(图 1-6)。这种造型看似简单,正因为枝条稀疏,叶片不多,更难处理,稍有不当就显露出来,但如处理得当,别有一番风采,极富诗情画意。近些年来,人们对这种高耸秀美型盆景比以往更加喜爱。

(二)川派盆景

川派盆景是指以四川成都为中心包括川东、川西广大地区的盆景艺术流派。四川盆景相传起源于五代时期,始行于川西成都地区,以后传到川东重庆一带,其中以成都为中心。四川处于长江上游,经济发达,文化昌盛,素有"天府之国"的美称。除有丰富的植物、山石资源外,还有壮丽的自然景观,巴山蜀水之美驰名中外。成都是一座有悠久历史的古城,1700 余年前的三国时期,蜀国就在成都建都。历代许多著名诗人、画家在此留有传世之作。这些条件对促进川派盆景的发展大有益处。

川派树木盆景造型技艺是以丰富多彩的棕丝蟠扎方法见长。传统的树木盆景以规则型为主,多数是从幼树时期就开始用棕丝蟠扎。树干及侧枝的造型讲究弯曲,并在弯曲的大小、角度、方向上富有变化;并注重立体空间的构图,以达到移步换景的艺术效果。常见的造型有"滚龙抱柱"、"大弯垂枝"、"方拐"、"对拐"等(图1-7)。

川派树木盆景不但对枝干造型时注重弯曲变化,对树根的处理亦很讲究。四川民间有"盆树无根如插木"的谚语,强调盆树的根要提出盆土之上,呈悬根露爪或盘根错节之势,以显示树木盆景古雅奇特,别有一番风采。

近几十年来,川派盆景发展很快。盆景艺者们在继承传统的基础上大胆创新,创作出一些既有传统特色,又姿态自然、颇具画意诗情的盆景,为古老的川派盆景发展作出可贵的贡献,开拓出一条新路。这些盆景基本体现了生长在自然界中树木的优美姿态(图1-8)。

（2）

图1-7 传统的川派树木盆景
（1）大弯垂枝 （2）对拐

（1）

（1）

图 1-8　当代川派树木盆景

(1)悬根露爪　(2)自然式

（三）苏派盆景

苏派盆景是指以苏州为中心,包括江苏省南部地区的盆景艺术流派。苏州从春秋时期吴越以来,就是我国著名的历史文化名城。特别是明代的"吴门画派"对苏州盆景影响很大。苏州古典园林中外驰名,对苏派盆景的发展亦有重要影响。距苏州不远的宜兴,出产款式繁多、做工精湛、古朴典雅的紫砂盆,使苏派盆景大为增色,真可谓锦上添花。

苏州盆景源于唐代,唐代著名诗人白居易做苏州太守时,就有咏假山的诗句。从明代文震亨(苏州人)所著《长物志》一书中可以看出,明代时苏州盆景已转为树木盆景为主,并模仿名画家的画意进行创作。苏派树木盆景的风格可能由此时逐渐形成。苏州万景山庄盆景园,现存的一株有 500 年树龄,题名为"秦汉遗韵"的古柏树盆景,树高仅 70 厘米,树干古朴苍老,上部却枝繁叶茂,丰满苍翠的叶片和部分已枯朽的树干,形成枯荣强烈对比,展现生与死的抗争,

给人以启迪。该件作品是苏派盆景的代表作。

苏州盆景在宋、明、清时期已相当发达,有较高的棕丝蟠扎和修剪枝艺。但在旧社会,盆景主要供少数达官富商所欣赏,在内容和形式上都受到当时传统观念限制和约束。传统的苏派盆景多为规则型,最为常见的款式为"六台三托一顶"造型,即将树木主干弯成六曲,枝条左右分开,每侧扎成三片,即"六台";后面自下到上3 个枝扎成三片,即"三托";最后将顶扎成一大片,即"一顶"。整株树木共10 个枝片,一个不能多,一个也不能少(图 1-9)。制成这样一件盆景约用 10 年时间;展览时左右各一盆,一边是"十全",另一边是"十美"。

图 1-9　苏派六台三托一顶造型盆景

近几十年来,苏派盆景有了新的发展,突破传统造型框框,提倡盆景要具有自然美,注重师法自然,讲究诗情画意,并吸收传统盆景造型精华,逐渐形成"以剪为主、以扎为辅"、"粗扎细剪"的造型方法,使苏派盆景焕然一新,并以清秀古雅的艺术特色独树一帜。

（四）扬派盆景

扬派盆景是指以扬州为中心，包括江苏省北部地区的盆景艺术流派。自古以来扬州经济繁荣，文化发达，历史上曾有许多著名诗人、画家云集此地，清代的石涛和尚以及"扬州八怪"等人，对扬州盆景艺术的发展起到重要作用。扬州盆景相传起源于隋唐时代。元、明时期就有采用扎片造型的方法，到清代已相当盛行。扬州盆景常用树木，多是自幼树时培育加工造型，根据"枝无寸直"的画理，用棕丝把枝叶蟠扎成很薄的"云片"，最密处可达一寸三弯，一般顶片为圆形，中下片多为掌形。一株树木有1个～3个云片的称"台式"，有多层云片的称"巧云式"。一株树木上的云片，要有疏有密，高低错落，散布四面八方，层次分明（图1-10）。

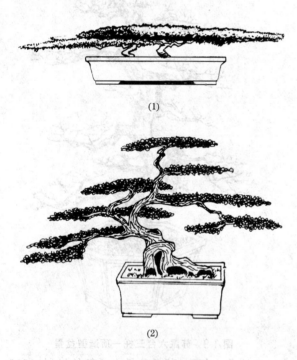

(1)

(2)

图1-10 枝叶呈云片式造型

（1）台式 （2）巧云式

扬派树木盆景并非都是云片式，云片式造型主要用于松树、柏树、榆树等树木。与枝叶加工成云片相适应的树干要加工成有一定弯曲状，势如游龙，给人们以曲折的柔性美。有的树木是因材制宜，因势利导，常加工成提根式、疙瘩式、过桥式等。提根式多用六月雪、迎春、榆树等树种。疙瘩式是在幼树时，将主干在基部打一个死结或绕一个360度的弯，经几年的培育即成疙瘩式。该式树木显得苍老奇特，同时也降低了树木的高度，提高了观赏价值。打一个360度弯者称"单疙瘩"，打两个360度弯者称"双疙瘩"。疙瘩式多用于观花类及小松柏类树木。扬派树木盆景的艺术特点是：严谨而富于变化，清秀而不失壮观。

近几十年，扬派盆景在继承传统的基础上，得到了新的发展，不断创新（图1-11）。在国内外多次盆景展览中获得重奖，盆景出口量也呈逐年增加之势。值得一提的是，扬州的水旱盆景，1985年在上海虹口公园举办的首届中国盆景评比展览会上初次露面，就受到观众和专家们的一致好评，这对促进水旱盆景的发展，起到巨大的推动作用。目前水旱盆景受到各国盆景爱好者的青睐。

图1-11 当代扬派树木盆景

（五）海派盆景

海派盆景是指上海市的盆景艺术流派。在

五大盆景艺术流派中,海派的历史最短,据记载,明代时上海始有盆景,可以说是后起之秀。

上海是我国最大的城市,水、陆、空交通发达,经济繁荣,文化发展,文人荟萃。上海盆景艺术家们博采众家之长,逐渐形成明快流畅、雄健精巧的艺术风格,自成一派。海派是树木盆景和山水盆景并重的艺术流派,现代的微型盆景首先在上海兴起。

海派盆景所表现的题材非常广泛,不限于某个地区的自然风光。海派树木盆景多为自然式,常采用"因材制宜"、"因势利导"的方法,造型时用金属丝对树木枝干进行蟠扎弯曲,基本成形后再对小枝及叶片进行细致的修剪。从整体布局来看,自然流畅,刚柔相济,苍古入画。海派树木盆景常在盆内配以山石,配件使景物增添生活气息和情趣(图1-12)。

图1-12　海派树木盆景

(六)其他地区盆景

除前面介绍的中国盆景艺术五大流派之外,还有许多地区的树木盆景已经形成或正在形成本地区的盆景艺术特色。

安徽盆景　安徽盆景历史悠久,以安徽东南部与浙江省交界的歙县卖花村为代表。自公元1127年南宋迁都临安(今杭州)以后,该地区经济文化得到迅速发展,另外该地区自然条件优越,植物资源丰富,盆景发展很快,南宋时就育出花梅,到明代"栽花种竹"、"桂馥兰芳"已相当兴盛。在安徽众多树木盆景中,以千姿百态的徽梅盆景驰名全国。近几十年来,安徽盆景从传统的徽州歙县,逐渐普及全省,古老的安徽盆景呈现出兴旺发达的气象。

浙江盆景　浙江盆景以杭州、温州为中心。浙江省地处我国东南沿海,气候湿润,土地肥沃,植物资源丰富。省内的雁荡山、天目山、杭州西湖等名胜古迹,风景秀丽。上述条件为浙江盆景的发展提供了优越的物质基础。杭州是有悠久历史的古城,据南宋时期吴自牧的《梦粱录》所载,当时杭州民间就有以"奇松异桧"制作盆景的风气。明代时浙江艺人用天目松、石笋石来制作盆景,而且相当普及。在树木盆景造型风格上,已形成自然写意的"高干合栽式"。近几十年来,浙江盆景博采其他流派之长,采用金属丝、棕丝蟠扎及细致修剪相结合的技艺,继承明代以来"高干合栽式"写意传统,创作出一些自然、明快、流畅、挺拔的树木盆景,给人以奋发向上的感受。在众多的树木盆景中,浙江的五针松盆景驰名中外。

此外,福建省的榕树盆景,河南省的柽柳盆景,北京的古榆盆景等,千姿百态,古雅奇特,具有明显的地方特色,在国内外盆景展览中均获过重奖。

第三节　盆景的类型与评比分项

盆景的分类与分型对发展盆景艺术具有重要的意义,科学而统一的分类和分型,给盆景的制作、观赏、科研、交流、评比及销售带来很多方便。

1988年,中国花卉盆景协会为举办第二届中国盆景评比展览,制定了比较科学而详细的盆景分类与分型标准。该协会1985年在上海举办首届中国盆景评比展览时也曾制定盆景分类分型标准,但这个标准存在某些缺陷。1988 年以后又对该标准进行修改,其中把微型盆景由 10 厘米以下改为 15 厘米以下。目前国内盆景展览评比分项与标准,各举办单位也不尽相同。中国盆景的类型与评比分项的主要内容是:

(一)盆景的类型

1. 树木盆景(按树木高度分)

(1)大型 81 厘米~150 厘米。

(2)中型 41 厘米~80 厘米。

(3)小型 15 厘米~40 厘米。

(4)微型 15 厘米以下。

2. 山水盆景(按盆径分)

(1)大型 101 厘米~150 厘米。

(2)中型 41 厘米~100 厘米。

(3)小型 15 厘米~40 厘米。

(4)微型 15 厘米以下。

(二)评比分项

1. 树木盆景 包括附石式。

2. 花果盆景 包括观花、观果,如杜鹃、石榴等。

3. 盆果盆景 主要指近年来发展的水果型盆景,如桃、梨、山里红、苹果等。

4. 竹草盆景 如竹类、苏铁、菊花等。

5. 山水盆景 包括水景、旱景、水旱景,但必须有植物,如青苔、草、树等,没有生命的不能列入此项内。

6. 壁挂盆景 各种壁挂,包括山水和树桩,但必须是有生命的盆景。

7. 组合型盆景 主要用博古架放置,5 盆~13 盆的组合式。以架的大小分为大型和中型。

8. 石玩 具有各种自然造型的石质艺术收藏品。

各种事物都是在不断发展变化的,盆景的分类与分型也是如此,随着科学技术与盆景艺术的发展,将来它还可能会有新的变化。

第四节 家庭盆景养制

盆景不但具有自然美,而且还具有艺术美(又称人工美)。它能美化环境,有利于人的身心健康,所以日益受到人们的青睐。难怪很多观众在参观盆景展览时赞不绝口,留连忘返。

目前,我国大部分家庭的住房尚不宽敞,一般来讲,空闲地方较少。家庭制作盆景的材料、工具以及养护设备和条件等,也不如公园、苗圃和盆景园完备。然而不少盆景佳作却出自斗室、阳台,出自业余盆景爱好者之手。因此,只要能充分而正确地利用家庭现有的空间,并科学地掌握盆景植物的生长习性及家庭养育制作盆景应注意的问题,就一定能够培育制作出上乘的盆景来。

家庭养育制作盆景应注意以下几点。

(一)类别适宜

一般来说,养育植物盆景费工费时,对环境条件的要求比养护山水盆景要严格得多。当然,要养护好一盆山水盆景,也不是轻而易举的事情。所以,家庭陈设盆景,应以植物盆景与山水盆景适当搭配为好。至于家庭里适宜养护哪种类型的盆景、可以养多少?这取决于家庭的居住条件、个人技术的高低以及空闲时间的多少,而不能完全凭自己爱好行事。

(二)养护场所

培养植物盆景,首先要有适当的地方,然后根据地方大小和植物照射阳光的多少,再决定养什么植物及养植数量。

一般来讲，住所如果是平房，尤其在农村，房前屋后、居室左右、庭院角落等，凡是有空闲的地方，都可用来栽种苗木，养植盆景。

在城镇住高楼大厦的居民，亦可找到适当的空间来培育盆景。楼房住户可利用阳台养花培育盆景。有些旧式楼房没有阳台，可利用窗口搭出花架。阳台、窗口趋向不同，光照条件有别。以坐北朝南的阳台光照时间最长；东西向的阳台只有半日光照时间；向东的阳台，每天上午能见阳光，比向西的阳台为佳；向北的阳台，一般没有直射阳光，可放置一些耐阴的花木，也可放置刚上盆的植物盆景或扦插的苗木。

阳台通风比较好，对植物盆景生长有利。在冬季，向南阳台和窗台因有楼房挡风，比较温暖。如在阳台前面及左右加玻璃防护，效果则更好。北京地区的很多植物盆景都可以在阳台越冬。如果在对阳台采取上述措施后，还达不到理想的温度，可采取以下两种办法：一是在阳台内生火炉或把暖气管延长到阳台，二是在阳台玻璃窗内侧再贴一层塑料薄膜，以提高阳台内的温度，使花卉盆景能安全越冬。

室内桌几上也可放置盆景，一方面养护，一方面观赏。但室内光照和通风较差，对植物生长不利，可以和室外盆景定期轮换。

（三）品种数量

一般地说，家庭可用于养花和培育盆景的地方有限，所以家庭培育盆景，应以中、小型或微型盆景为主。在可放置一个大型盆景的地方，可放置几个中、小型盆景。微型盆景占的地方更少，如把摆放微型盆景的博古架挂在墙上，则可不占地面和桌面。在博古架上陈设盆景，给人以琳琅满目之感。

家庭栽培盆景，要做到四季有花、全年有景，可供观赏，就要在盆景的品种和数量上巧妙安排。为了达到上述目的，总的要求是：品种要多，数量要少，每个品种有1盆～2盆即可，但品种要搭配得当，既要有花果类，也要有常绿类。要选择花期不同的花木，以达到一种花开败，另一种花又续开的目的。春季开花的花木有

迎春、腊梅、梅花等。酷暑盛夏，烈日炎炎，如在室内摆放1盆～2盆造型优美、盛开着洁白小花的六月雪树木盆景，可使你怡然心爽，大有"六月忘暑"之感。石榴花期很长，栽培得法，夏秋两季都可开花，其果实可一直保留到翌春而不脱落。一年四季，以夏季开花结果的花木最多，在此不再赘述。

小小阳台，摆满的植物盆景，在鲜花怒放之时，招来一些蜜蜂、蝴蝶，左飞右舞，姿态万千，惹人喜爱。秋高气爽，造型古朴的四季桂花，散发出扑鼻的清香，真是别有一番情趣。

古诗云："秋季之期，菊有黄华。"在我国北方，秋末冬初时节，最常见的花要数菊花了。不同品种的菊花，自9月下旬一直到12月中旬陆续开放。朵朵菊花从透色到凋零长达月余，它不畏风寒，造型新颖，姿色撩人，会给家庭带来勃勃生机与活力。

在北风呼啸、满天飞雪的冬季，百花凋残、群芳养息、大地缺红少绿之时，来自南国的水仙，风姿翩翩，清香四溢，再加上精雕细刻，真可谓千姿百态，美不胜收。在元旦、春节或喜庆之日，室内摆放几盆造型各异的水仙盆景，翠绿幽清，馨香满室，会使人身爽气舒、心旷神怡。

家庭培育几盆上乘植物盆景和山水盆景，你可在饭后茶余和工作、学习空闲之时，或坐或卧，欣赏自己制作培育的盆景，足不出户，便可领略到山林野趣、自然风光之美，仿佛徜徉于美妙奇异的环境之中，使人神清气爽，疲劳顿消。

（四）一桩多景

家庭在阳台莳养盆景，由于受到养护场所的限制，所养盆景数量不多。有的树木盆景是从幼树开始培育，10余年来经常浇水施肥，看它一点一点长大，以至对其有了感情。但其造型是多年一贯制，老面孔看的年数多了，就没有了新奇感，有些看腻了，但又不舍得卖掉或送人。于是我想能否一桩多景，把树桩改变布局造型，使它来个"更新换貌"，给人们一个新鲜感，仍继续莳养它，却是旧意加新情，情趣将更浓。

1983年我把在北京西山掘取的当时树干

直径不足 1 厘米的黄栌制作了盆景《霜重色愈浓》(图 1-13),此盆景为临水式,照片是 1997 年 11 月拍照的,盆景人见人爱,观赏了 15 年。

图 1-13　霜重色愈浓

　　1998 年春,将这株黄栌从圆形紫砂盆中扣出,对枝叶进行适当蟠扎和修剪,去掉 1/2 的旧盆土,对根系进行适当修剪,栽种于方形签筒盆中,加入有一定肥力的培养土。把已蟠扎的主枝加工成伸向左下方,把两个小枝伸向右侧,即成一个悬崖式盆景,生机盎然,叶片苍翠,惹人喜爱。1998 年 8 月将这棵黄栌盆景第二次拍摄成《探海》照片(图 1-14)。

图 1-15　枯荣与共

图 1-14　探海

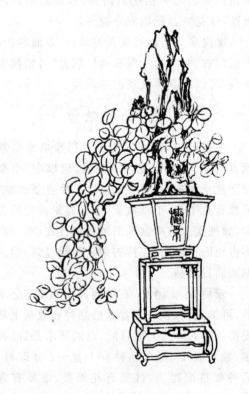

图 1-16　岩石飞瀑

从图片《霜重色愈浓》和《探海》两个盆景可以看出，同一株树木，在不同年份和月份拍照的两幅照片，叶片一红一绿，主枝一个平展一个下垂，真是各具特色。但美中不足之处，树干还不够粗。1999年2月，把这株黄栌树桩移植到圆形签筒紫砂盆中，把有一定姿色与黄栌树皮色泽相近的枯树桩栽植在黄栌树桩的后面，成为一件贴木悬崖式盆景。1999年春黄栌新生的叶片呈淡绿色，花蕾含苞，给人枯木逢春之感，于是1999年4月拍下《枯荣与共》照片（图1-15）。

这件作品克服了树干较细的不足，枯树桩与黄栌形成有机的整体。

一个树桩，几年内变成3种不同的造型，不但叶片呈不同色泽，3个盆钵、3个几架也各具特色，每年给观赏者一个新鲜感。现在我已经考虑好，把这株黄栌栽植于较深的六角形紫砂盆中，在黄栌树桩后方，放置一块形态优美、高于黄栌植株的山石，成为一件树石盆景《岩石飞瀑》（图1-16），从而达到一桩四种造型，可以观赏四个景致，进一步提高该树桩的观赏价值。

第五节　盆栽与盆景

唐宋时代曾用盆栽称呼盆景，也就在这时期，盆景传到日本，所以日本把树木盆景称为"盆栽"。1909年在英国伦敦的一次展览会上，日本首次把"盆栽"在会上展出并介绍到西方，逐渐为西方人士所熟悉和热爱，此后，"盆栽"传布全世界。目前亚洲、欧洲、美洲、非洲、大洋洲等很多国家都有盆栽组织。经过多年的筹备，1989年4月在日本正式成立了有30多个国家参加的世界盆栽友好联盟。我国派代表参加了这次会议，并当选为该联盟理事。

我国到明朝时出现"盆景"一词。明代屠隆在所著《考槃余事》中记载："盆景以几案可置者为佳，其次则列之庭榭中物也。"以后"盆景"一词已确立为这一类艺术的特定名称，被中国盆景界大多数人士认可，并一直沿用至今。但"盆栽"一词在中国并没销声匿迹，有少数人仍以"盆栽"称呼盆景，如傅耐翁先生著《盆栽技艺》（1982年中国林业出版社出版）。该书所讲技艺全部是当代中国树木盆景加工技艺。

有一部分人士认为，外国的"盆栽"不能称为"盆景"，单从字意理解，盆栽就是把树木栽于盆中，和盆栽月季、盆栽茉莉一样。其实不然，外国盆栽的蟠扎、修剪加工造型方法基本和中国盆景相似。因为中国古老的盆栽传到外国后与当地的文化艺术、欣赏习惯融合，创作出的盆景与中国盆景风格有所不同，如中国树木盆景的枝叶大多数为不等边三角形，这样的树冠具有一定动势；而日本的盆栽树木枝叶有相当多的呈等腰三角形，他们认为这种形状好似武士打坐，代表威武而有力量。这只能说是欣赏习惯的不同。

但"盆栽"也不能等同于盆景。"盆栽"一词容量小，外国盆栽只等同于中国的树木盆景，也就是说，"盆栽"是盆景的一部分。"盆景"一词的容量大，盆景就是盆中之景，它的范围除树木盆景外，还有竹草盆景、山水盆景、水旱盆景、树石盆景以及挂壁盆景等等。另外中国树木盆景不栽于盆中央，不偏左即偏右，树干略斜，树冠呈不等腰三角形，具有一定的动势感，外国的盆栽，常栽于盆钵中央，树干较直，其树冠基本上呈等腰三角形，显得呆板而没有动感（图1-17）。

总之，"盆景"称谓比"盆栽"更科学、更合理。目前国外盆栽界有的人士已认识到这一点。中国从"盆栽"改为"盆景"经历数百年，我深信，随着盆景艺术的发展和东西方文化交流，"盆景"一词势必取代"盆栽"而成为全球统一的名称。

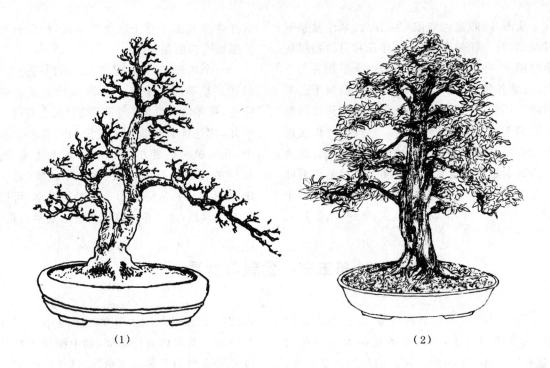

（1）   （2）

图 1-17　中国盆景与外国盆栽之比较

(1)中国盆景　　(2)外国盆栽

第二章　盆景造型的基本原则

盆景和诗、画、园林艺术一样，都是源于自然、源于生活，只是它们的表现形式各不相同。它们之间相互渗透，又相互借鉴。诗、画常取材于园林、盆景，而园林、盆景的创作又强调富有诗情画意。因此，盆景的立意和布局造型无不受到诗、画的影响和启迪，许多优秀的盆景作品就是吸取了绘画的表现技法创作而成的。

但盆景又不同于诗、画、园林，它受到客观条件的诸多限制。诗是用文字的形式来表达人们的情感，可描写事物，赞扬景物，它不受空间的限制。画可以利用画幅的边角勾勒出半个峰峦，以表示山岭绵延。而盆景却没有边角可以依助，只能做成完整的山峰，故又受到空间的限制。园林虽然也受到实际空间的限制，但其可利用的空间却比盆景大得多。盆景艺术是以盆为纸，以植物山石绘成立体的画，利用盆景艺术的表现手法，把大千世界浓缩于小盆之中。

盆景艺术流派众多，风格各异，布局造型也有所不同。但是"万变不离其宗"，它们虽然形式和风格不同，却都遵循一些共同的规律和基本原则。只要掌握了这些规律和原则，再结合自己的艺术才能加以正确发挥，在进行盆景艺术创作时就会得心应手，"法一而形万"。

盆景造型有以下几个基本原则，它们之间既相互联系，又相对独立，故只有将它们有机地结合起来，在创作实践中灵活地运用，才能获得理想的造型，使盆景创作取得成功。

第一节　意在笔先

立意即构思，写文章在动笔之前，先确定写什么、怎么写？盆景创作的立意，即盆景的主题思想，就是想表现什么、如何去表现？盆景作品成功与否，与其立意的优劣，有直接的关系。立意庸俗，当然创作不出造型新颖、具有诗情画意的盆景来。清代乾隆时期诗人兼画家方薰在《山静居画论》中说："作画必先立意以定位置，意奇则奇，意高则高，意远则远，意深则深，意左则左，意庸则庸，意俗则俗。"这是很有道理的。

有人把盆景的立意和意境相混淆，其实这是两个不同的概念。概括地说，立意是盆景所要表现的主题思想；而盆景的意境则是指盆景艺术作品的情景交融，并与欣赏者的情感、知识相互沟通时所产生的一种艺术境界。它不是盆景的具体外形。盆景的意境，好似文学作品中的思想性，但又不像文学作品的思想性那样明显，它是内在的、含蓄的，需要欣赏者运用自己的知识进行思考和联想，才能体味其中之美妙。如当人们看到给一株树干粗短、枝叶茂盛的五针松盆景命名为《有志不在年高》时，就会使人想到在人类历史发展的长河中，多少英姿勃发的青少年，为国家民族做出了可歌可泣的伟大业绩，从而激发人们献身祖国、振兴中华的豪情壮志，这种情景交融的联想和想象就是意境。

盆景的立意一般有两种情况。一种是作者的情感受到外界的激发，或受到某种事物的启迪，而产生创作的动机。比如当你游览黄山时，看到千姿百态、驰名中外的松树，如迎客松、倒挂松等，其顽强的生命力使人备受感动，于是想用盆景的形式把美妙的自然景观再现出来，这就产生了创作的欲望，并根据这一欲望进行立意，然后选材进行创作。另一种情况是"见树生情"，或叫"见物生意"。比如当你挖到一棵好的树桩，或亲友赠送一株树木素材时，盆景创作的经验使你不会草率下剪，而是左观右望，上下打量，反复推敲，当眼前的树木和头脑中储存的图像即树木的造型结合在一起时，构思就完成了，立意也就产生了。前者可谓"因意选材"，后者则是"因材立意"。规则式造型大多是"因意选材"，而自然式造型则大多是"因材立意"。

山水盆景的立意也有两种情况。

一是当你在国内游览了名山大川、名胜古迹之后，深为祖国锦绣山河的壮丽景色所感染，产生了创作的欲望，想把看到的自然风光再现出来，或因看到某种印象深刻的事情而受到启发想进行创作，进而选择适当的材料制成盆景，以表达自己的情感。

下面以笔者创作盆景《中流砥柱》的情况为例，说明盆景创作立意的过程。

党的十一届三中全会以后，改革开放像和煦春风吹遍祖国大地，使百花争艳，万木葱茏。改革开放大大加快了四化的步伐，在改革开放的大潮中涌现出一大批英雄模范人物，为建设有中国特色的社会主义作出了巨大贡献。看了他们的事迹很受感动，于是我想创作一件盆景来赞颂这些改革能手。那么究竟创作什么样的盆景才能表现这些英雄人物坚忍不拔、在关键时刻能挺身而出发挥支柱作用呢？经过反复思考，最后决定以《中流砥柱》命题进行创作。

接下来，面临如何选材的问题，就是选用什么样的石料才能表现这些改革能手们的坚强、刚直，在改革的惊涛骇浪中巍然屹立的精神风貌呢？最后选中了斧劈石。但是我又考虑如果制作一件孤峰独秀式的山水盆景，峰峦虽然高大，却不合乎命题的要求，因为改革能手不是一个两个，而是一大批，所以采用众多峰峦的平远式较为理想。然而，不太高的峰峦能够表现这些英雄人物形象吗？我想到中国有几句名言："有志不在年高，无志空活百岁"，"自古英雄出少年"，在中华民族的历史上，有多少翩翩少年做出了可歌可泣的伟大业绩，当今的改革能手中青年占多数，这些不太高的峰峦不是恰好能表现上述思想内容吗？最后我选定了多峰峦的平远式造型。

在选石构思中，我突然想起桂林市解放桥附近的漓江中，有一小山屹立江上，在小山下游还有一些大小不等的洲渚，于是我以这些自然景物为蓝本进行创作。

中流砥柱是指江河中的小山。为表现其抗击惊涛骇浪、坚如磐石的气势，我将盆景上的峰峦略向江河上游倾斜，使其造型更为生动有力。

我创作的这件盆景（图 2-1），在 1986 年北京盆景展览评比中获得一等奖，在 1991 年首届中国国际盆景会议期间举办的国际盆景大赛中获一等奖。

图 2-1　中流砥柱

图 2-2　攀　登

山水盆景立意的另一种情况是，先有了石料，创作者根据石料的多少、形态、特点等，反复琢磨后再立意，然后动手进行创作。例如，有一块型号较大、体态嶙峋的瘦形松质石料,对其反复观察后感到,如将它锯开反而不美,于是扬长避短,设计一件孤峰独秀式山水盆景,寓以"世上无难事,只要肯登攀"的诗情画意。制作时,根据石料的形态特点,因材制宜,因势利导,先把石料外形轮廓加工成孤峰独秀式石料素材;再在峰峦正面雕琢出一条蜿蜒曲折的山路,山路要下宽上窄、时隐时现,通往山巅;在山路下部配置人物,好似在奋力向上攀登的样子(图2-2)。

山水盆景立意的这两种情况,前者可谓"据意选石",后者可称"因石立意"。两种情况都是在动手之前就有主题思想了,这就是"意在笔先"的具体表现。

盆景能美化环境,给予人们美的享受。那么究竟什么是美呢?一般说来,真正美的东西,一方面要符合自然,另一方面要和理想一致,二者缺一不可。盆景所以成为美妙的艺术品,就是因为它能够把自然美和艺术美结合为一体。因此,要了解自然界花木、山水之美,首先就应该向大自然学习。著名的诗人、画家,他们事业成功的因素固然很多,但他们有一个共同的特点,就是深入实际,体验生活,掌握大量第一手资料。

一件盆景作品从立意到创作,并不是凭空想象闭门造车而来的,它是作者生活实践、艺术修养、文学水平和制作技巧等综合的产物。因此,要求盆景创作者"行万里路",到生活中去观察、体验,认识自然,发现自然界中存在的美。正如毛泽东同志《在延安文艺座谈会上的讲话》中所指出的:"人民生活中本来存在着文学艺术原料的矿藏……它们是一切文学艺术的取之不尽、用之不竭的唯一的源泉。"我们应到人民生活的源泉中去吸取营养,丰富自己的知识。

盆景创作者还应从绘画、文学、雕塑、园艺、诗歌中去吸取营养,学习借鉴他人盆景作品的长处。作为一个盆景创作者,既要有丰富的生活实践,又要有广泛的理论知识。要广积薄发,成竹在胸,头脑中"贮存"有大量的树木形态,胸中装有江山万里、名山大川、名胜古迹和波澜壮阔的大自然景象,然后再进行立意、构思、构图和创作。只要能做到这一点,立意新颖、神形兼备的盆景作品就会从你手中脱颖而出。

第二节　扬长避短

在盆景创作过程中,要注意发扬盆景材料的长处,而避其短处。一般来讲,用来制作盆景的树木素材是枝繁叶茂的。有经验的盆景创作者见到素材后,一般不会马上动手修剪,而是首先找出该素材的长处并进行构思,当一个适宜的盆景造型图案考虑成熟时,然后再动手进行锯截、修剪、蟠扎。充分利用盆景材料原有的优美自然造型,同时把有缺陷的或者多余的部分去掉;如果不能去掉的话,则把优美耐看的部位作为观赏面,把有缺陷或不够美观的部分放在背面。对盆景材料进行这样的构思、造型,能够达到扬长避短的目的。

树木都是由根、干、枝、叶组成的。花果类树木长到一定阶段就会生出花蕾,有的花后结成果实。所以在修剪时要根据各类树木的特点,因材制宜,扬长避短。

从野外掘取的树桩,一般只有根、干、枝三部分(因为最适宜掘取的时间是在春季树木发芽前或秋后落叶时)。可观察其哪一部分造型最优美,修剪制作时就突出哪一部分,如根部奇特优美,就可培育成悬根露爪、别有情趣的提根式桩景。在这里根成了主要观赏部位,枝、干、叶退到次要地位。

地柏干长,匍地而生,适宜制成悬崖式桩景。枸柳叶细枝柔,最适合作垂枝式桩景。在这两种桩景中,枝、干、叶成了观赏的主要部位,根退到了次要地位。

在进行山水盆景创作时,首先要观察找出石料长处所在,因材施制。如果是刚劲有力的条状斧劈石,可利用其纹理通直瘦长的长处,制作成表现崇山峻岭、石林风光的盆景;如果是一堆不太大的松质石块,因其质软,吸水性好,易于加工,可制成平远式山水盆景(图2-3),待其峰峦长出郁郁葱葱的青苔,就会形成一派山清水秀的南国风光;但是如果你用小块芦管石,制作表现崇山峻岭高远型的山景,那就会事倍功半,费力不讨好;如果石料是白色海浮石,则可利用其色白、质软和易于加工的特点,制成表现北国

冰天雪地风光的《瑞雪兆丰年》的盆景。

图2-3 用小块松质石料做平远式盆景

第三节 统一协调

一件盆景佳作,各部分必须统一协调,浑然一体,否则就不是一件好的作品。树木盆景的主要观赏部位虽然不同,有观叶、观花、观果、观根等区别,但作为一棵树木来讲,根、干、枝、叶、花、果各部分必须协调,否则它就会失去美感。

树根的长短同树木造型是分不开的。如树干细长欲做悬崖式盆景,主根应留长些,因为悬崖式树木盆景多用签筒盆,其枝叶大部分伸出盆外,如果根短就难以承受这样大的坠力。如欲做显示开阔旷野的丛林式盆景,主根则要留得短些,并应多留侧根和须根,因为丛林式树木盆景多用浅盆,主根硬而长就难以种植于浅盆之中。

树木盆景的枝干长短粗细必须协调,要有适当的比例,方显统一协调、自然而美观。如果枝条粗似主干,枝片下部小而上部大,这样的桩景会因枝干不协调而失去美感。一般情况下,在制作盆景时,不宜将几个不同品种的树木栽种于同一个盆钵中,因为树木形态、叶片大小等各不相同,难以协调统一。但是,也有按照这样的做法获得成功的例子。如湖北一位教授,曾把榆、朴、牡荆、水腊、三角枫几种树木栽于同一个椭圆形盆中,用风吹式把它们统一起来,成为一件佳作。这件被命名为《秋思》的盆景作品获第二届中国盆景评比展览一等奖(见彩页第35页上图)。

在树木盆景中,除根、干、枝、叶应相互协调外,树木和盆钵的大小、样式、深浅、色泽也要相互协调。无论盆大树小或树大盆小,都会显得不协调,使本来造型优美的树木韵味大减(图2-4)。

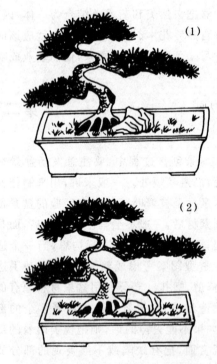

图2-4 树木和盆大小协调才美
(1)盆大树小不美 (2)树盆大小协调才美

山水盆景主峰、次峰、配峰的高度,要有一定比例。如次峰的高度和主峰相差不多,就显得很不协调。山水盆景中作为主峰、次峰、配峰石

料的纹理要一致,如在一件作品中,山石的纹理,既有披麻皴,又有卷云皴,既有竖向纹理,又有横向纹理,就会使人感到这件作品是东拼西凑而成的,没有统一协调、浑然一体之感,这样的作品,当然就没有欣赏价值了。

盆景作品中景物的搭配也应该协调。如在表现北方山水的盆景中点缀竹排,这是配件和景物不协调,因为竹排绝大多数用于南方河流,北方极少。又如在表现雪景的山水盆景中种植六月雪、虎刺等小树木,也是不协调的。雪景中的树木可以用枯树枝制作,也可用褐色铁丝经艺术加工而成。

第四节 繁中求简

清代画家蒋和在其所著的《学画杂论》中写道:"布置落笔,必须有剪裁,得远近回环映带之致。看画亦须得剪裁法,平画求长是也。"这位画家提出了取景和剪裁关系的问题,指出要得到好的画幅,必须善于剪裁。近年来,在摄影艺术中,也十分强调剪裁技艺的运用,其要点有二:一是取景时对景物的取舍,为了突出主题,要挑选景物中最能够表现主题的角度,这是选景的问题;二是构图的剪裁,这是全面的剪裁,从取景、布景、景物的形象三个方面结合起来剪裁。比如一幅山水照片,初看可能很平淡,但如果改变布局的形式,如把横幅裁剪成立幅,或者选取其中的局部景物,就可能会出现令人满意的效果,这就是剪裁的重要性。

山水盆景是祖国锦绣山河的艺术再现,而不是像摄影那样,把整个景物按比例缩小。我国风景秀丽,名胜古迹美不胜收,这些都是盆景创作的素材。但是,盆景创作不需要也不可能将所有的景物都表现出来。作者曾在桂林工作多年,常游览"甲天下"的旖旎(yǐnǐ 椅你)山水风光。

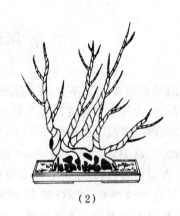

（2）

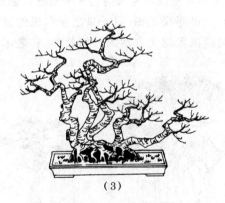

（3）

图2-5 繁中求简

（1）树木素材　（2）修剪蟠扎上盆　（3）蟠扎后基本成形

桂林山清水秀确实很美,但并不是每座山、每条河都是那么美。要制作一件表现桂林风光的山水盆景,偌大的桂林,那么多的山,那么多的水,不可能在小小的盆钵中把它们都表现出来,因此必须选取其中最典型的景物作为表现对象,抓住特点,着力刻画,使观赏者从盆景中,看到江水潆洄、山峰峻峭、峰峦拔地而起的奇特秀丽的桂林山水。这就是繁中求简。

再如耸立于漓江之滨的象鼻山,是桂林著

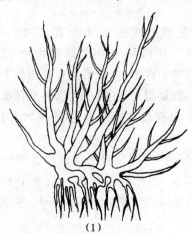

（1）

名的风景区。你看它身在江滨,长长的鼻子已伸入漓江之中饮水,多么美妙的一幅图画!不少人以此为素材创作山水盆景,其中不乏成功之作。他们把象鼻山的自然美和人工美结合起来,提炼成艺术美的象山,似象非象,源于自然,又高于自然,凡游览过象鼻山的人,一看便知这是桂林象山。著名画家齐白石先生说:"做画妙在似与不似之间,太似为媚俗,不似为欺世",讲的就是这个道理。

在树木盆景定型修剪时,有的把枝干的大部分都剪除,仅留较短的一段主干和3根～5根枝条,这就是"繁中求简"在树木盆景造型中的具体运用(图2-5)。

繁中求简所说的简,并不是目的,而是手段。这不是简单化,也不是越简越好,而是以少胜多、以简胜繁。如山水盆景中配峰适当的简,反而能突出主峰。在制作盆景时,应根据具体情况灵活掌握,当简则简,当繁则繁。

第五节　以小见大

宇宙间的任何事物都不是孤立存在的,而是相互联系的。大与小只有将两者相对比较,其大小才得以显现,即没有大就显不出小,没有小也就显不出大。以小见大,小是手段,不是目的;小是形式,大是内容,通过小的客体来表现主体的高大。不仅盆景如此,绘画、摄影、雕塑等艺术,也都采用以小见大的艺术手法进行创作。古人云,"以咫尺之图,写千里之景",说的就是以小的画面表现大自然的雄伟壮丽,在艺术创作

是"以仆衬主"。客体是陪衬,为了突出主体,要注意使"客不欺主",要"客随主行"。

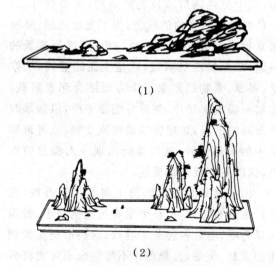

图2-7　近大远小
在山水盆景中,山峰要近大远小,越远越小
(1)平远式　(2)偏重式

盆景艺术中的小,也不是真正的小,而是"以小见大";所谓大,也不是简单的大,而是寓大于小。几株小树木,高低错落有致地栽于长方形盆钵中,远远望去,好似一片森林呈现在眼前(图2-6)。这就是盆景艺术"以小见大"的魅力所在。

远在宋代,画家饶自然就曾经在其所著的《绘宗十二忌》中论述过如何在绘画中表现大小、远近。他说:"近则坡石树木当大,屋宇人物

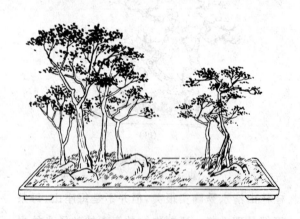

图2-6　以小见大
在丛林式盆景中,客体组适当的小,才能衬托出主体组的大

上以"咫尺"来达到"千里"的效果。在树木盆景中,经常可以看到一高一矮、一大一小、一直一斜的造型。一般来说,是以高、大、直的树木为主体,矮、小、斜的树木为客体,两者不但在体态上有差别,而且气质、造型等也变化多样,其目的

称之。远则峰峦树木当小,屋宇人物称之。极远不可作人物。墨则远淡近浓,愈远愈淡。"在盆景创作中,亦是近大远小,以小衬大,近处纹理清晰,远处纹理模糊。盆景配件的点缀,也要运用透视原理,近大远小,近处配件适当大些,远处配件适当小些,这样方显自然(图2-7)。若在一盆山水盆景中,远近配件一样大,就会给人以不真实的感觉,从而失去其艺术魅力。

在盆景造型时,在垂直高度和水平面上也应适当安排层次,使之形成高低错落、参差不齐的景象,以扩大其意境的艺术效果。这就要求对不同层次峰峦作相应的处理,以低矮的山石表现远山,以挺拔险峻的山石作为主峰,近处又配以较小的山石。这样就形成远、近、小的山石,从不同角度去衬托主景,使它更真实、更自然、更优美。

第六节　主次分明

古人李成在《山水诀》一书中写道:"凡画山水,先立宾主之位,决定远近之形。然后穿凿景物,摆布高低。"这里讲的虽然是山水画创作过程的先后顺序,同时它也是制作山水盆景时要遵循的原则。一件山水盆景中有数峰,必有一峰居主要地位,以其体态、大小占绝对优势。在盆景布局造型时,首先要确定主峰的位置。要突出主峰,就要宾主分明,然后再考虑客山(即起陪衬作用的峰峦),客山高度要低于主峰,气势比较平趋。唐代诗人兼画家王维在《画学秘诀》中说,"主峰最宜高耸,客山须是奔趋,远山须要低排",就是讲主峰的气势要高耸;旁边的山头要低一些,并要画成向主峰奔趋的形状,好似向主人(即主峰)行礼;远山要低一些,才能显得距离较远。

主峰是山水盆景的主体,是重心所在,主峰造型的优劣,是盆景成败的关键。当然配峰也是不可缺少的一部分,要配置适宜,俗话说"好花还要绿叶扶"。但配峰不可突出,不能喧宾夺主,要做到客随主行,不论其形态、大小、色泽都要和主峰相协调。在盆景艺术中,主体靠客体来衬托,客体靠主体提携,二者是矛盾的,又是统一的。在中、小型山水盆景中,要避免出现等高的峰峦,应高低参差不齐,错落有致,突出主峰,主次分明,才能起到众星捧月的作用。

在双干式树木盆景造型时,常用较小的一棵来衬托主景的高大。在丛林式或一本多干式盆景的造型中,也是用较小的一棵(或一枝干)来衬托较大一棵的高大雄伟。这些就是主次分明的构图原则在树木盆景造型中的具体运用(图2-8)。

(1)

(2)

图2-8　主次分明

(1)双干式树桩盆景中的两株树木要一大一小,主次分明
(2)在山水盆景中,峰峦很多,但要有一高大山峰为主峰,使主次分明

第七节 疏密得当

山水盆景造型,峰峦之间应有疏有密,疏密得当。过密而不疏,把盆景塞得满满的,臃肿庞杂,使人有窒息感。画论中有"画留三分空,生气随之发"的论述。但过疏而不密,则又显得松弛无力,盆中景物之间失去联系。一般一盆山水盆景,由数块山石组成。山石的多少,要根据立意的需要来决定,但应注意不要过于零碎。通常的做法是:主体宜整,客体宜零;高处宜整,低处宜零;密处宜整,疏处宜零。要做到整而不臃,零而不乱。

在树木盆景造型时,枝干的去留,枝片之间的距离,也应有疏有密,不能等距离布局,否则会显得呆板。在多株(7株以上)丛林式盆景造型布局时,几棵树木之间的距离应有疏有密。主景组第一高度的树木周围,要适当密一些,客景组树木要适当疏一些(图2-9)。

图2-9 疏密得当

我国篆刻艺术著作中有关印章文字的布局有"疏可走马,密不容针"之说。一处密,必有一处疏,疏和密是矛盾的,但又是统一的。没有密,就显不出疏;没有疏,密就无从说起。密有赖于疏的烘托;疏有赖于密的陪衬。从盆景总体布局来讲,应有疏有密,疏密得当;而从局部来讲,又应密中有疏,疏中有密。在盆景布局造型时,处理好景物的疏密关系,使峰峦高低错落,江水潆洄环绕,意境自然深远,方能耐人寻味。

在水旱盆景中,主景组树木不但要高,而且

应该密;客景组树木不但要小,而且应该疏。

不论是植物盆景还是山水盆景,主体处都应该密,客体处应该疏。请看下图(图2-10),这盆连根式树木盆景,为主的树只有一株,客体反而有两株,这就违背了造型疏密布局的原则,所

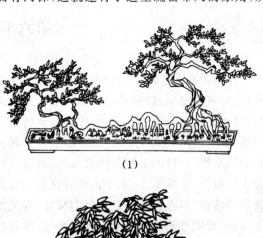

(1)

(2)

(3)

图2-10 疏密布局

(1)疏密布局不当 (2)竹叶太密集 (3)疏密得当

以也缺乏美感。如果让第三株小树生长在主树

左侧不远处,使大部分枝叶伸向左侧,这样主景组密,客景组疏,这件盆景就美观多了。下面这一盆竹子盆景,竹叶过密,看不到主干,所以不美,经过修整,就漂亮多了。

第八节　虚实相宜

一件好的盆景作品,应虚实相宜,疏密有致。虚实和疏密两者是密切相连的,不能截然分开,过密必实,过疏必虚。虚实、疏密的关系,具体表现在景和空白的处理上。过实会产生压抑感,过虚则感到空荡无物。实是景,虚也是景,虚处能引起观赏者的联想。很多初学者的作品实则有余,虚则不足,把盆塞得满满的,使人有窒息感。

在树木盆景造型中,处理好枝叶的疏密关系至关重要。过密的枝叶,不但对植株生长不利,还影响对树木枝干的观赏。很多桩景在叶片稀疏时比叶片密集时更为美观。当然,强调疏,也不是越疏越好,而应当是疏密有致,恰到好处。在树木盆景造型中,枝叶不能平均布局,枝叶既没有疏处也没有密处,这种盆景意境就差。下图这件悬崖式松树盆景就存在这个毛病(图2-11)。在树木盆景造型时不要作这样的布局。

图 2-11　枝叶平均布局不美

山水盆景中的虚实,主要是指水与山石的关系。水为虚,山为实。虚和实是一个事物的两个方面。山和水在不同类型的盆景中占的比重是各不相同的。如在平远式山水盆景中,水占盆面的比重较大,山石占盆面较小,两者比例一般

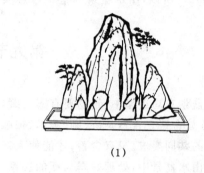

(1)

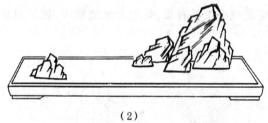

(2)

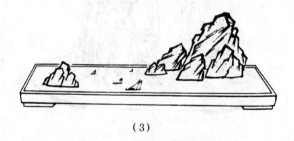

（3）

图 2-12　虚实布局
(1)过实　(2)过虚　(3)虚实相宜

在 3：1 左右。在深远式山水盆景中,水和山石基本各占盆面的一半。在高远式山水盆景中,通常水面占盆面 40% 左右,山石占盆面 60% 左右。虚实比例失当都不美(图2-12)。严格说来,世上没有完全相同的两盆盆景,就是同一种样式的山水盆景,水和山石所占盆面的比例也不会丝毫不差,因为山水盆景的造型布局是因石而异,据石授形。

山水画的构图布局,要求留有一定的空白,这空白就是虚。但虚处不等于没有任何东西,而是意在笔外。空白能起到调节画面和突出主题的作用。好的山水盆景是立体的山水画,其构图原理与画是一致的。山水盆景中的虚,不是空白,而是水或山石上的洞。如水面宽广,显得太虚时,可在水面上点缀几只小舟,不但弥补了过虚的不足,而且还给盆景增添了生气和活力〔见图 2-12(3)〕。所以,山水盆景的造型以虚实相

宜为好。在山水盆景创作中,有人主张"宁虚勿实",这是否过分强调了虚的作用?过虚会使人感到空荡无物,并不美。

在山水盆景的艺术造型中,对虚实关系的处理要做到:"形断意连"、"迹断势连",使虚处能给观赏者以无尽遐想的空间。

总之,在盆景艺术造型中采用虚实对比的手法,要达到虚中不虚、实中不实、虚实相映成趣的艺术效果。

第九节 欲露先藏

山水盆景布局造型中,景物要有露有藏,欲露先藏,方显含蓄。含蓄是诗、画、美术、根雕等艺术创作的共同要求。只有含蓄,才能使人产生遐想。在山水盆景中,处理好露与藏的关系,就可展现出景外有景、景中生情的意境。如果只露

图 2-13 欲露先藏

不藏,一览无遗,观赏者就没有回味的余地了。前人曾有"景越藏则意境越深,越露则意境越浅"之说。因此,盆景中的洞要有曲折,水要有潆洄,山路要时隐时现、蜿蜒而无尽头,山脚线要曲折多变,才合乎有藏有露的原则。

在点缀小配件时,有的将房舍楼台只露一部分,使人猜想山石后面还可能有其他的内容。有一盆名叫《沙漠驼铃》的盆景(见彩页 44 下图),其中点缀三峰骆驼由远而近走来,靠近次峰的第三只骆驼小些,以表示景物的深远,第三只骆驼只露头颈和驼峰,其余部分被沙丘遮挡住。这就是露与藏在盆景造型中的运用,它让人联想沙丘后面还可能有骆驼。山水盆景通常在峰峦后面种植树木,使树木枝干由悬崖峭壁间伸出来,这比在山峰正面栽种树木效果要好得多,这是"欲露先藏"在盆景树木种植上的具体应用(图 2-13)。

在树木盆景尤其在丛林式的树木盆景造型时,要巧妙地运用露与藏的手法,使景物更加耐人寻味。若想使丛林式盆景表现出有露有藏幽深的意境,光靠多种几棵树木,未必能达到理想的效果。若能做到使树木的枝叶前后错落穿插,枝干以及枝叶相互有所遮挡,几棵树木之间有疏有密,树冠高低不一,富有节奏感,这样有露有藏、欲露先藏的造型布局,才能给人以回味和想象,使盆景的意境更加深邃。如彩图《万木争荣》(见彩页 35 上图),盆中央靠近盆前沿的贞柏树枝叶把其后面最高一株树木的树干遮挡起来,从而达到欲露先藏的造型要求。

第十节　静中有动

　　盆景是静态之物,但如果匠心独运,造型得法,则可神形兼备,变静为动,无声胜有声。盆景造型布局千姿百态,各有千秋。无论直干、斜干、曲干,无论枯枝、枯梢,都须姿态自然,应在"情理之中",又在"意料之外"。所谓"情理之中",是指树木的各种造型必须符合自然生长规律,而不能"闭门造车",凭空捏造。所谓"意料之外",

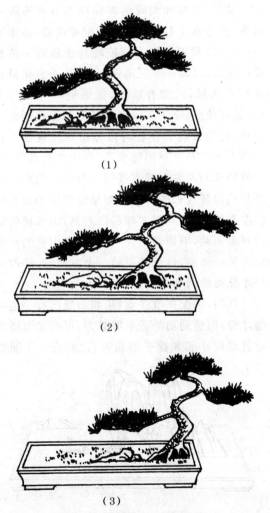

图 2-14　树木在盆中的位置
(1)栽于盆中央显得呆板　(2)正确位置
(3)栽植太偏会失去平衡

是指树木的造型比天然生长的树木姿态更奇特、美观而自然入画。

　　静态的树木盆景,如果仅有静态而无动势,就显得呆板而无生机。好的盆景作品应静中有动,稳中有险,抑扬顿挫,仪态万千。如果树干笔直,树冠呈等腰三角形,这种造型显得呆板。如果树干适当弯曲,树冠呈不等边三角形,这样的布局既符合植物生长规律,又合乎动势要求(见彩页 9 下图《逸光飞扬》)。自然界中的树木因生长条件不同,许多树冠自然成不等边三角形,如生长在悬崖上的树木,靠近山石一面的枝条短小,而伸向山崖一边的枝条既长又多,如黄山的迎客松、泰山的望人松,就是这类树木的典型代表。在高山风口处生长的树木,枝干多弯曲,体态矮小,自然结顶;迎风面的枝条短,背风面枝条长。这就是自然生长的树木静态中的动势。

　　制作盆景应师法自然,拜大自然为师。大自然中生长着很多形态优美的树木。大雕塑家罗丹曾经说过:"美是无处不见的。对于我们的眼睛,不是缺少美,而是缺少发现。"

　　盆景树木造型要求,不但单干式树冠应呈不等边三角形,就是双干式以及三干式树冠也应呈不等边三角形。

　　欲使盆景树木静中有动,除树冠的变化外,树干也要有所变化。在常见款式的造型中,除直干式外,树干都有一定的弯曲变化。树干的形态,是决定树木盆景款式的重要因素,树干不同的弯曲变化,造成各种各样的动势。

　　要使树木盆景具有动势,除树冠、树干变化之外,树木种植的位置也很重要(图 2-14)。树木一般不宜栽植于盆中央,而应偏向一侧,这样就能使树木盆景显得生动活泼而具有动势。偏向一侧也不是越偏越好,太偏则显得不均衡。一般来讲,单株树木的正确栽种位置,应在盆钵中段(盆钵边长分成等距离三段)右侧或 1/3 的交界处为好。

　　山水盆景中的山石是静物,但上乘的山水盆景均有动势感。这就是静中有动,动中有静,动静结合,呈现出一幅生动活跃的立体画面。

山水盆景中的动势表现方法有以下几种:

其一,用山峰和盆面之间的角度及其在盆中的位置来表现。如主峰垂直立于盆中央,其他山峰都垂直立于盆面,就没有动感;如峰峦都朝

图 2-15 山水盆景的动势

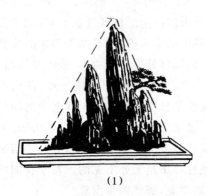

(1)

(2)

图 2-16 树木和山石动势

(1)山石和树木动势呈背道而驰之势,这种盆景
意境差 (2)树木盆景的动势

一个方向倾斜,主峰不偏左即偏右,配峰呈奔趋之势,并在它们的前方留一定发展空间,这样的布局就有动感(图2-15)。要注意的是,所有峰峦必须朝一个方向倾斜,如主峰向左,配峰向

右,背道而驰,有互不顾盼之意,这样即使盆景雕琢技艺再高,其意境也是很差的。同时,还要掌握好峰峦倾斜角度的大小,并非越倾斜越好。

其二,有的"孤峰独秀"式山水盆景,山峰基本垂直于盆面而立,但也有一定动势。一方面是高耸的山峰,大有刺破青天之势;另一方面,如果从山峰巅部向盆面划一条垂直线,把山峰分成左右两部分,这两部分大小是不等的。由于山峰左右不均衡,再加上山峰形态的变化,故虽"孤峰独秀",而且基本上是垂直而立,但也会给人以动感(见彩页51下图《孤峰独秀》)。

其三,主峰和配峰的布局构图呈不等腰三角形。在主峰左右两侧摆放的配峰高低、多寡不一,从主峰巅部向左右侧配峰外缘各划一条斜线到盆面,就成一个三角形,如果这个三角形是等腰三角形,就没有动感,如果呈不等腰三角形,就有动感。至于三角形两腰线长短比例多少合适,这就看盆景作者对自然山水的观察力和美学水平以及立意的要求了。在山水盆景中,从主峰巅部向左右山脚连线呈不等腰三角形的动势是趋向腰线长的一边。如果盆景中的山石是向左侧伸展,而其树木却趋向右侧,山和树的动向背道而驰,因而意境较差。树木和山石的动向应该是一致的,也就是要趋一个方向,这样的动势才显得协调和自然(图2-16)。

其四,用配件增强动势。如山峰已有一定奔趋之势,但感到动势还不够有力,可在盆面适当位置摆放小船和撑竿的船夫,让船夫立于船尾

图 2-17 用配件增强动势

或船头,而身躯向前倾斜(倾斜方向要和山石的倾斜方向一致),船夫用力撑船的动作就增强了盆景的动势(图2-17)。

第十一节　妙用远法

古人云："咫尺盆盎，瞻万里之遥；方寸之间，乃辨千里之峻。"这就是说，要使盆景和绘画，在不大的空间里，表现出万里之遥或千里之峻的图景。

宋代著名画家郭熙在《山水训》中说："山有三远：自山下而仰山巅，谓之高远；自山前而窥山后，谓之深远；自近山而望远山，谓之平远。……高远之势突兀；深远之意重叠；平远之意冲融，而缥缥缈缈。"郭熙提出的"三远"是国画理论中关于透视体系的具体论述，对高远、深远、平远下了明确的定义。观景者的位置分别在山下、山前、近山；观看的方式是"仰"、"窥"、"望"；取景的角度为前仰视（高远）、前窥视（深远）、前正视（平远）。

上述画理对山水盆景的创作同样有指导意义。在制作山水盆景时，应力求表现"三远"。高远式盆景，主、次峰要适当高些，山峰都直立于盆面，与配件高低形成强烈对比。深远式山水盆景一定要注意前后层次，远景山石要横用，并适当小一些。平远式山水盆景，峰峦应低平，不要有棱角，见形不见势，使人感到模糊渺茫（图2-18）。

在山水盆景创作中，初学者如果难以在短时间内把三种远法同时表现出来，就只表现出其中的一种或两种，逐步做到运用自如。

树木盆景中的合栽式与丛林式造型，都应该用来表现远景，即使是两棵树木合栽于一个盆钵之中，也应一大一小，小者就是表现远景的。用一棵树木制作的盆景，为表现深邃的意境，常借助在盆内适当位置摆放类别、大小、形态适宜的小配件。如把一棵斜干式树桩，种植在椭圆形中等深度或较浅的紫砂盆靠右侧一点的位置上，盆面铺以青苔，在盆面左侧，摆放两三只大小不一的陶制小牛，大者靠右，小者靠左；如果是三只小牛，第三只不要放在前后两只正中间，使三者等距，而应不是靠前，就是靠后，这样显得活泼自然，否则会给人以呆板的印象，再

题以《牧归》或《春牧》之类的命名，这件盆景虽只有一棵树木，但就其意境而言，即有一定的深远感（图2-19）。

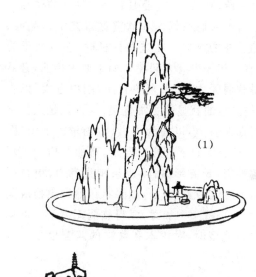

(1)

(2)

图2-18　山水盆景的三远
(1)高远　(2)深远　(3)平远（见图2-3）

图2-19　用配件使景物显得深远

第十二节　曲直和谐

在盆景艺术造型中，曲线表示蜿蜒起伏的柔性美，直线表示雄伟挺拔的刚性美。简而言之：曲为柔，直为刚。一件优秀的盆景作品必须曲直和谐，刚柔相济，否则不是一件好的作品。

当今人们在创作和欣赏盆景艺术作品时，有偏爱曲的倾向。在选购树桩时，多以曲干为美，直干却很少有人问津。如果曲中再曲，必然显得软弱无力；如果直中有曲，刚中有柔，以直来衬托曲，曲就显得更加优美。这也就是人们常说的曲曲直直，以曲为主，以直为辅。下图(图2-20)是一幅曲干式树木盆景，弯曲的树干呈现出柔性美，长方形盆钵，线条刚直有力，更衬托出曲干的这种美。但是，如果将该盆钵更换成圆形盆钵，那就柔中加柔，显得软弱无力了。可见在盆景造型时，对树木和盆钵的匹配也是很有学问的。

图2-20　曲直和谐

在山水盆景中，石为刚，水为柔。在山石外形轮廓线中，直为刚，曲为柔。山水盆景的峰峦，要高低不一，主次分明，这样山石的上部就形成高低错落有致的一条曲线，如同一首歌曲一样有了节奏感。如高耸山峰的侧面笔直而没有曲折，就会显得死板而不灵活，如果难以使山石外形轮廓出现曲折，则应在山石上植树，让枝干从过直的山峰侧面适当高度伸出，这样外形轮廓线就出现了曲折。这就是直中有曲，曲直结合，成为一个有机的整体(见彩页47上图《仙居图》)。诸多峰峦在盆面的位置，也要前后错开，不要和盆边成一条平行线，这样就形成了一条曲线。

高远式山水盆景的诸多山峰，都雄伟挺拔，给人以力量感，表现了阳刚之气，是以刚劲为主的盆景。但刚中也应有柔，山脚低矮的小山峦，以及山脚线曲折环抱，含蓄有趣，还有山下的潺潺流水都是柔的表现。

长方形平远式山水盆景，诸峰都不太高，其外形轮廓多为圆弧形，再加上平静的水面，给人以幽雅平静的柔性美。但柔中也有刚，刚就是刚劲有力的盆沿之直线。由此可见，平远式山水盆景是以曲柔为美的盆景。

在植物盆景中，盆钵为刚，植物为柔。就植物本身而言，直的枝干为刚，弯曲下垂的枝干为柔；枝干硬的拐角为刚，圆弧状软的拐角为柔。植物盆景中的衬石也应列入刚的范畴。但是，如果在竹类盆景中，摆放1块～2块太湖石，从内涵讲，石为刚，竹为柔；从外形线条讲，竹子挺拔直立，表现了阳刚之美，太湖石圆润柔软的外形轮廓线，又给人以柔性美。在这件盆景中，就呈现出了一幅刚中有柔、柔中有刚、刚柔相济、生动优美的立体画面(图2-21)。

直干式树木盆景，主干挺拔直立，树木虽不高，但有一种顶天立地的气势，观赏时令人精神振奋，这就是直线美。垂枝式树木盆景，主干多有一定弯曲，枝条柔软飘逸而下垂，婀娜多姿，给人以柔美的感受。

在盆景造型中，强调曲直和谐，刚柔相济，并不是说刚与柔、曲与直在每件作品中要平分秋色，各占一半。一件作品，不是以刚为主，就是以柔为主。是刚好还是柔好，这要以作品表现的主题思想而定。曲和直、刚与柔，是对立统一的。

没有曲,也就没有直;没有刚,柔也就无从谈起。在盆景艺术造型中,曲与直缺一不可,但就一件

作品而言,只是侧重面不同而已。

　　山水盆景中,主峰过长的直线,可用栽种树木法改变盆景外形轮廓线,达到直曲和谐(图2-22)。

图 2-21　竹石图

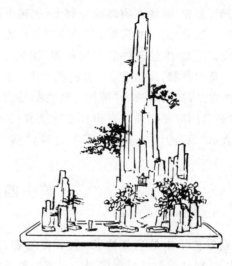

图 2-22　直曲和谐

第十三节　枯荣与共

　　枯在植物盆景中表示失去水分,成枯木或

（1）

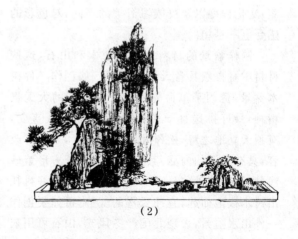

（2）

图 2-23　枯荣与共

（1）树木盆景枯荣与共　（2）山水盆景枯荣与共

枯树,局部失去生命力。荣则表示草木茂盛,欣欣向荣。所谓"枯荣与共",也就是生死在一起。在自然界,一些老树,由于长期受到风雨、雷电、冰雹以及病虫害等多种因素的影响,有的枝干局部变得枯朽或剥脱,其余部分却生机盎然,存

在着枯与荣长期并存的现象，"枯木逢春"就是形容这一现象的（见彩页14下图《鼎盛春秋》）。在树木盆景中，一般地讲，树木越苍老，欣赏价值越高。在树木盆景培育加工中，常把一些树木的枝、干，去皮，雕凿木质部成舍利干（把树干的皮去掉一部分，露出木质部，有的还涂以石硫合剂防腐），有的甚至把树干木质部锯、凿掉1/4～1/3，呈中空状，以示苍老。有的把1个～2个树枝的皮全部去掉，成为"神枝"。这些都是为了表现"枯"。同时还必须培育出枝繁叶茂或花艳、果硕表示"荣"的那一部分。只有这样，"枯"与"荣"才能形成强烈的对比，表现出生与死的抗争，才能激励人们奋发向上的精神。

在山水盆景中，山石表示枯，因为它没有生命力。在山石上栽种的草木以及青苔表示荣，呈现出枯荣对比与共存的景象（图2-23）。这种盆景欣赏价值较高。如果所有的山石都长满青苔（浮石以及芦管石盆景有时出现这种现象），这样盆景只有荣，没有枯的对比和衬托也是不美的。如果一件山水盆景中没有一点有生命力的植物，亦是不美的。

第十四节　色泽协调

盆景艺术中的色泽协调，主要指景物、盆钵、几架、配件的色泽搭配得当。组成盆景各部分色泽的协调，是盆景造型艺术的重要表现方法之一，因为景致色泽的刺激使观赏者产生某种心理或情感的反应。色彩情感分为：暖色（红、橙、黄），冷色（绿、蓝、紫），中性色（黑、白、灰等色）。观赏者因年龄、性格、经历、情绪、艺术修养、文化程度以及民族习俗等的不同，对色彩的感受也不尽相同。

制作盆景的材料主要是树木和山石，这些材料本身自然具备天然的色泽。如创作一件树木盆景，赞颂某革命先烈威武不能屈的大无畏精神，最好挑选直干式松树，其姿态挺拔直立，有顶天立地之势，松树叶片四季常青，寒暑不改容，具有很深的内涵。其盆体则选用长方形紫砂浅盆，因为紫砂盆显得稳重大方，浅盆更好衬托出树木拔地而起，直冲云霄的气势。再如要创作一件山水盆景，表现北国严冬风光，山石可用灰色的，选用白色大理石浅盆，山石上栽种无叶寒树。盆景做好之后，在山石上、树木上、盆面上撒上一层白色的粉末（所撒粉末也要有厚薄之分），远处望去，好似银装素裹，白雪皑皑铺满山野。

组成盆景各部分色泽配置，主要包括对比与调和两个方面。如组成盆景的各部分都是一种颜色或色泽很相近，如深灰色斧劈石山景再配墨玉盆，因为色泽没变化或变化太少，显得单调，不能给人以美的感受。如果改用白色大理石浅盆（或白色中略带浅灰色纹理），观赏效果好得多了。

概括地说，组成盆景各部分色泽，既要有变化，但反差又不可过大，也就是既有对比又协调。一般地讲，紫砂陶盆在植物盆景中应用最广。白色大理石浅盆，在山水盆景中应用最广。在盆景配件中，以泥土本色的陶质配件应用最广，效果也最好。

第十五节　形神兼备

我国盆景历来讲究形神兼备，以形传神。盆景的形，是指盆景外部客观形貌；神是指盆景所蕴含的"神韵"及其独特的个性。形是物质基础，没有形的存在，神也就无从谈起，但是，如果一件作品只追求形似，越逼真越好，则作品所蕴含的"神韵"及其独特的个性就难以表现出来了。

宋代大诗人苏轼曾说："论画以形似,见与儿童邻。"形似只是初级阶段,而神似才是艺术家追求的更高境界。因为世上的自然景观或多或少都存在着某些不足之处,这些不足之处就不够美。盆景作品是自然景观的艺术再现,而不是将自然景观像拍照那样按比例缩小于盆中。盆景作品是通过艺术加工,使作品源于自然又高于自然,取得自然美和艺术美的结合。这样作品形貌所蕴含的"神韵"和独特个性,会比自然景观的韵味、意境更为美好。所以,一件盆景佳作,必须形神兼备。

万里长城是英勇智慧的中华民族悠久历史和灿烂文化的象征,也是中华民族的骄傲,自古以来不少文人墨客热情描绘万里长城。盆景工作者和盆景爱好者,也以长城为题材创作盆景,来歌颂祖国的大好河山。但是,在创作的时候,如果完全按我们所看到的长城或照片中的长城去做,就表现不出长城雄伟壮丽的磅礴气势,当然也就不能够以形传神。要创作出表现长城雄姿的盆景,就要将其最雄伟、险峻、壮丽、蜿蜒曲折的部分挑选出来集中于一盆,使长城下大上小,近大远小,增加其层次和弯曲度,而且使它时隐时现,伸向远方。城墙加工近处要细,远处要粗,不要刻出砖石的纹理,否则会显得不真实。这样制作出来的长城盆景,就会显得雄伟壮丽,气势磅礴,就能够达到形神兼备的目的。

在树木盆景造型中,为了使盆树更典型、更具有普遍意义,以达到形神兼备、意境深邃的目的,还必须运用去粗取精、夸张、变形、缩龙成寸等艺术手法,使创作出来的盆景比自然界的树木更浑厚雄健、苍老奇特、悬根露爪,而自然入画。当然在取舍、夸张、变形等艺术加工中,其方法运用要恰到好处,而不能过分,否则作品将失去和谐与美感。

第三章　植物盆景

第一节　盆景植物来源

植物是制作植物盆景的物质基础,其获取途径有以下几种:野外掘取、人工繁殖和市场购买。

(一)野外掘取

1. 掘取树桩注意事项

到野外掘取树桩,要注意以下几点:

(1)要选好掘取地点。不能无目的地满山乱跑,否则收获不大。要了解树木的生长规律:喜阳树木多生长在向阳背风处,而耐阴树木则多生长在北山坡或其它树木之下;密林沃土中难以找到好的树桩;而荒山瘠地、山路道旁、悬崖峭壁、峰顶风口等处,自然条件差,却常能找到理想的树桩。要根据其生长规律,"按图索骥"。

(2)要选择好掘取时机。一般在2月底或3月初树木尚未发芽时掘取最好,深秋初冬树木落叶后也可掘取。在北方,树桩的冬季管理比较麻烦,须搬入室内。如有温室,深秋初冬掘取的树桩成活率并不低于春天掘取的树桩。

(3)要选择好掘取对象。到野外掘取树桩,不能见一个挖一个,这样挖回的树桩多数观赏价值不大,不仅破坏了植物资源,还白费力气。应选择那些苍老奇特、遒劲曲折、悬根露爪的老桩;有的树龄虽然不长,但有培育前途的也可以挖取。

(4)仔细挖掘,保障成活。选定树桩后,先观察树冠、树干,以便心中有一个造型的初稿。为便于挖掘、运输,可对树冠进行初步修剪,除去造型不需要的枝条。然后把根部及其四周的杂草乱石除去,再进行挖掘。挖掘时,树桩根部土台要留大些,以保留较多的细根和须根,这对树桩成活很有好处。要把较粗较长的须根切断。对不带土球的树桩根部,用湿泥或青苔做成假土球,装入塑料袋内运回。对较大的树桩可采用两步挖掘法:第一步先对树冠进行初步修剪,切断部分侧根和主根,用较肥沃的土壤填好踩实,如能在树木四周挖成一个环状蓄水坑则更好,在经过一个夏天之后,第二步再去把它挖掘出来,这样成活率更高。

2. 树桩的处理

从野外掘取的树桩,在运输过程中损耗水分较多,运回后应尽快作定型修剪和栽植。

(1)定型修剪。树桩的定型修剪,应遵循"因势利导、繁中求简、层次分明、直中求曲、注意矮化"等原则。一个树桩取什么造型,不能仅凭个人爱好而定,而应在树桩自然形态的基础上,匠心独运,去丑留美,才能达到巧夺天工的效果。一些单栽不成形的树桩,经过巧妙搭配,有时也能制成意境深邃的合栽式盆景(图3-1)。

对根部进行修剪时,应把老根、伤根剪除,多保留细根和须根;对较大侧根的处理则应视树桩造型而定。如曲干式、斜干式树桩成形后欲栽植于浅盆之中,其侧根可适当剪短些,而悬崖式树桩因要栽植于较深的签筒盆内(盆高是盆口径一倍半左右的盆钵称签筒盆),为将来提根和承受伸出盆沿枝干的重量,侧根应留得长一些。为了补充植物体内损失的水分,在定型修剪后,应把树桩根部放入清水中浸泡几小时,然后再栽植,能提高成活率(榆树例外)。

(2)树胚栽培。从野外掘取的树桩,在其成形前的养植阶段,习惯上被称作"养胚"或"生桩"。经过定型修剪后的树胚应尽快栽植。栽植

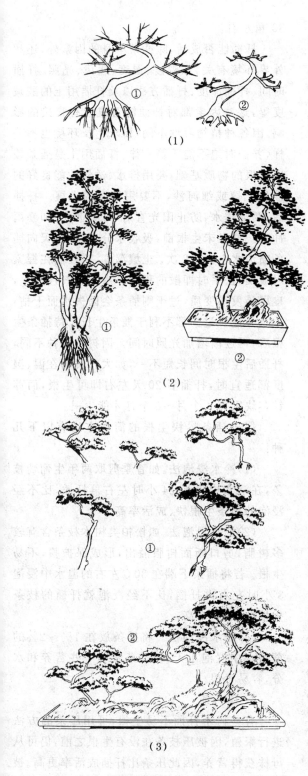

图 3-1 定型修剪

(1)因势利导　①修剪前　②修剪后

(2)繁中求简　①树木素材　②修剪栽培成形

(3)　①单栽不成形的树木素材　②合栽培育成丛林式盆景

方法有地栽和盆栽两种。地栽比盆栽生长快，管理粗放，但不能搬动，上细盆（即观赏用盆）时根部损伤大；盆栽可移动，上细盆时根部损伤小，但比地栽生长速度慢。采取何种栽植方法适宜，应视具体条件确定。地处城镇因条件所限，大都盆栽。

从野外掘取的树胚，在栽植时，一定要用素沙土（无肥沙土），待树胚成活之后，方能施稀薄的发酵过的液肥。

养胚最好选用透气、排水良好的泥盆，盆的尺寸视树桩的大小而定，盆过大过小都不好。如成形后准备栽植于浅盆内，需在根下放一块瓦片，使根向水平方向生长。养胚阶段尤其是初期，最重要的是一定要深植，即把土埋至根上部7厘米～10厘米处。栽后两个月内，为补充根部供水不足，每日应向树木枝、干上喷清水1次～2次。刚从野外掘取的树胚如果盆栽，最好将其置于背阴处或其它树木之下；如果地栽，其上应用苇帘遮挡阳光，这样可以提高成活率，成活后再增加光照时间。

（二）人工繁殖

随着盆景艺术的发展，爱好盆景的人越来越多，而制作盆景的树桩却越来越少，要得到比较理想的树桩是一件很困难的事情，尤其是住在城市的盆景爱好者，到山野挖掘树桩，实在不易。因此，人工繁殖已成为人们获得盆景所用植物的一个重要途径。

植物的繁殖方法基本上分为两大类：一类是有性繁殖，即用种子繁殖；另一类是无性繁殖，即用植物的根、茎、芽、叶，以扦插、压条、分株、嫁接等方式来繁殖新体。无性繁殖能保持母体的特性，而且开花结果快，故盆景用的植物以无性繁殖方法居多。

1. 播种

凡能开花结果的植物，都能用种子繁殖，如松柏类、石榴、枸杞、榆树等。用播种的方法可以获得大量苗木，成本低廉，也便于造型。不足之处是，成形时间长。

（1）选种。繁殖用的种子，应取自发育健壮、无病虫害的植物母株。在果实成熟时，要及时采收，过迟则种子容易散失，过早则种子尚未成熟，不易萌发，即使萌发了，苗木也不壮。

（2）贮存。采集后的种子要晒干或阴干，并脱粒、净种。花木种子一般适合贮存在通风、低温、干燥处。

（3）播种时间。多在春、秋两季进行，以春季播种为佳，一般在3月中、下旬至4月初。秋播在9月中、下旬至10月上旬。因各地气候条件不同、植物品种各异，播种具体时间应灵活掌握。

（4）播种方法。常用的方法有地播、盆播、木箱播。家庭栽培因种子用量少、受环境限制，常用盆播。而公园、苗圃等单位种子用量大，常采用地播。播种深度以种子大小而定，大的深些，小的浅些，一般盖土的厚度以种子直径2倍～3倍为宜。

2. 扦 插

扦插即取植物一部分（根、茎、枝、叶），插入土壤中，经过精心养护，使之长出新的根、茎、枝叶，成为一个独立的新体。凡生命力强、易于生根繁殖的植物，都可扦插繁殖，如迎春、石榴、榕树、六月雪等。扦插时间多在早春或晚秋，这时地温高于气温，昼夜温度变化大，利于养料的积累，对生根有利。

扦插又分根插、枝插、叶插等几种形式，其中以枝插最为常用。因枝条取材方便，方法简单，成活率高，收效较快，园艺工作者和盆景爱好者常用这种方法繁殖花木。

扦插时，应选择1年～2年生、粗壮而无病虫害的枝条的中上部作为插穗。多年老枝生命力减弱，不易生根，最好不用。生长在树干基部和树冠外围的徒长枝，生根能力很强，成活率高。插条的长度以保留3个～4个芽为宜，上端在芽的略上方剪断，下端在芽下面剪断，剪口要平滑、无裂劈，并有一定的斜度，以利伤口愈合。插条是否要带叶片，应根据树种不同而分别处理，如松柏类必须带叶片，否则不易成活；而葡萄、石榴等则不带叶片也能成活。扦插深度一般在3厘米左右，不可太深，插条应略斜和土面呈

80°角左右。

扦插能否成活，除插条本身的因素外，还和外界环境有关，如温度、湿度、通风、光照、扦插时间、扦插深度、扦插方法以及扦插用土的酸碱度等，这些因素都对扦插能否成活有直接的影响。因各种植物习性不同，要求生长环境也不一样，养护时绝不能千篇一律。扦插用土是插条赖以生根的物质基础，要用排水、透气性能良好的沙质土壤或细河沙，不要用带肥的土壤。扦插后，要浇透水，防止阳光直射（可见散光）和暴雨冲刷。插条未生根前，吸收水分少，应每天向插条喷清水1次～2次。土壤湿度，应控制在握紧时成团、松手时即散的程度。水多透气性能差，皮层易发黑变质，过干则插条会因失水而干枯，故水分过多过少都不利于插条生长。待插条生根后，再逐渐增加光照时间。因树木品种不同，扦插后生根时间长短不一，如大叶黄杨在温、湿度都适宜时，扦插后20天左右即可生根，而苏铁茎块则需4个月～5个月才能生根。

促进插条尽快生根的简易方法有以下几种：

（1）冷水浸泡法。如春季剪取两年生葡萄枝条，在清水中浸泡24小时左右再扦插，比不经浸泡的插条生根快、成活率高。

（2）温水浸泡法。如松柏类树木枝条含有较多树脂，剪口断面树脂溢出，形成保护膜，不易生根。若将插条下端在30℃左右的温水中浸泡3小时左右再扦插，比不经浸泡就扦插的枝条生根快、成活率高。

（3）糖水浸泡法。将插条放在1‰～2‰的蔗糖水中浸泡1天，使插条吸收一些营养和水分，容易生根。

3. 压 条

有些树木扦插不易生根，可用压条的方法进行繁殖，因被压枝条在没有生根之前，仍可从母株获得营养，因此压条比扦插成活率更高。被压枝条生根后，即可将枝条与母株分开，便成一个单独的新植株。但压条不能像扦插那样，可获得较多的苗木。压条时间宜在春季及夏初进行。压条的方法分为普通压条法、高空压条法和

培土压条法[图 3-2(1)(2)(3)]。无论采用何种方法压条繁殖,生根的关键是土壤能否保持适宜的湿度和温度,土壤过湿或过干都难以生根。

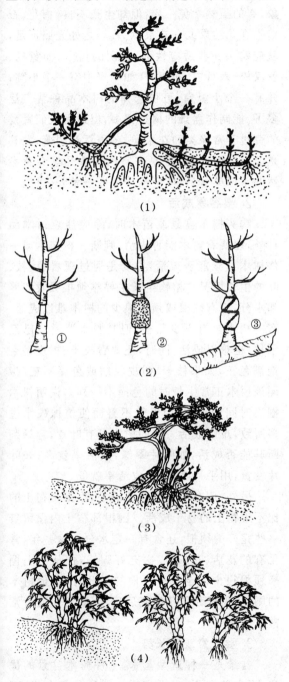

图 3-2　压条及分株繁殖法
(1)普通压条法　(2)高空压条法　①树枝去皮　②包土　③捆扎　(3)培土压条法　(4)竹子分株繁殖

4.分　株

分株就是将植物根茎部萌发的新株分蘖切开,育成独立的新植株。用分株法繁殖,简单易行,成活率高,凡根系发达的灌木类、藤本类以及竹类等,都可采用分株法进行繁殖。分株时,切取的新株,应带有一部分须根和宿土,方易成活。分株时间应在春季植物萌芽以前。常绿树木,在春、秋及梅雨季节均可进行。竹类则应在 5 月或 9 月间进行,在其他时间分株,成活率将受到影响。竹子分株时,应首先把整株从盆中扣出,去掉枯根、过长的根和部分宿土,用竹片或竹筷子找到联结两株或联结两组(几株竹子紧密生在一起成为一组)的粗根,然后把剪刀插入粗根两侧将其剪开,分别进行栽培养护,一盆竹子就可分成 2 盆~3 盆[图 3-2(4)]。

5.嫁　接

嫁接就是将植物枝、芽的一部分接在另一株植物的适当部位上,使其愈合生长,成为一个新的植株。嫁接成活的新植株与用以上方法繁殖的新植株不同,它是接穗和砧木融合为一起的共生植株。用来嫁接的枝条称为接穗,用来嫁接的芽称为接芽;承受接穗或接芽的树木称为砧木。用嫁接法繁殖新植株,除可保持植物品种原有的优良特性外,还能增强新植株的生命力,如把五针松的枝条接到黑松砧木上,成活的五针松对土壤、气候的适应性将增强。嫁接法的优点是成形快,可以提前开花结果,对某些花木还有矮化作用。所以,园艺工作者和盆景爱好者,对不开花结果或扦插不易成活的花木,如五针松、梅、龙爪槐等,常用嫁接的方法来繁殖。

嫁接能否成活与以下诸因素有直接关系:

(1)嫁接时间。这是嫁接能否成活的一个关键因素。因植物品种、各地气候以及嫁接方法不同,嫁接时间也有所不同。嫁接的最佳时间,是接穗处于休眠状态(尚未萌动)而砧木已开始萌动,这时砧木可以及时供给营养和水分,因而成活率高。嫁接时间一般以春分前后为宜。

(2)亲和性。按植物分类,选亲缘越近的植物嫁接,成活率越高,也就是说同科同属嫁接容易成活。但是,也有用异属而有亲和力的植物嫁接成活的。

(3)接穗和砧木。应选取 1 年~2 年生、向阳面、生长健壮枝条的中间一段作接穗。大部分落叶树木可在休眠期采穗贮藏备用。砧木要选择 2 年～3 年生粗壮、无病虫害的树木。

(4)嫁接技术。接穗和砧木的接触面应尽量削得平整光滑，嫁接时要将接穗、砧木的形成层对准，嫁接后包扎要牢固。

(5)嫁接后的管理。适宜的温度、湿度和光照是嫁接成功的保证。

嫁接的方法很多，常用的有腹接法和芽接法(图 3-3)。

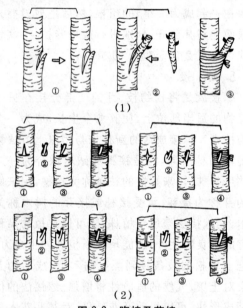

图 3-3 腹接及芽接
(1)腹接法 ①砧木切口 ②将接穗插入砧木切口中 ③包扎固定
(2)芽接法 ①砧木切口 ②接芽 ③把接芽放入砧木切口中 ④包扎固定

(三)市场购买

在农贸市场或花店购买制作树木盆景的苗木或树胚时，应注意以下几点：

1. 要因地制宜

购买制作盆景的苗木或树胚，应根据自己的栽培条件，选择适宜的品种。有些初学者制作树木盆景，对某些树木习性(主要是喜阳或是耐阴以及适应性如何，如榕树、九里香等适应性强，在我国南、北方都能生长；而榉木的适应性较差，在北方生长不良)不甚了解，即盲目购买。

有的自己栽培树木的地方光照不足，却购买喜阳的黑松、柽柳、五针松、梅花和石榴等树木，以致经常出现"一年青、二年黄、三年见阎王"的现象。有的虽然幸免一死，但却生长不良，梅花、石榴不开花结果或开花很少。栽培之处光照不足，就应购买一些适应性强、耐阴的树木，如黄杨、罗汉松、六月雪、雀梅等。如果家中有一个小院，并有一个小温室，可供选择的树木品种就广泛多了。能制作盆景的树种很多，但最受人们喜爱的莫过于常绿类和花果类。冬季百花凋落，尤其是北方缺红少绿，如果在室内摆放几盆春意盎然的常绿类盆景，就会给居室增添勃勃生机。

2. 要容易成活

购买树木盆景或苗木时，除应注意树木品种外，还要看树木能否成活。判断一株苗木或一件树木盆景能否成活，主要是通过观看根、枝、叶的生长情况。植物生长主要靠须根吸收营养和水分，没有须根或须根很少的树木难以成活。有的树木虽有不少须根，但其脱水严重或已经干枯，也难以成活。同时，还要看枝干、树皮是否饱满色正，如果枝干、树皮收缩或色泽不正(指同该树木正常生长时的色泽不一样)，说明树木掘出时间较长，或因保管不善而使植株失水过多所致，难以成活。有的树木带有叶片，容易判断其能否成活，如叶片翠绿，成活率就高；如叶片发黄，用手一碰就掉，成活率就低。

另外，还有一点应注意的是，根部带宿土的比不带宿土的易于成活。因根部宿土内保留着一些完好的须根，还含有一定水分。这些年，常见的花店、花农，以次充好骗钱，把从山上掘来须根很少甚至没有须根的树胚，用其他树木的侧根、须根和稻草缠绕后出卖，缺乏经验者常常上当。

3. 要注意观察长势

盆景是一种造型艺术，一件树木盆景的优劣，不在其大小，也不完全在树种是否名贵，而主要看其长势。在能否成活的前提下，应尽量购买有培养前途的植株。

一棵树桩或苗木有无培养前途，主要从根、干、主枝三方面来观察：

一般根系发达,侧根较粗、须根较多,适宜将来培育成"悬根露爪"之态。

树干是决定树木盆景款式的主要依据,在树木盆景样式中,大多数是根据树干的不同姿态而命名的。尤其在上盆以后,树干长高较易,长粗较难,树干一般比较粗硬,要改变原来的形态相当困难。所以,在挑选树桩、苗木时,以树干粗短并有一定曲折者为好。但有的直干树桩亦有特色,若将枝干处理得当,也很美观。

除树根、树干之外,还需观察主枝和树干的比例,如主枝粗细和树干相差不多,用这样的树木素材制作出的盆景是不美的。同时要看主枝分布情况,主枝呈对生状态不美,若为互生状态就便于造型了。

4. 要谨防虫害

购买树桩或苗木时,应注意别把有虫害的树木买回家。要检查树干、枝和叶片上有无蚜虫、红蜘蛛等害虫,这些害虫常生在叶片背面或嫩枝叶片上。有的树木枝干上寄生着棕色、白色、褐色的介壳虫,这些介壳虫身上多覆有一层蜡壳,喷药也很难杀死。如果不注意,一旦把有虫害的树木买回家,不但危害买来的树木,还可能传染到其他花木上。

第二节　树木盆景造型技艺

一株平淡无奇的树木,之所以能成为具有诗情画意的盆景艺术作品,是通过造型等艺术加工而实现的。再好的树胚或苗木,也难以完全具备盆景造型的要求。因此,要使树胚或苗木变成为盆景,不是要不要加工的问题,而是加工的部位、加工多少和加工方法的问题。盆景造型的过程就是改变盆景植株生长的形态、对植株进行艺术加工的过程。

盆景造型的方法很多,如蟠扎、修剪、提根、抹芽、摘心等等,其中以蟠扎和修剪最为常用和最为重要。

（一）蟠　扎

树木的蟠扎,是古老的园艺技术,既别致巧妙,又复杂多变,做法讲究。其技艺起源于何时尚未见考证。蟠扎因用材和方法不同,有棕丝蟠扎和金属丝蟠扎之分。

1. 棕丝蟠扎

古代的蟠扎,就是指棕丝蟠扎。用金属丝蟠扎是近几十年才发展起来的。蟠扎应选用质柔、有弹性、粗细均匀、比较长的新棕丝。棕丝蟠扎的优点是:棕丝的色泽和很多植物树皮的色泽相似,痕迹不明显,蟠扎后即可观赏,而且具有成本低、不传热、不伤树木、易于解除等特点。现时扬州、苏州、成都等地,常用此法。棕丝蟠扎方法有打套法、分棕法、套棕法等(图3-4)。

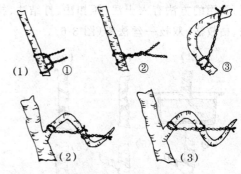

图3-4　棕丝蟠扎
(1)打套法　①打套　②交叉棕丝　③弯曲固定
(2)分棕法　(3)套棕法

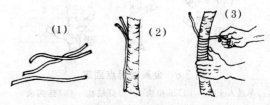

图3-5　粗树干蟠扎
(1)麻筋　(2)衬麻筋　(3)缠绕麻皮

在对较粗的树干进行蟠扎时,为防止将树干折断,应在蟠扎部位衬以麻筋,再用麻皮缠绕,加以保护(图3-5)。因树干较粗,一次不能达到所需要的弯曲度时,可分几次进行,使植株有一个逐渐适应的过程。第一次弯曲后,过10天左右再拉紧棕绳,加大弯曲度,依此类推。

2. 金属丝蟠扎

常用的金属丝有铁丝、铜丝、铅丝。新铁丝在使用前应在火上烧一下,使之退火,硬度变低,容易弯曲;烧后放在地上,自然冷却,不要用水浇,否则铁丝会变硬。新铁丝烧后,色泽和树皮相似,蟠扎后即可观赏。

用金属丝蟠扎,应注意以下几点:

(1)选择粗细适宜的金属丝。金属丝的粗细,一般以蟠扎枝条基部粗度的1/3为好。过粗蟠扎不灵活,也不美观,还容易把枝条折断;过细则拉力不足,不能蟠扎成所需的弯曲度。

(2)固定好起点。蟠扎时,起点固定的好坏及固定的方法是否适当,对蟠扎成功与否影响很大。若起点固定不牢,金属丝会在枝条上滑动,除弯曲力量减弱外,还会损伤活动部位的树皮。固定方法应根据被扎枝干的具体情况灵活掌握,常用的方法有入土法、压扣法、打结法、挂钩法、枯枝法、双枝一丝法等(图3-6)。

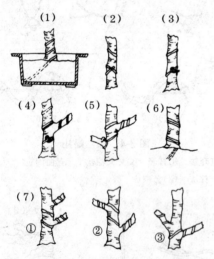

图 3-6 金属丝起点固定

(1)单丝入土法　(2)压扣法　(3)打结法　(4)挂钩法　(5)枯枝法　(6)双丝入土法　(7)双枝一丝法

(3)掌握好密度和方向。把起点固定好之后,用拇指和食指把金属丝和枝干捏紧,使金属丝和枝干呈45°角,拉紧金属丝紧贴枝干的树皮徐徐缠绕;缠绕的密度要适当,过疏或过密,或疏密不均匀,蟠扎效果均不理想。同时,还要

注意金属丝缠绕的方向,如欲使枝干向右弯曲,金属丝应顺时针方向缠绕;如向左弯曲,金属丝则逆时针方向缠绕(图3-7)。

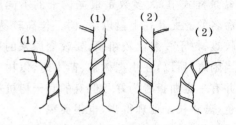

图 3-7 金属丝缠绕方向

(1)向左弯曲,金属丝要逆时针方向缠绕　(2)向右弯曲,金属丝要顺时针方向缠绕

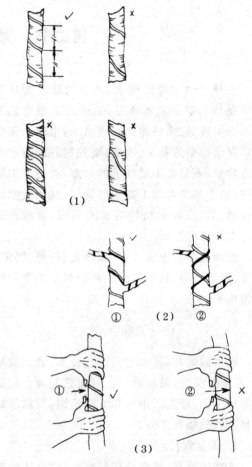

图 3-8 金属丝缠绕密度及打弯

(1)金属丝缠绕密度　(2)双丝缠绕　(3)金属丝缠绕后打弯

(4)双丝缠绕。在蟠扎中如遇较粗枝条而手头又无粗度合适的金属丝时,可用双丝缠绕,以加强拉力。有时树干已用金属丝蟠扎,在树干上

相近的两个枝条用另一根金属丝蟠扎,两个枝条之间的树干上呈双丝,蟠扎树枝的金属丝在树干上的蟠扎方向必须和蟠扎树干的原金属丝缠绕方向一致。

(5)蟠扎的顺序。用金属丝蟠扎的顺序,应先树干,后树枝。枝条蟠扎的顺序,应先下部枝条,后上部枝条。

(6)弯曲的方法。缠绕完成后,如树干需要弯曲时,应先弯树干,再弯树枝,并由下而上,循序进行。弯曲时用力不可过猛,以防把枝干折断。要使弯曲部位内侧无金属丝,而外侧正好在金属丝上,这样,可对枝干起到保护作用,被弯曲的枝干也不易断裂(图3-8)。

(7)全扎与半扎。全扎,就是对树干及枝条都进行蟠扎;半扎,就是树干原已具有一定形态,不需蟠扎,只对枝条进行若干蟠扎造型即可。

(8)蟠扎后的调整。枝干蟠扎弯曲完成后,要从整体出发,远观近瞧,对形态不够满意处进行一些调整,如有的枝条太长,树形不美,可将枝条打弯变短,以获得理想的效果(图3-9)。

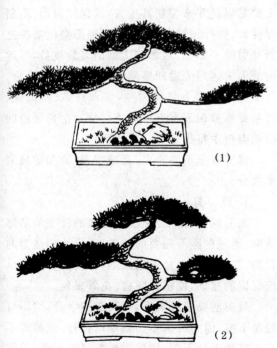

(1)

(2)

图3-9 过长枝条打弯使树木形状变美
(1)枝条太长树形不美 (2)枝条打弯变短树形变美

金属丝蟠扎有利也有弊。蟠扎树木盆景,用棕丝好还是用金属丝好,人们看法不一,笔者认为各有所长,也各有不足之处。如果以易于掌握、工效高、成形快而言,金属丝优于棕丝。

①易于掌握。要掌握好棕丝蟠扎方法的蟠、吊、拉、扎技艺,并达到弯曲自如、得心应手的程度,不是短期内能够学会的,没有几年乃至更长时间的功夫是难以办到的,而且对于初学者来说,其效果也不会很理想。金属丝蟠扎技术比棕丝蟠扎的技术要简单一些,只要把起点固定、蟠扎密度和方向、弯曲受力点等几个方面掌握好,基本上便可以按构思进行弯曲造型。

②工效高。以中型盆景为例,进行技术相近似的蟠扎,用金属丝蟠扎比用棕丝蟠扎工效高一倍以上。当今商品竞争激烈,工效低,必然导致成本高,成本高就无竞争力,故一般进行商品生产的盆景制作者,多用金属丝蟠扎。

③成形快。用金属丝蟠扎机械强度大,能弯曲自如。金属丝导热,对树木生长不利,但也正由于它导热,可加快定型,故对于一些树皮薄的树木则应慎重从事。中小型树木盆景用金属丝蟠扎,一般经过一二年即可固定成形。

用金属丝蟠扎的不足之处是,用铅丝和不烧的新铁丝蟠扎的树木盆景不够美观,拆除时比棕丝复杂。

3. 粗干弯曲法

弯曲较粗大并已明显硬化的树干或枝条,无论是用棕丝或金属丝蟠扎,绝大多数都不尽如人意。欲使其弯曲的方法很多,简单易行、效果最好的是"开刀弯曲法"。

开刀弯曲法就是用锋利的小刀,在树木欲弯曲的部位竖向穿通枝干,切一长3厘米~8厘米的口(枝干粗者长,细者短),先用麻皮或棕丝缠绕切口处,然后再进行弯曲。这样既便于弯曲,又不易折断(图3-10)。

无论是用棕丝、金属丝蟠扎,还是作粗干弯曲,都应遵循以下原则:

(1)蟠扎宜在树木休眠期或生长缓慢期进行。落叶树木最好在萌芽前,一般在早春或晚秋进行较好。

(2)蟠扎宜在盆土较干时进行,如刚浇完水

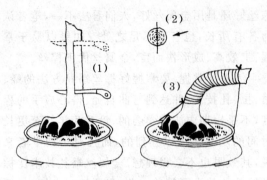

图 3-10　开刀弯曲法
(1)刀穿通树干　(2)树干横断面　(3)弯曲固定

或下过雨就进行蟠扎,由于根的固定力减弱,常常造成树根损伤。

(3)蟠扎对树木生长不利,因此,长势不壮或上盆不久的树木,暂不要蟠扎。

(4)解除蟠扎物的时间,应根据树木不同种类,灵活掌握。枝条比较柔软的迎春、六月雪、石榴等,蟠扎时间应长些,一般2年~3年方可解除。若蟠扎物解除过早,枝干未定型而反弹回去,虽有弯度,但不理想,再进行蟠扎就费时费工了。

(二)修　剪

修剪是树木盆景造型的一种主要方法,又是维护树形不可缺少的手段。修剪对协调树木盆景各部分的合理生长,维持盆景的优美姿态,促进开花结果,防治病虫害,都有重要作用。

修剪的时间因树木品种的不同而有所差别。落叶类树木一年四季均可修剪,如在春夏季树木生长期,可随时剪除病枝、枯枝和细弱枝,剪除或剪短徒长枝。落叶类树木的强剪或细剪,应在落叶后的休眠期进行,因树木落叶后,视线清晰,对枝干的去留和枝条剪口角度的正确处理都有利。在修剪前要分清枝条芽眼的生长方向,正确取舍。一根枝条,一般在其左右两侧都有芽眼,如欲使枝条向右侧发展,就在欲留枝条理想长度的右侧芽眼前方把枝条剪断。因为树木的芽有顶端生长优势规律,在枝条顶端的芽生长最快,在右侧芽眼的新枝生长后,就达到向右侧发展的目的了。如果修剪时不看枝条顶端芽眼趋向而随便修剪,当新枝长出后才发现,按

树势应向右侧发展的,结果却向左侧发展了。为达到预期目的,还得进行蟠扎,既费工又费料,蟠扎出来的枝条也不自然。

观花类树木的花芽多数在当年生的枝条上形成,修剪应在花落后进行。如梅花、迎春花,可在花残败后,对枝条进行一次修剪,一般枝条留2个~3个芽,需要伸长的枝条可适当多留几个芽。修剪后,可促使新芽生长,有利翌年开花。

观果类树木的修剪要因树而异。如石榴,是在结果母枝长出的新枝上开花结果,一个新枝一般开1朵~5朵花,其中一朵在新枝顶端,其余在腋生小枝上,枝条顶端的花最易坐果。因此,在石榴开花坐果前,不能将当年生的新枝梢去掉。

福建茶、火棘等一些树木,开花结果多在短枝上,待开花结果后,可把长枝剪短,留下2节~3节,使其形成结果母枝。

松柏类树木的修剪,宜在每年3月份~5月份进行。因南北方树木发芽生长期差别较大,具体时间应根据实际情况确定。对松柏类树木,主要是以摘芽来控制其生长,以保持树形。当新芽伸长、针叶还没有放开时,根据造型的需要把新芽剪除一部分。对影响造型的多余枝条,可趁树液尚未达到流动旺盛期时,将其剪除或剪短。

一些萌发力强的树种,如六月雪、雀梅等,每年要修剪四五次方可保持树型。生长缓慢的松柏类树木每年修剪一次即可。

修剪根据不同需要,有疏剪、短剪和蓄枝截干之分。

1.疏　剪

疏剪就是将不合乎造型需要的枝条从基部剪除。通过剪除不需要的枝条,一可达到造型的目的,二可保证良好地通风透光,使营养集中供应保留的枝条,使植株旺盛、花繁果硕。

疏剪前要很好观察,尤其是初学者,切不可轻易下剪,因为疏剪不当就难以弥补。疏剪时不宜在靠树干处下剪,应根据枝条粗细不同,保留0.5厘米~1厘米的基部,这样,使树干凹凸不平,犹如疙瘩斑痕,显得古老苍劲。

疏剪时,除剪除病虫害严重的枝条外,下列

枝条也应剪除(图3-11):

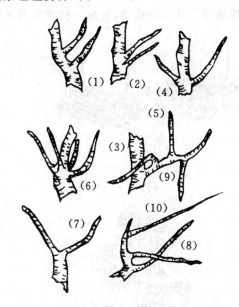

图3-11 应剪除的枝条

(1)平行枝 (2)叠生枝 (3)反向枝 (4)对生枝 (5)直立枝 (6)轮生枝 (7)丫杈枝 (8)交叉枝 (9)下垂枝 (10)徒长枝

(1)平行枝。即上下距离相近而向同一方向平行生长的枝条,根据造型需要,可保留一枝,剪除一枝。

(2)叠生枝。即从树干上同一部位重叠生长的枝条,如长出两根枝条,应剪掉一根。

(3)反向枝。即主枝上长出的反方向枝条,在一般情况下应予剪掉。

(4)对生枝。即在树干或主枝同一高度上左右对称长出的两根枝条,应剪除一根。在同一枝干上有两根以上对生枝如剪除时,应先左、后右,再左、再右,依此类推交叉剪除,不可只剪一边。

(5)直立枝。即在主枝上生长的直立向上的枝条,应从枝条的基部剪除。

(6)轮生枝。即在树干或主枝同一部位朝不同方向呈辐射状生长的枝条,一般在3枝以上的称轮生枝。根据造型需要,轮生枝一般留长、短各一枝,或只留一枝,其余枝条都予以剪除。

(7)丫杈枝。即由主枝分为两股的"丫"状枝,应剪除一枝。

(8)交叉枝。即两枝相交叉,应剪除一枝。

(9)下垂枝。即在主枝上向下垂直生长的枝条,应从基部剪除。

(10)徒长枝。即长势强壮、节间较长的枝条,应剪短或疏剪。

2. 短 剪

短剪就是根据造型的要求,把枝条剪除一部分,保留一部分,以刺激保留枝条萌芽形成侧枝。短剪也是造型和维护树形的重要措施,它能使较高的树木变矮,保持树木较低矮的形态,让枝干相对变粗,从而使树木盆景更显苍劲雄奇。笔者有一高50厘米,主干直径2厘米,有5个枝片的榆树盆景,把上部的两个枝片剪除,树高变成32厘米,该盆景变得更加苍劲优美。

3. 蓄枝截干

蓄枝截干是岭南派盆景艺术家,根据岭南画派技法,观察模仿自然界老树形态,精心创造的一种独特的造型方法。其具体做法是:当作盆景用的幼树长到一定粗度时,即进行强剪(即将树干剪除相当大的一部分),而在适当的部位和角度,保留几根枝条。所留枝条以长短不一为好。如果所保留的枝条称第一级枝,那么在其上长出的侧枝便称第二级枝。待第二级枝长到一定粗度时,保留一二根枝条,并将其剪短,促使其生出第三级枝。依次进行修剪,年复一年,截干蓄枝。然后经过适当整形上盆,即成为一件下粗上细、枝干曲折、苍劲古朴、造型优美的大树型树木盆景(图3-12)。

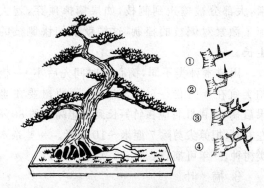

图3-12 蓄枝截干

(三)抹芽、摘心、摘叶

抹芽、摘心、摘叶是树木造型和保持树形的重要手段。根据设计,通过抹芽、摘心、摘叶等手段,改变树形,减少不必要的营养消耗,使枝叶疏密得当,通风透光性能良好,树形更加美观。

1. 抹 芽

抹芽就是用手把新萌发出来的嫩芽从枝干上抹掉。萌发力强的树木,如梅花等,常常在主干或主枝上长出许多不定芽、叠生枝芽,若不及时抹去,放任其生长,不但白白消耗许多营养,而且由于枝叶密集、通风透光性能差,破坏了树形,影响花蕾生长。有些对生枝,不要等腋芽已经长成枝条后再剪除,应在嫩芽时期就抹掉其中的一个。抹芽时,一定要注意腋芽的角度,留芽角度不当,以后就会影响树形(图3-13)。

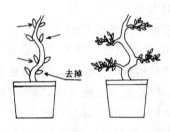

去掉

图3-13 抹芽

2. 摘 心

摘心就是用手或剪刀,除去新枝顶端的芽头(即生长点),以促使腋芽生长与坐果。摘心可控制枝条长度,缩短节距,使小枝及叶片密集成形。摘心为什么能促进腋芽的生长呢?因为芽头能够产生一种激素,这种激素浓度高就抑制生长,浓度低就促进生长,芽头产生的这种激素,大部分被输送到侧枝,如果摘掉顶芽,就去掉了激素对侧枝的控制,这样就能加快侧枝的生长。

因树木种类不同,摘心的时间先后不一。松柏类宜在4月份~5月份摘心,葡萄树要在坐果后摘心,佛肚竹应在竹笋长到理想高度的80%左右时,把笋尖剪除7厘米~10厘米。一些杂木类树种,一年可摘心2次~3次(图3-14)。

3. 摘 叶

盆景是一种造型艺术,叶片丛生密集,难以观看到曲折、苍劲、优美的树干,尤其是岭南派的大树型桩景,稀疏有致的叶片,更能显示出枝干的奇特。因此,摘叶是树木盆景艺术造型的又一项技术措施。榆树的最佳观赏时间是在新芽

刚长出不久。除春季自然萌芽外,如在7月及9月,将榆树叶片全部摘除,并施一次腐熟有机液

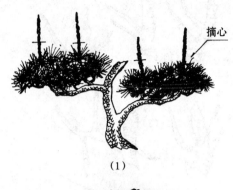

摘心

(1)

去掉

(2)

图3-14 摘心
(1)松树摘心 (2)佛肚竹摘心

肥,使之很快长出新叶,这样一年之中,它就有3次最佳观赏期,从而提高了榆树盆景的观赏价值。如在展览前20天左右,把榆树叶片全部摘除,加强肥水管理,展览时就会萌发出鲜嫩的新叶,将给人一种清新爽快、奋发向上的感觉。

在一些杂木类盆景中,摘叶还能起到使叶片变小的作用,如荆条叶大且萌发力强,一年之中可多次摘叶,随着摘叶次数增加,叶片逐渐变小,更显出清秀的魅力。

竹类盆景四季常青,过密的叶片给人以臃肿之感,疏剪后更显其刚劲有力的风姿。

(四)其他技法

树木盆景的造型技艺,除以上介绍的几种外,还有其他一些技法,常用的主要有以下几

种：

1. 撬皮法

就是在树的生长旺季,用利刀刺入树干皮层的形成层,然后轻撬几下,使树皮与木质部暂时分离,也可在撬开的树皮内塞入大小适当的石块,然后用麻皮或棕皮缠绕包扎,待伤口愈合后,树干局部膨大隆起,呈龙钟之态(图 3-15)。

图 3-15　撬皮法

2. 撕裂法

就是对需要疏剪的枝条,不用剪刀而是用手,连同树皮和部分木质部一起撕除,使树木露出一道木质沟槽,伤口愈合后好似自然形成,给人以古雅老残的印象(图 3-16)。

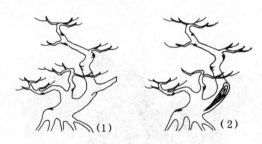

图 3-16　撕裂法
(1)撕裂前　(2)撕裂后

3. 棍棒弯曲法

就是以粗细适宜的木棍、竹竿、铁棍、硬塑料管、铁管等棍棒为支架,根据造型设计,把幼树主干缠绕在支架上,使之弯曲成形。根据造型设计要求的树干形状和弯曲程度,可用一根、两根甚至三根棍棒巧妙组合使用。由于铁管传热快,对树干生长不利,可在铁管表面缠绕布片、麻皮等物隔热。适用此法弯曲的树木,都是 2 年~3 年生的幼树;树龄长、主干硬的树木不宜采

用。弯曲好后,用绳绑扎牢固,在养护期间对枝叶进行修剪造型。绑扎 1 年~2 年后,拆除棍棒,略经加工,就成为一件弯曲自然、婀娜多姿的树木盆景了(图 3-17)。

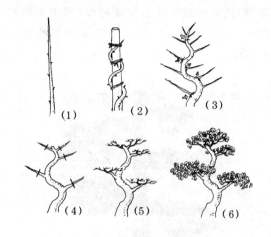

图 3-17　棍棒弯曲法
(1)树木素材　(2)把树木缠绕棍上　(3)除去木棍剪除造型不需要的枝条　(4)蓄枝截干修剪　(5)落叶后树木枝干
(6)有叶时树木形态

4. 疙瘩法

图 3-18　疙瘩梅树木盆景

采用此法造型,一般选用枝干柔软的幼树,在其主干出土不高处打一个结或窝一个 360°的圆形,稍加绑扎,经过几年的栽培(同时提根)、修剪加工,即可成为形态优美别致的树木

盆景(图3-18)。扬派常用梅树苗制作疙瘩梅树木盆景。

5. 去皮法

就是在树木盆景观赏面,树干的中下部,竖向、形状不规则地除去一块树皮,露出木质部,待创伤愈合结疤后,树干便显得苍老美观(图3-19)。

图3-19 去皮法

6. 剖干法

就是在树木观赏面,树干的中下部,先去掉一块树皮,然后用利刀或小凿子,除去木质部1/3左右,结疤后露出凹状木质部,以显示树木盆景的古老奇特(图3-20)。但剖干不可过深,最深不能超过树干直径的1/2;也不可过多,一般一株树剖干1处~2处即可,否则会影响树木生长,并有"千疮百孔"之嫌。

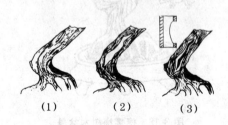

图3-20 剖干法

(1)树木素材 (2)剖干后 (3)结疤成形

7. 折枝法

折枝法又可分为折枝留痕和折而不断两种

(图3-21)。

(1) (2)

图3-21 折枝法

(1)折枝留痕 (2)折而不断

(1)折枝留痕法。就是在树木枝干欲折断的部位,先用锯锯一条沟,深达枝条直径一半左右,然后连皮与木质部一起撕下,伤痕愈合后,宛如自然长成,形态美观。

(2)折而不断法。就是将欲折枝条先用金属丝缠绕,然后把枝条折断一半(折而不断,枝条仍然存活)。折枝角度和部位视造型需要而定。一般一株树木只折一二枝,折枝曲线硬直而刚健,别开生面。川派桩景常用此法。

8. 竖剖树皮法

图3-22 竖剖树皮法

有的树干平滑无老态,春季可在树干上竖向剖割几刀,深达木质部,待伤口愈合后,树皮就变得粗糙而苍老了(图 3-22)。

9. 劈干法

就是把树干竖向劈开。按造型要求不同,操作方法又分两种:一种是把树根、树干一分为二,但树冠不分开,也就是说下分上不分,仍然是一株树木(图 3-23);另一种是将树根、树干及树冠都一分为二,成为两株树木,精心养护,便可做成两件树木盆景了。

劈干法应选择生命力强的树种,如石榴、黄荆等,在春季树木萌芽前进行。

图 3-23 劈干法

第三节 树木盆景款式及制作

树木盆景是自然界中各种树木优美风姿的艺术再现,而不是树木纯粹的自然状态。自然界中生长的树木千姿百态,即使同种树木,其形态也是有差别的,因而,并不是每株树木都具有美的姿态。在它们当中,不论老桩还是幼树,都必须经过艺术加工,去丑留美,去粗取精,把自然美和艺术美结合为一体,方能创作出风姿古朴典雅、苍老奇特、悬根露爪的树木盆景。

(一)直干式

直干式树木盆景,主干挺拔直立,或略有弯曲,在一定高度上进行分枝。这种树木盆景,树身虽小,然而有一种顶天立地的气势,雄姿飒爽,观之令人精神振奋。直干式树木盆景,因其主干的直立性不能改变,所以造型的重点应放在枝叶上。由于不同树种枝叶的大小、距离、排列方式的不同,虽是直立单干,但变化也是多种多样的。制作直干式树木盆景,在选材时主干直立是首要条件,枝条可以在培育中加工。

直干式树木盆景,不论是用圆形、长方形、椭圆形或长八角形的盆钵,其盆均宜浅不宜深,浅盆才能衬托出树木拔地而起、顶天立地、直冲云霄的气势(图 3-24)。但浅盆又增加了管理上的困难,尤其是在炎热的夏天,要经常察看盆土干湿情况,勤于浇水。

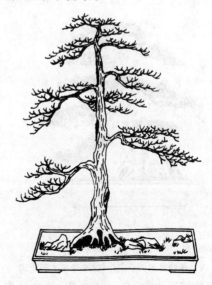

图 3-24 直干式

用长方盆或长椭圆形盆钵,树木种植于盆钵一侧后如感到有偏重现象,可在盆钵另一端配一块形态优美并与树木大小成适当比例的山石,既能达到均衡,又增加盆景的情趣,显得活泼自然。

(二)斜干式

斜干式是将树木植于盆钵的一端,树木向另一端倾斜,倾斜的树干,不少于树干全长的一半。斜干式多用单株,也有用两三株合栽的。树干与盆面呈45°角左右,主干直伸或略有弯曲,树冠常偏于一侧,树形舒展,老态龙钟,虬枝横空,飘逸潇洒,颇具画意,具有山野老树姿态(图3-25)。常用树种有:罗汉松、福建茶、六月雪、五针松、榔榆、雀梅等。斜干式多用长方形盆或椭圆形盆钵,其中以较浅的紫砂盆钵最为美观。

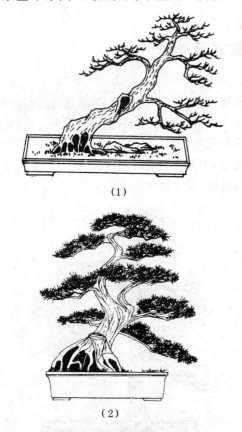

(1)

(2)

图 3-25 斜干式

(1)落叶树木斜干式 (2)常绿树木斜干式

野外掘取老桩,经细心观察,选出适宜作斜干式盆景的树桩。定植时,应注意树干与盆面的

角度,因为树桩根部的土很少,定植后浇透水,树干将进一步倾斜,树干与盆面夹角变小会影响效果。为保持树干和盆面夹角不变,定植时可在夹角处放置一块上水石作撑垫。如用幼树制作斜干式盆景,可待幼树长到一定粗度时再进行蟠扎造型。造型时常用"蓄枝截干"法,在一定高度把树干上端除去,将上部侧枝再培育成树干。这样树木变矮,显得树干粗壮,虽是幼树,但已具有大树风姿。

(三) 曲干式

曲干式是将树干自根部至树冠顶部回蟠折

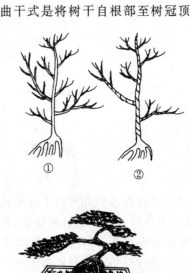

① ②

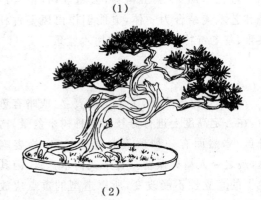

③

(1)

(2)

图 3-26 曲干式

(1) ①树木素材 ②修剪及蟠扎 ③打弯造型

(2) 曲干式树桩盆景

屈,使树干扭曲似游龙状,枝叶有的层次分明,有的呈自然式生长。"屈作回蟠势,蜿蜒蛟龙

形"，便是这类桩景的生动写照。制作曲干式树木盆景，加工的重点是树干（当然对枝叶也应进行一定加工）。因树干弯曲弧度较大，所以多选用 2 年～3 年生的幼树进行加工制作，树龄越长，加工难度越大。如能从野外掘取自然弯曲的老桩就更为理想，培育得当，当年即可上细盆观赏。

曲干式的造型过程是：取幼树作素材，经构图后，首先对其进行修剪，然后植于盆钵一端，待树木成活之后，再进行蟠扎造型（图 3-26）。经过 1 年～2 年培育，定型后，拆除金属丝，即可供观赏。

（四）双干式

双干式是将一本双干或两株同种树木，栽于一盆之中（图 3-27）。栽种时，两干形态要富于变化，常是一大一小、一高一低、一俯一仰，这样造型才显优美，切忌两干同粗、等高、形态相似。若用两株幼树栽于一盆中，待生长到一定高度时要进行摘心，促进其分枝，使两棵树木枝条搭配得当，长短不一，疏密有致，好似自然生长的一样。一般两株树木相距较近，否则有零散之弊，而无美感。通常是大而直的一株栽植于盆钵一端，小而倾斜的一株植在它的旁边，其枝条伸向盆钵另一端。

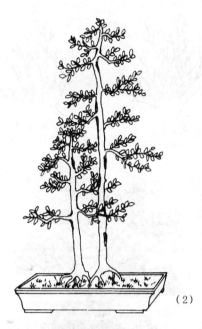

图 3-27　双干式
(1)一本双干式　(2)两株同种树木双干式

有时从野外掘回的树桩，单株栽植不美，可视树形巧妙搭配，两株合栽于一盆之中，就能成为一件上乘桩景。如用一大一小两株苏铁栽植于长方形盆或椭圆形盆钵中，先把大株直立栽于盆钵一端靠近盆边前沿位置，然后把小株向前倾斜栽种于大株的后面。这样布局造型，就形成近大远小，附合透视原理，也显得自然，而且也有动势感（图 3-58）。

有一种双干式，两株树木树干都细而长，枝短叶少，给人以清瘦而矫健的感觉。这种造型看似简单，其实不然，它比枝繁叶茂的更难处理。

（五）一本多干式

一株树木超过三干者，人们习惯称其为一本多干。树干多呈奇数，以几根树干高低参差、粗细不等、前后错落、形态有所变化为好。

如欲制作一本多干式树木盆景，首先应对树木素材进行疏剪，然后栽于盆钵中，待树木成活后，再进行蟠扎造型（图 3-28）。

制作一本多干式盆景，多用圆形或椭圆形中等深度的盆钵。一本多干式虽由多干组成一个盆景，但其树冠除应高低错落外，还要使其呈不等边三角形，以有动势感为好。

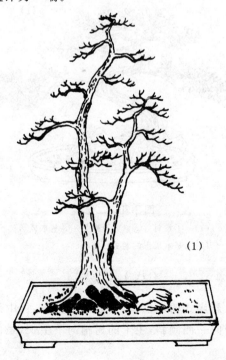

(1)

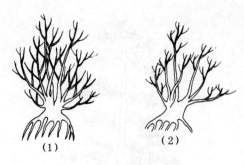

（1）　　　　　　（2）

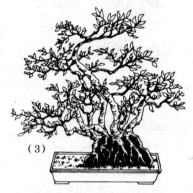

（3）

图 3-28　一本多干式制作

（1）素材　（2）疏剪　（3）蟠扎成形后的树形

（六）临水式

树干横出盆外，但不倒挂下垂，宛如临水

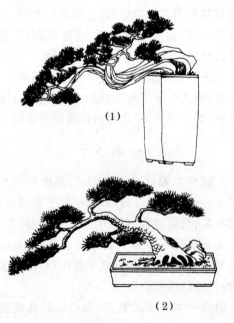

（1）

（2）

图 3-29　临水式

（1）植深盆中的临水式　（2）植浅盆中的临水式

之木伸向远方，故称临水式。临水式树木盆景的枝叶分布比较均匀自然。制作临水式树木盆景时，应注意选用主干出土不高即向一侧平展生长的树木素材，伸出的主干以有一定弯曲度为好。临水式树木盆景，最好选用较深的圆形盆或六角形盆钵，盆钵有一定高度，更能衬托出主干伸向远方的临水之感。如用浅盆，陈设时应置于较高的几架上（图 3-29）。

（七）二弯半

二弯半树木盆景，是将树干从基部开始向一侧倾斜，然后反方向横拐形成第一个弯，横拐时树干略向前旋曲，再弯曲回来，扎成第二个弯，即成"S"形，再扎半弯作顶。其枝叶多呈云朵状，一般分左右两侧基本对称，在弯曲部各伸出一枝（但两枝长短不一），半弯上结顶（图 3-30）。

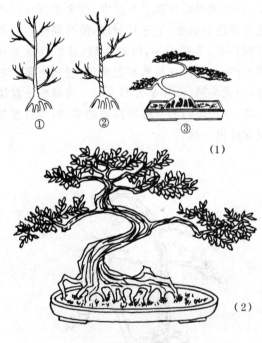

①　　　②　　　③

（1）

（2）

图 3-30　二弯半

（1）　①素材　②修剪及蟠扎　③基本成形

（2）　基本成形的老桩二弯半

（八）悬崖式

悬崖式树木盆景，一般基部垂直，从中部开始即向一侧倾斜，主干的树梢向下生长，是仿照

自然界生长在悬崖峭壁上的各种树木形态培育
而成的。悬崖式桩景老干横斜,枝叶大部分生长
在主干倾斜部及下垂部分,好似悬崖倒挂,蕴含
着一种刚强、坚毅的风格,别有情趣。

根据主干下垂的程度不同,悬崖式分为大
悬崖(又称全悬崖)和小悬崖(又称半悬崖)。

主干下垂角度大、树梢超过盆底部者,称大
悬崖;主干下垂超过盆口,但树梢未超过盆底部
者,称小悬崖(图3-31)。

悬崖式树木盆景的造型过程是:在素材栽
植成活后,先将造型不需要的枝条剪掉,然后按
设计构图蟠扎,待形状固定,解除金属丝即可
(图3-32)。

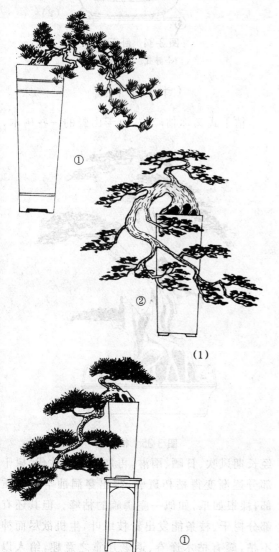

图 3-31　悬崖式
(1)小悬崖　(2)大悬崖

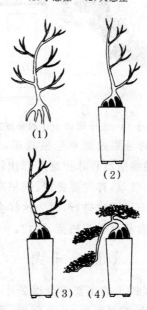

图 3-32　悬崖式树木盆景制作过程
(1)素材　(2)修剪　(3)蟠扎　(4)基本成形

悬崖式桩景常用签筒盆钵,因为盆树的大
部分枝干伸出盆外,根部伸入泥土较深树木才
能稳定。用深盆不但是树木生长的需要,而且还
能衬托造型,犹如苍松生于峭壁悬崖,临危不
惧,有"岩石飞瀑"之气势。若用普通方盆或圆
盆,应陈设在形态优美的高脚几架上,这样亦能

显示悬崖倒挂的风姿。

悬崖式树木盆景的共同特点是,主干下垂超过盆口,但下垂后枝干的变化却多种多样,千姿百态。主要有以下几种款式:

1. 树木基部垂直或近似垂直,主干或一树枝下垂,形成悬崖式桩景。

2. 主干出土后即向一侧偏斜,随后弯曲下垂。

3. 主干出土后先向右侧倾斜,然后拐一个弯,再向左侧伸展,倒挂下垂。

4. 主干先向左倾斜,然后转弯 360°,再向下垂,情趣盎然,姿态别致(图 3-33)。

图 3-33　主干弯曲 360°的悬崖式

5. 有的悬崖式桩景悬根露爪,非常美观。但这种桩景的造型和养护难度都比较大。培育这种造型的桩景,首先要提根,提根成功后再作下垂,两步不要同时进行,因为这样会使植株生长不良,有时甚至引起枯萎、死亡。

(九)卧干式

卧干式树干的主要部分横卧于盆面,似雷击风倒,又似醉翁寐地,虬龙倒走,而树冠枝条则昂然崛起,生机蓬勃,树姿苍老古雅,富有野趣。

卧干式盆景树木常植于长方形盆钵之一端,树干卧于盆中,将近盆沿时翘起,树冠变化颇多,有时借助岩石衬托,使景物均衡美观。

卧干式树木盆景,根据树干卧势的不同,有全卧和半卧之分。树干卧于盆面与土壤接触者称全卧;树干虽横卧生长,但不和土壤接触者称

半卧(图 3-34)。

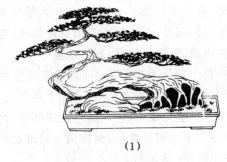

(1)

(2)

图 3-34　卧干式
(1)全卧式　(2)半卧式

(十)枯干式

枯干式又称枯峰式,由于山野的一些树木,

图 3-35　枯干式

经长期风吹、日晒、雨淋,再加上多次砍伐,树干部分逐渐变得枯朽斑驳,露出穿洞蚀空的木质部,裸根如爪,如似一座嶙峋的枯峰。但其还有部分树干、枝条能发出青枝绿叶,生机欲尽而神不枯,颇有枯木逢春、返老还童之意趣,给人以

积极的精神鼓舞(图 3-35)。

枯干式的用盆要根据树桩的具体形态而定。但有一点是共同的,即为了衬托出枯干苍古奇特的身姿,盆钵不可太深,用中等深度或较浅的紫砂盆为好。如能配一古盆,使树木盆钵浑然一体,会使意境更加深远。

(十一)枯梢式

枯梢式又称枯顶式。这类盆景枝繁叶茂,但树干的顶部却已枯秃,犹如挺立在高山的青松,傲霜斗雪,有老当益壮之势。在古刹庙宇里,松柏老树有自然形成其形者。日本人称枯梢式为"天神",颇受人们青睐。枯梢式造型程序,分为修剪、蟠扎、去皮、切剥四个步骤。根据植株数量的不同,有单干式、双干式、丛林式等款式。

制作枯梢式盆景,枯梢必须具有一定的粗度,枯梢太细,不但不美观,而且和下面的枝叶也不协调。当树木长到一定粗度时,把树梢剪除

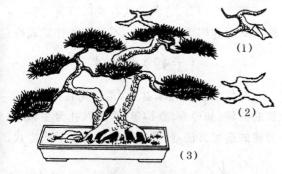

图 3-36 枯梢式
(1)剥枝梢树皮 (2)刮出木质 (3)成形盆景

一部分,根据造型要求,把梢顶的树皮去掉适当长的一段,再用小刀把去皮的树梢顶端削尖,使呈自然由粗变细的状态,并将去皮的枝条用刀刮出木质来,涂上红霉素眼药膏,防止细菌侵入和腐烂(图 3-36)。

枯梢式树木盆景,不论是单株、双株,还是丛林式,都以用中等深度的长方形或椭圆形盆钵为好。两株以上的枯梢式,应主次分明,若几株树木高矮、粗细、形态基本相同,这样的盆景不美。

(十二)俯枝式

俯枝式桩景的树干可直、可斜,也可有一定弯曲,但必须有一定的高度,才能充分显示出俯枝式飘逸、潇洒、古朴的风韵。俯枝式桩景的造型特点是,树干在一定高度,有一大枝向斜下方生长。俯枝和树干的夹角以 60°左右为好。俯枝以下的枝条应全部剪除或仅留一小枝,以突出俯枝的造型(图 3-37)。

俯枝式桩景制作的重点是俯枝的加工(树干、树冠也应美观)。要在树干上部选取生长健壮的侧枝进行蟠扎,俯枝下垂的角度以及下垂枝的长短,应根据树形的不同灵活掌握。

制作俯枝式盆景,宜用浅盆或中等深度的盆钵。如俯枝向左,则把树木栽于盆内偏右并靠后一些的位置上。这样的造型布局,方能衬托出树干高耸,俯枝飘逸、潇洒,犹如在悬崖峭壁上垂枝倒挂的风韵。

图 3-37 俯枝式

(十三)风吹式

风吹式是表现树木在狂风中所呈现的一种特殊形态。在狂风暴雨之中,一些树木树干巍然不动,枝条却弯曲偏向背风面。盆景制作者抓住树形这一刹那变化,制成盆景,给人以启迪和联想。

风吹式桩景是寓静于动、静中有动、无声胜有声的一种造型款式,其坚韧矫健的姿态,颇受人们的喜爱。风吹式桩景,树干迎风倾斜给人一种力量感,枝叶偏向一侧以显示较大的风速。

风吹式盆景树木的主干一般呈三种形态:

第一种是迎风式。这种形式的盆景造型时,应把树木素材栽种于长方形或椭圆形盆钵的一端,如显示风从左侧吹来,应把树木栽种于盆钵的右侧,树干向左倾斜45°左右,并剪除造型不需要的枝条。等树木成活之后,再进行蟠扎造型。主干右侧的枝条向右侧伸展,左侧的枝条先向左侧伸展,然后扭弯,也向右侧伸展。不论是一直向右,还是先向左后向右伸展的枝条,都要有一定弯曲为好,但弯曲度不宜太大,否则会显得不自然。此种造型寓意英勇顽强、激流勇进、不怕艰苦的大无畏革命精神,因而受到广大观众的好评(图3-38)。

图 3-39 主干直立式风吹式

侧的枝条向右伸展,主干左侧的枝条在其向左伸展不太长时再扭曲向右,因主干向右倾斜,整株树木呈快被风吹倒之态。为了达到均衡,并使盆钵稳定,应在盆钵左侧配一块大小适宜、具有一定特色的山石。这种款式有随风飘荡之势,但按其寓意和树形美感来说,不如前两种款式好。

(十四)垂枝式

制作垂枝式树木盆景,常选用枝条多而柔软的树种,如迎春、桎柳等。采用以扎为主、以剪为辅的造型方法,使其所有枝条均呈下垂之状,

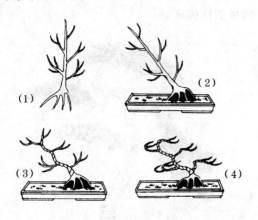

图 3-38 迎风风吹式制作过程

(1)素材　(2)上盆　(3)主干蟠扎　(4)蟠扎后打弯

第二种是直立式。如仍显示风从左侧吹来,应把树木直立栽种于盆钵靠左边一点,等树木成活后,主干右边的枝条仍让其向右伸展,左侧的枝条在其向左伸展不太长的一段后,就将它扭曲过来也向右侧伸展(图3-39)。用古人郑板桥的诗句可以表达此种造型的寓意:

咬定青山不放松,立根原在乱崖中;

千磨百折还坚劲,任尔东南西北风。

第三种是顺风式。如风仍从左侧吹来,应把树木栽种于盆钵左端,主干向右侧倾斜,主干右

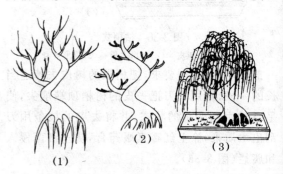

图 3-40 垂枝式制作过程

(1)素材　(2)修剪　(3)蟠扎后基本成形

但枝条以长短不一、错落有致为好。主干可呈直干、斜干式,也可呈曲干式。枝条形状柔软飘逸,给人以悠闲自得之感,别有一番情趣(图3-40)。

制作垂枝式树木盆景,以选用中等深度或较浅的盆钵为好。深盆显现不出河塘溪流之滨的那般枝条轻拂、挑水逗波、柔和飘逸的风姿。

(十五)提根式

提根式又称"露根式"。此种造型的盆景是以观根为主,它的根所体现的是整个盆景的神态风姿。提根式树木盆景的主要特点是,树木根部拱起盆土,犹如蟠龙巨爪支撑全株。提根式盆景的树木,显得苍老质朴,并具有顽强不屈的生命力,因而提高了盆景的观赏价值。

制作提根式树木盆景,因选材不同,有野外掘取老桩和用幼树培育两种方法。

1. 野外掘取老桩

生长在野外土坡等处的树木,经多年雨水冲刷,土壤流失,使树根逐渐露出表土。将这样的树桩掘取回来后,经过修剪、养胚,一般第二年即可上细盆观赏,比用幼树培育成形快得多。修剪时,应将根适当留长一些,一般留3个根或5个根,然后将其栽种于较深的瓦盆或特制的木箱中。待其成活正常生长后,在日常浇水时,要向根部浇,使根部逐渐裸露出来,呈悬根露爪状。

2. 用幼树培育

用幼树制作提根式盆景,应选择耐干旱、生命力强的树种,如石榴、枸杞、柽柳、榔榆等。幼树的树根最好有较长的侧根。培育时,先把主根剪除,以利侧根的生长。侧根应留奇数,栽种于畦或盆中。盆钵的深度应超过其根长。栽种时,先把盆底铺垫好,左手持幼树,右手拿小铲向盆内铲土少许后,把树根向四周分开,将树直立于盆中,当盆土装至1/3左右时,把幼树向上提一提,使树根伸直,然后把盆土装至树根分叉处略上方,浇透水放置蔽荫处,成活后加强肥水管理。栽于畦中比栽于盆中生长快,但换盆时比较麻烦。

第二年春天换盆时,看根是否已长到所需的长度,如已达到或超过,应剪除根梢,促使其长粗和生长须根,并把根上部的须根剪除。栽种时,把树根分叉处提出土外约3厘米,切忌一次

提得太高,这样对植株生长不利,严重者可导致植株的死亡。以后随着树木的生长,每年按此法换一次盆。在畦中栽培,每年也应把植株挖出,挖掘时要保持根部土台不散落,栽种时使土台高出地面3厘米左右,栽植好之后,向根部浇水,天长日久,土台消失,根部自然露出,并逐年向上提根。在一般情况下,经过3年~4年的培育,即可上盆观赏(图3-41)。

提根式树木盆景,根的变化是多种多样的,有的三个根分开呈"三足鼎立"之势,有的把根盘绕编织在一起,有的裸露在盆土上的树根比树干还长,真是千姿百态,各有千秋。树干和树冠的变化也很多,形态各不相同。

无论采用哪种方法培育提根式树木盆景,在提根的同时都应对树木枝干进行加工造型,两者最好同步进行,使树根、树冠同时成形,上盆观赏。如先提根,根成形后再加工枝干,将延长培育时间。

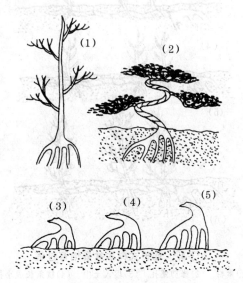

图3-41 提根式制作过程

(1)素材 (2)第一年提根高度 (3)第二年提根高度 (4)第三年提根高度 (5)第四年提根高度

(十六)连根式

连根式树木盆景则模仿自然界的树木因受雷电、暴风和洪水等袭击,使树干卧倒于地面,日后树干向下生根,枝叶向上生长形成树冠。有

的由于树根经雨水冲刷,局部露出地面,在裸露部位萌芽,长出小树。

制作连根式盆景,应选择萌发力强、容易生根的树种。几根树干应高低错落,树干及枝条形状有所变化,方可相映成趣。制作连根式树木盆景,主要有两种方法:一种方法是双干式幼树,栽培时,把其中一干修剪、蟠扎后埋入土中,干

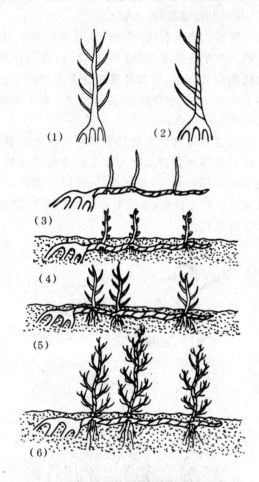

图 3-42 连根式树木盆景培育过程

(1)素材 (2)修剪蟠扎 (3)埋入土中 (4)枝条长成小树
(5)干下长根 (6)拆除蟠扎的金属丝

上面的枝条长成小树,干的下面长根,两三年后拆除蟠扎的金属丝,便成为主客分明("主"即原来向上生长的枝干,"客"是从埋入土中的树干长出的枝条而形成的小树)的连根式盆景(图3-42)。另一种方法是将幼树修剪、蟠扎后,在枝条背面刻一缺口,深达木质部,将枝条向上把树干埋入土中,经过几年的培养提根,即可成形观赏。

连根式的枝叶造型也是多种多样的,既可呈自然式,也可加工成云朵式,还可加工成迎风云朵式。至于一棵树木素材适宜加工成什么样的形态,要根据树木素材的具体情况和创作者的喜好而定。

连根式树木盆景,宜用长方形或椭圆形、中等深度的盆钵,深盆衬托不出连根式根部优美别致的风韵。用浅盆制作出来的盆景,虽然潇洒、美观,但养护比较麻烦,稍一疏忽,植株就生长不好,如在炎热的夏天,2天~3天忘记浇水,植株就可能枯死。为欣赏与管理两者兼顾,一些盆景爱好者常用中等深度的盆钵。

制作连根式树木盆景还应注意以下两点:

一是几株树木应有主有次,主次分明,相互之间的距离也应有疏有密;若主次不分,间距相差不多,这样的造型意境较差。一般来讲,为主的树木处宜密,起陪衬作用的树木处宜疏。

二是在培育过程中,要逐渐把根提出土面,才能显示出连根的雅趣。但连根距土面不可太高,根据树木大小不同,提出土面的高度以2厘米~4厘米为宜。

(十七)丛林式

丛林式也称合栽式,是将多株树木栽于一盆之中,以表现山野丛林风光的盆景形式。丛林式盆景多为同种树木合栽,但也有两种以上树木合栽的,如《岁寒三友》盆景,就是将松、竹、梅合栽而成的。同种树木合栽有茫茫林海之势,而几种树木合栽则富有山林野趣,各有其特色。

丛林式盆景的制作方法不难,一般对素材要求也不太严。如在野外掘取大量树桩,不能单株成形的,可大小适当搭配栽于一盆之中,有时能获得出人意料的效果。丛林式盆景造型要求,具有严谨的构图和合理的布局,树木配植要高低不一,粗细不等,形态有别,有疏有密,彼此呼应,相映成趣。

一件丛林式盆景作品,其树干的形态差异不要太大,以求有一定的共性。如直干式可与斜干式合栽,但不宜和曲干式或悬崖式合栽,否则会产生"各唱各的调、各吹各的号"的弊端。

凡 3 株以上（含 3 株）树木合栽于一盆，才称丛林式。植株以奇数合栽为好，3 株或 5 株的丛林式多分为两组，其中一组为主，另一组为辅，如果株数较多（7 株以上），常分为 3 组［图 3-43（1）（2）］。应以树木的高低和大小，确定哪组为主、哪组为辅及其具体栽种位置，可一组稍近，另一组稍远，几株树根基部连线在平面上，切忌呈直线或等边三角形。

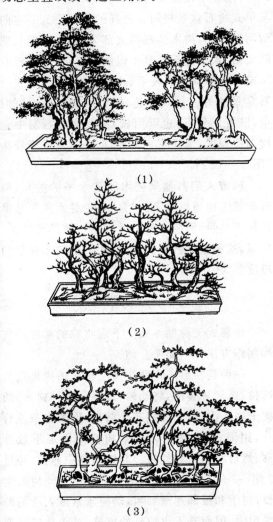

（1）

（2）

（3）

图 3-43　丛林式

（1）两组丛林式　（2）连片丛林式　（3）只密不疏是件不成功的作品

丛林式盆景宜用长方形盆或椭圆形盆钵，盆土表面要起伏不平，有高有低，形成自然丛林的形态。若在盆土表面铺以青苔，种植几棵小草，或布置几块小石，点缀一些人物或小动物配件，自然气息会更加浓厚。

制作几种树木合栽的丛林式盆景，应注意所选用的植物种类要具有一定的共性，如把喜阳的松树和喜阴的六月雪合栽，或把耐寒的石榴和怕冻的榕树合栽，由于两者难以在一个环境中共生，因而常常遭到失败。

三株式是丛林式盆景简单的造型，其树木虽少，但如处理得好，也有丛林之感。这就是"以少胜多"的妙用。

五株式是丛林式盆景最常见的形式。五株一般分为两组，主树常为 3 株，另一组为 2 株。三株一组的树木按大小应为第 1、3、4 株，另一组为第 2、5 株。不论是第 1、2、3 株的连线，或第 3、4、5 株的连线，还是第 1、3、4 株的连线，均应呈不等边三角形。

丛林式桩景，不论株数多少，都应有主有次，有疏有密。若主次不分，只疏不密或只密不疏，都不能成其为好作品［图 3-43（3）］。

（十八）树石式

树石式又称附石式。树石式盆景的特点是，树木栽种在山石之上，树根扎于石洞内或石缝中，有的抱石而生，它是将树木、山石巧妙结合为一体的盆景形式。

根据树木、山石体量大小的不同，树石式又分为树木盆景和山水盆景两种：若树大石小，也就是说观赏的重点是树木，山石只是起衬托作用的，应划归树木盆景之列；若石大树小，观赏重点是山石者，则应划入山水盆景的范畴。

树石盆景根据盆内是否盛水，分为旱式和水式两种。

1. 旱　式

制作旱式树石盆景的主要材料，是树木和山石。树木剪除主根后，要经过一段栽培，其方法与提根式第一年的栽培方法基本相似，不同的地方是，要在几个侧根之间放入一块石头，为以后树根附石而生打下基础。若无石头，用砖块也可以。

第二年春天换盆时，抖去树根上的土，除去石头或砖块。根据树根生长的形态，选择大小适宜的山石,在山石上凿出沟槽,然后把树根嵌入沟槽内,再用金属丝固定,并将树木和山石一起栽入盆中或木箱中,把土埋至不露出山石为止,随后加强管理养护。

第三年春天换盆时,解除根部的金属丝,对根部进行修剪,将妨碍造型的根都去掉,把过长的根适当剪短,然后用金属丝把树根和山石重新缠绕(但对其露出土面的根不再缠绕金属丝),将山石和树木再栽入盆中(山石露出土外1/3左右),同时对树木枝干进行蟠扎造型。

(1)

(2)

图 3-44　树石盆景
(1)旱式　(2)水式

第四年春天换盆时,解除缠绕在根部的金属丝,把山石上的 2/3 树根的须根全部剪除,只留几条较粗的侧根。栽植时把山石露出 2/3,同时对枝叶进行整形。

第五年春天上细盆。经过几年的加工栽培,树根已形成了龙爪抓石之势,牢固地抱于山石上,树木枝干也已成形,这时就可选择适当大小

的细盆,上盆观赏了。树石盆景常用长方形或椭圆形浅盆钵[图 3-44(1)]。

在栽培过程中,每年春天在换盆后的前两周,应放在蔽荫处或较大的树下,以利植株的恢复,然后再放到阳光下培育。

2. 水式

水式的树石盆景有两种款式。一种是抱石式,可用吸水性能良好的软石,其培养方法基本与旱式树石盆景相同。选择的树种要有一定的耐阴性,因为树木的根部大部分裸露,不能长期晒太阳。水式抱石盆景不但制作复杂,还需要有一定的养护条件和技术,才能正常生长。水式树石盆景的另一种款式是,把树木栽植于山石洞中,既可用硬石,也可用软石,根据山石洞中土壤潮湿程度,选择适宜树种。此种款式成形较快[图 3-44(2)]。

随着人们对盆景艺术欣赏水平的提高,树石盆景迅速得以普及。但是,不论是水式还是旱式树石盆景,因树木赖以生存的土壤都比较少,所以,这种盆景的养护管理,比一般树木盆景的难度要大。

(十九)伪装式

伪装式又称贴木式。下面将它的两种样式和制作方法作一简要介绍。

一种是在形态奇特优美已枯死的树桩适当部位,纵刻一裂沟,将幼树(最好是同种树木)的树干嵌入沟内,外面用布类缠裹,再附木条或竹片,用绳扎紧,使嵌入的幼树树干固定不致外移,然后将枯树和幼树一起植入盆中养护。经过 2 年～3 年的培育,解除缚扎物。随着幼树的生长,树干和根部逐渐加粗,幼树紧紧嵌入所刻的纵沟内,因而看不出挖刻的痕迹,整个枯桩好似仍然活着的苍老树木。

另一种是,有的树木树冠枝叶很美观,但树干过直而坚硬,难以加工;有的因树干较细而无观赏价值。对这些树木,可用已枯死树桩的一部分或全部,贴于树干部位,或把树木植于树桩的洞里,其根扎入盆土中,使两者融合为一体,扬美而遮丑。只要制作巧妙,浑然一体,养育成活,

即可成为具有观赏价值的盆景（图3-45）。这种盆景不但成形快，而且形态美观。

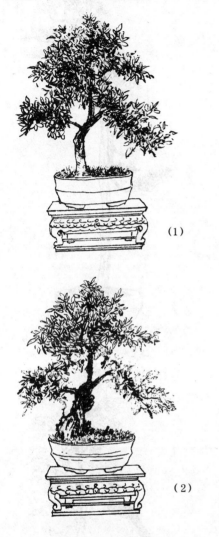

（1）

（2）

图 3-45　伪装式盆景
（1）贴枯桩前　（2）贴枯桩后

制作伪装式树木盆景，关键是选好枯树桩。根据枯树桩的大小、形态进行造型，可制成单干式、双干式或三干式。所用枯树桩，最好选择木质比较坚硬、纹理形态优美者为好。

（二十）怪异式

常见的树木盆景分壮美型和秀美型两大类。但大自然鬼斧神工有时造就出一些出乎人们想象的奇形怪状的树木。中华民族传统的审美观历来就有"丑极为美"的见解，如同我国戏剧和杂技中的丑角一样，常受到观众的喜爱。既

然是奇形怪状的树木，也就无规章可循，难以系统介绍。但常见的怪异树木可以概括为两类：

其一为树根怪异（图3-46）。露出地面或盆土之上粗大弯曲较长的几个树根，奇形怪状，难以说它像什么，但它却具有独特韵味。

图 3-46　怪异式（根的怪异）

其二为枝干怪异（图3-47）。当你得到一个怪异树桩时，就要充分发挥自己的想象力，找出该树桩最具特色的形象或意向内涵，在其先天怪异的基础上，精心加以培育引导，使其突出本身的特点，怪异更集中、更典型，成为一件世上独一无二的佳品。

怪异树桩多生长在特殊的地理环境中，一般较为古老、苍朴，长势不够旺盛。所以在截桩定型以及栽培育桩、蟠扎造型时要格外小心，不要操之过急。有的人得到一个怪异树桩，由于操作者自身艺术修养不高，又操之过急，没有经深思熟虑，就匆忙地截桩，把一个很有特色的树桩，锯截成一般平庸之桩，非常可惜。

图3-47是青藤，木质藤本。藤本树木新枝条柔软，可根据立意把枝条蟠扎、修剪，培育成所需要的弯曲度，成为一件别有韵味的怪异桩景。

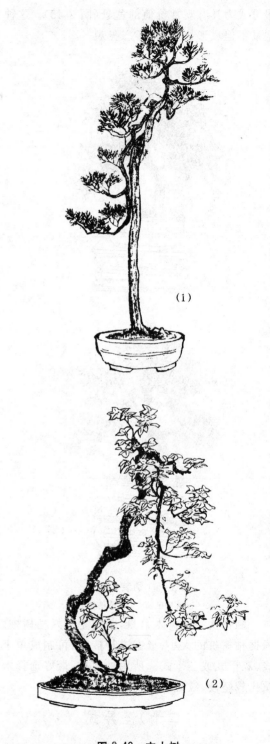

图 3-47 树木枝干的怪异
(1)锯截后的树桩　(2)培育成形的桩景

(二十一)文人树

　　中国盆景很多造型理论是借鉴中国画论的,"文人树"亦是如此。中国画有"工笔画"和"写意画"之别。写意画寥寥几笔即把所描绘景物或人物的神韵表现出来,唯文人所兴,故称"文人画"。追溯其源,宋代画家马远的古松画法和宋代的古柏画法,可谓是文人树的始祖。

　　现代文人树兴起于岭南派。其共同特点是:耸高、清瘦、潇洒、简洁,寥寥 3 个～4 个枝条,即可把景物的神韵表现出来,枝条都分布在树干 3/5 以上部位。为了弥补下部树干无枝光秃

图 3-48 文人树
(1)树干耸高挺拔型　(2)树干呈一定弯曲型

的不足,常把上部一较长的枝条蟠扎成基本呈垂直而下状,当枝梢下垂到一定程度时,枝梢翘起,使较长的直线枝条干有了弯曲的变化。因为

文人树能很好显示创作者的个性,所以受到国内外盆景爱好者的青睐。

当代的文人树,基本上分为两种类型:其一,树干耸高挺拔直立,从树干基部到树梢呈笔直状,有的树干上部有轻度弯曲。其二,树干出土不高即有弯曲,树干虽多次扭曲,但弯曲度不太大,当达到一定高度时,主枝扭曲返转下垂。有的在树干基部培育出1个~2个有一定弯曲度的小树,以达到上下呼应之势,亦很优美(图3-48)。

第四节　盆景常用植物

植物是制作植物盆景最主要的材料。我国植物资源丰富,适宜制作盆景的植物很多。清代苏灵在其所著的《盆景偶录》中,把盆景用植物分为"四大家"、"七贤"、"十八学士"及花草"四雅"。

随着盆景艺术的发展,用来制作盆景的植物越来越多,目前已知的可供做盆景用的植物已达200种左右,还有不少新的树种有待发掘。一般来讲,枝细、叶小、萌发力强、耐修剪、上盆易成活和寿命长的树种,都可作为盆景用植物。如果这些植物盘根错节、悬根露爪、树干弯曲,其状悬、垂、古、奇,就更好。

制作盆景的植物有常绿和落叶之分,也有开花与结果之别。本书所列举的植物,以北方植物为主,有的虽原产南方,但北移后能生长良好,也作了介绍。我国地域辽阔,各地气候差异很大,而盆景爱好者的经济状况、居住条件及栽培技术又各不相同,所以在选择盆景植物时,要根据客观条件确定。如不顾客观条件,只凭自己爱好选择盆景植物,则容易导致其生长不良或中途夭折。

草本植物如水仙、菊花等的造型及养护方法,和木本植物有所不同,所以在叙述其造型方法时,将其养护知识一并加以说明。

现将盆景常用植物分别介绍如下:

(一)黑松

松树,四季常青,苍翠欲滴,不畏严寒,神韵瘦硬,自古以来就是文人墨客描绘歌颂的对象。唐代大诗人李白有诗曰:"为草当作兰,为木当作松;兰幽香风远,松寒不改容。"松树苍劲挺拔,虽严寒而不改变容颜,表现了作者坚忍不拔的意思。明代诗人于谦写有"岁寒松柏心,彼此永相保"的诗句,用来表示夫妻要永远保持像岁寒松柏那样坚贞的情操。

早在两千年前的秦代,人们就将山野间的松树移植庭院观赏。唐代庭院种松甚盛。宋代状元、浙江省温州人王十朋,将松树"植以瓦盆,置之小室",开创了我国松树盆景的先河。明、清时期松树盆景更加盛行。近代,人们喜爱松树盆景不亚于古人。

黑松又称白芽松,系松科松属,常绿乔木。树皮灰黑色,鳞片状开裂。冬芽圆柱形,银白色。叶2针一束,丛生短枝上,前端尖锐,粗硬,呈暗绿色,有光泽。4月~5月间开花,花后结实,球果呈圆锥状卵形,翌年9月~10月成熟,成熟时呈栗褐色。

我国黑松资源很丰富,黑松适应性强,不论在南方还是在北方都能生长良好。黑松枝干横展,四季浓绿,虬根盘曲,姿态雄健,显示出顽强的勃勃生机。黑松是制作盆景常用树种之一,三年左右的黑松实生苗,常被用做嫁接盆景用五针松的砧木。

1. 树形制作

制作黑松盆景的材料来源途径有二:一是用种子繁殖,获得黑松苗木。用种子繁殖一次可获得较多的苗木。但要把这些苗木加工成具有观赏价值的盆景需要5年~10年的时间。常用2年~3年生长健壮的黑松幼树,根据幼树的特点,蟠扎成曲干式、斜干式、临水式、悬崖式等多种款式的造型。黑松幼树,枝干比较柔软,可塑性大,生命力强,可加工制作成多种样式的盆景。二是到山野黑松林地选择掘取。在丘陵瘠地、山石间或风口处自然条件较差的地区，选择树干粗短、枝条扭曲的小老树桩最为适宜，掘取回来"地栽养胚"两年左右，复壮后再加工造型。黑松老桩盆景的制作，要剪扎并用，因势利导，因材附形，这样做出的盆景才自然优美（图3-49）。

图 3-49 黑松盆景

黑松盆景的加工制作，宜在树液流动缓慢的1月～3月进行，这时枝条剪伤处基本无松脂外溢，对黑松的生长影响不大。

2. 栽种与用盆

黑松适应性强，对土壤要求不严，但在疏松肥沃、富含腐殖质、排水好的土壤中生长良好。黑松盆景的栽种或翻盆，宜在春季萌芽前进行，因为我国地域辽阔，南北方气温差别较大，具体时间要根据当地气温灵活掌握。在培育黑松幼树时，土壤要适当瘠薄偏干，以促使根的生长，使枝干短矮呈"小老树"状为好。

黑松盆景常用紫砂盆钵，亦可用釉陶盆。因

黑松适应性强，根系比较发达，除悬崖式、临水式用签筒盆外，直干式、曲干式、斜干式常用较浅的长方形、椭圆形盆钵，浅盆能更好显示悬根露爪、苍古潇洒的风韵。

3. 养护管理

（1）养护场地。黑松喜光，养护场所要阳光充足，空气流通。但用幼树制作的小型盆景，在炎热的夏季要适当遮阳。在北京地区，野外栽培者可在室外越冬，盆栽者冬初应移入室内。养护场所只要不结冰，黑松就能安全越冬。如室内温度过高，反而对黑松来年生长不利。秋末冬初，也可把黑松连盆一起埋入背风向阳处的地下，盆钵上口要低于地面、先浇透水，翌日把坑填平，树干部培土超过地平面，这样也能在室外越冬。

（2）浇水。蒔养黑松盆景，盆土偏干为好。不干不浇，浇则浇透（盆底排水孔有水漏出为浇透），浇水切忌盆土上湿下干，下部根系得不到足够水分，尤其在夏天，地面温度较高，再得不到水分，对植株生长不利。黑松喜湿润环境，要常向地面、枝叶上喷水，尤其是炎热的夏季，应早、晚各喷一次水。

（3）施肥。黑松不喜大肥，每年春、夏、秋三季各施一次腐熟稀薄的有机液肥即可。肥大易引起枝条徒长，树形反而不美。

（4）整形。每年春季，黑松长出粗壮较长的新芽，在针叶尚未展开时，根据造型的需要将新芽剪去长短不一的一段，一般剪除新芽的一半，使枝条结节变短。如果不让枝条延长，也可把新芽全部剪除。如要改变树形，剪除较大的枝条，应在冬季休眠期进行。

（5）防病虫害。黑松病害主要有叶锈病、落针病、松瘤病等。主要虫害有介壳虫、红蜘蛛、松梢螟等，要注意及时防治。

（二）华山松

华山松又称华阴松、青松、白松，系松科松属，常绿乔木。树皮幼时呈灰绿色，质薄，树龄较长时变厚呈鳞片状开裂。树干较直，叶5针一束，细长而柔，屈曲下垂，长8厘米～17厘米。4

月～5月间开花,球果有柄,长卵状圆锥形。华山松树姿挺拔苍翠,潇洒飘逸,是一种观赏价值颇高的树种。

华山松产于华北、西北、西南以及台湾海拔1500米～2000米处山区或丘陵地带。

1. 树形制作

用于制作华山松盆景的材料来源途径有二:其一是用种子繁殖。用种子繁殖一次可获得较多苗木,成本低,但要培育成有观赏价值的盆景需要较长的时间。其二是到山野掘取。寻取植株矮小树干较粗并有一定弯曲的华山松树桩。掘取时要保护好侧根和须根,以提高成活率。

2年～3年生的华山松苗木,枝条和树干都比较软,根据苗木的基本形态,以蟠扎为主,以修剪为辅,可制成多种款式的盆景。从山野掘取的华山松老桩,经过一年"养胚",第二年春季就可造型。华山松老桩树干、主枝比较粗硬难以蟠扎,其造型以剪为主,以扎为辅(对新生枝或较细枝要进行蟠扎),因势利导,因材附形。

常见华山松盆景的造型有斜干式、直干式、曲干式、悬崖式等款式(图3-50)。

图3-50 华山松盆景

2. 栽种与用盆

华山松栽种上细盆或翻盆,宜在春季萌芽前进行,栽种前要把根系和枝条进行一次修剪,剪除枯根、过长根,根据造型的需要把枝条剪短或剪除。同时去除1/2左右的旧盆土,换上具有一定肥力的培养土。

华山松盆景用盆的样式以树木造型款式而定。斜干式、直干式多用长方形或椭圆形中等深度的盆钵。曲干式可用方形、六角形盆。悬崖式常用较深的签筒盆,以衬托造型。盆的质地以紫砂盆最为常用,也可用淡蓝等色的釉陶盆。

3. 养护管理

(1)养护场地。华山松较喜阳光并有一定耐阴性,在温和、凉爽、湿润的环境中生长良好。忌高温干燥,怕强光暴晒,在炎热的夏季要适当荫蔽。盆栽华山松在北京地区冬季要入低温室内越冬。

(2)浇水。在华山松生长旺盛季节要适当"扣水",使盆土略偏干,以控制枝叶不让其长得太长。平日盆土湿润即可不浇水。在炎热的夏天,应常向叶片和地面洒水,以利生长良好。

(3)施肥。莳养华山松盆景不宜多施肥,春、夏、秋三季各施一次腐熟的有机液肥即可。

(4)整形。每年春季新芽萌发后,尚未展叶时,根据造型的需要把新芽摘除1/3或1/2,或把新芽全部摘除。摘芽多少的原则是强枝多摘,弱枝少摘或不摘。冬季休眠时,树液流动缓慢,这时对盆景进行一次全面整形,剪除、剪短有碍树形优美的枝条。

(5)防病虫害。常见的病害为松瘤病、叶枯病等;常见虫害为华山松大小蠹虫、油松毛虫等,要及时防治。

(三)罗汉松

罗汉松又名罗汉杉、土杉,系罗汉松科罗汉松属,常绿小乔木。树皮暗灰色,鳞片状开裂。枝条平展而密生,叶条状披针形,互生,表面暗绿色,背面灰绿色,排列紧密。雌雄异株,偶有同株。4月～5月间开花。罗汉松种子很别致,有花托和种子两部分组成,种子呈广卵形或球形,粉绿色,成熟时呈紫红色,似头状,种子下部有膨大的椭圆形化托,似罗汉的袈裟,因其全形如披着袈裟的罗汉塑像而得名。

罗汉松,枝干苍劲幽雅,四季常青,寿命较长,是制作盆景的优良树种。根据叶片的大小又分为大叶(叶长 6 厘米～7 厘米)、中叶(叶长 3 厘米～4 厘米)、小叶(叶长 2 厘米左右)三种。小叶罗汉松又称雀舌罗汉松,树姿秀雅葱翠,生长缓慢,是制作盆景的名贵树种。

1. 树形制作

制作罗汉松盆景材料来源有二:其一为人工繁殖。常用播种和扦插两种方法进行繁殖。其二到山野掘取老桩。在长江以南山区有野生罗汉松分布,要挑选植株较矮,树干粗短并有一定弯曲的罗汉松桩掘取。掘取时注意保护好侧根和须根,以提高成活率,地栽"养胚"1 年～2 年后再上盆造型。

罗汉松枝条比较柔软,所以罗汉松盆景的造型方法以蟠扎为主,修剪为辅。蟠扎加工宜在休眠期进行,既可用棕丝蟠扎,也可用金属丝蟠扎,用金属丝蟠扎时注意不要损伤树皮。因罗汉松枝条较软,蟠扎两年左右方可定型。一些树龄较长的老桩罗汉松,树干和主枝很硬,难以蟠扎弯曲,加工造型时以剪为主,剪扎并用,以达到构图的要求(图 3-51)。

图 3-51　罗汉松盆景

2. 栽种与用盆

罗汉松喜疏松肥沃、富含腐殖质、排水良好,微酸性沙质土壤。栽种上盆时间以每年春季发芽前进行为宜。栽种前要对根系进行一次修剪,剪除枯根、过长根。根据造型需要对枝条进行一次修剪。罗汉松盆景最常用的盆钵为紫砂盆,其次为釉陶盆。盆的大小及款式以植株大小和造型款式而定,其原则同华山松。

3. 养护管理

(1)养护场地。春末、夏初阳光尚不太强烈,罗汉松盆景可以放置向阳处莳养。夏末、早秋阳光强烈,养护场地上要加遮阳网或置半阴半阳处,秋末再去除遮阳网,置阳光下养护。在北京地区,10 月下旬当夜间最低气温降至 5℃左右时,应移入室内,室温保持在 6℃左右可安全越冬。

(2)浇水。罗汉松盆景要保持盆土湿润,但盆内又不可积水。在炎热的夏季及早秋应常向叶片和场地洒水,使局部小气候有一定湿度。

(3)施肥。莳养罗汉松盆景不宜多施肥,春夏两季各施一二次腐熟稀薄的有机肥即可。

(4)整形。已成形的罗汉松盆景,应随时剪除造型不需要的枝条。冬季罗汉松休眠时,根据造型的需要,对枝叶进行一次全面修剪。

(5)防病虫害。主要病害有叶斑病、煤污病等;主要虫害有大蓑蛾、蚜虫、介壳虫、红蜘蛛等,应注意及时防治。

(四)五针松

五针松因其五叶丛生而得名。五针松品种很多,其中以针叶最短(叶长 2 厘米左右)、枝条紧密的大板松最为名贵。目前,五针松盆景已在全国各地普遍栽种。五针松植株较矮,生长缓慢,叶短枝密,姿态高雅,树形优美,是制作盆景的上乘树种。

1. 树形制作

五针松盆景常见的造型,有直干式、斜干式、曲干式、悬崖式、双干式、丛林式以及树石式等多种款式。造型时间以 2 月份～3 月份为好。因五针松生长缓慢,造型时应多蟠扎、少修剪,对造型不需要的枝条一定要剪除。用五针松作盆景常用 3 年～4 年生的小树进行造型，如树龄过长，枝干粗硬，就会增加造型时的难度和成形时间，对于生长和观赏都不利。一棵五针松小树如何造型，应视树木形态而定，要"因材制宜、因势利导"，否则，制作出来的盆景会显得矫揉造作。

2. 栽种与用盆

五针松的栽种时间，以 2 月下旬至 4 月上旬为好（因我国幅员辽阔，各地气温高低不一，栽种时间应有先有后）。五针松喜排水良好、富含腐殖质的酸性沙质土壤，可用腐殖土、山林腐叶土、沙面土按 4∶4∶2 的比例配制。如果家庭用量不大，可在花店购买君子兰用土，加入适量沙面土调匀后使用。一般五针松盆景不宜用太浅的盆钵，中小型直干式、斜干式、曲干式、丛林式五针松盆景，常选用中等深度的长方形或椭圆形紫砂盆。如单株直干式，盆面显得空旷，可配石或用配件加以点缀。悬崖式五针松盆景，常用圆形或方形签筒盆。如用古朴自然的云盆栽种五针松丛林式盆景，则会显得更加优美。大型或巨型五针松盆景，难以买到合适的紫砂盆，可用大理石或汉白玉凿盆，其样式、规格、深浅可根据树形而定，并按盆的大小凿出两三个排水孔，以便把盆内过多的水及时排出（图 3-52）。

栽种五针松时，根部土壤要适当留多些，以利成活。上盆前，要剪除枯根、烂根、伤根，对有碍造型的根也要剪除，剪掉后要在剪口处涂上磺胺软膏，以防松脂外溢和细菌侵入。需要注意的是，五针松忌换盆翻盆过勤，盆栽五针松树龄不长者，一般 2 年～3 年换一次盆，老桩 3 年～4 年翻一次盆即可。如翻盆过勤，又不掌握好换盆时间，常常会造成整株死亡。

3. 养护管理

（1）养护场地。五针松翻盆浇透水后，要先置于荫蔽处养植 10 天，然后移至半阴半阳处养植一周，再放到阳光充足、空气流通、小气候湿润处养护。它怕烈日暴晒，尤其上细盆的五针松盆景，因盆土较少，更怕烈日，夏季应置于半阴半阳处。在天气干燥以及高温时，每天早、晚应

(1)

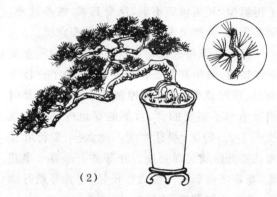

(2)

图 3-52　五针松盆景
(1)斜干式　(2)悬崖式

在五针松盆景附近的地面洒水 1 次～2 次，以保持小气候的湿度。在北方秋末初冬，将五针松盆景移入无烟室内（因五针松比一般盆花更忌烟害），室温在 5℃ 左右为好，如室温过高，会影响冬季休眠，对翌年生长不利。

（2）浇水。五针松喜湿润环境，但怕水涝，盆土保持湿润即可。4 月份～5 月份是五针松新芽萌发及生长旺盛季节，要适当控水，因水大可使新枝徒长，针叶伸长。夏季温度高，浇水要在 10 点以前或 16 点以后进行；冬季气温低，需水量减少，要少浇水，盆土湿润即可不浇，浇水应在一天气温最高的中午前后进行。

（3）施肥。五针松耐瘠薄的土壤，需肥不多。五针松盆景一年中有两个最好的施肥期，第一

个施肥期是在 3 月下旬至 5 月上旬,在此期间,施 2 次~3 次腐熟稀薄的有机液肥即可,如这时肥水大,枝叶都伸展较长,会影响树形美观。6 月~7 月不要施肥。第二个施肥期是在 8 月下旬至 10 月上旬,施 2 次~3 次腐熟稀薄液肥,对当年及翌春生长都很有利。

(4)整形。五针松盆景经过一年的生长,有些枝条会长得过长、过密或位置不当,所以每年都要整形。整形的时间以在 11 月至次年 3 月为好,因在这段时间五针松处于休眠期,树液流动慢,修剪后松脂外溢少。整形一般用蟠扎和修剪相结合的方法。对过长的枝条,一是剪短,二是用金属丝蟠扎成不规则的"S"形,使枝条变短。对过密和造型不需要的枝条,一定要剪除。有的初学者,感到一年才长几根枝条,剪除可惜,舍不得剪掉,其实该剪不剪,反受其累,枝条过密,杂乱无章,会严重影响盆景的造型和意境。

摘芽是保持五针松盆景树形美的一项重要整形措施。每年春季五针松发芽时,为了使枝条变短、枝叶疏密得当,除控制肥水外,还要及时摘除造型不需要的芽,留下的芽也应视其长度摘去 1/2~2/3。摘芽时间不能太早,要待叶芽和花芽分辨清楚时再摘。花芽的下部有一串花蕾,花落之后形成一段无叶长枝,这种芽最好摘除,但如造型需要,也可保留。

(5)防病虫害。五针松的病虫害主要有赤枯病、落叶病、锈病和蚜虫、介壳虫、袋蛾等,应注意防治。

(五)地 柏

地柏一般无直立主干,枝叶茂密,层次分明,叶小翠绿,四季常青,姿态雅致,寿命较长,易于造型。地柏适应性强,在南、北方都能良好生长,是制作盆景的好材料。

1. 树形制作

地柏枝条细而长,并且柔软,适宜作悬崖式、曲干式、卧干式以及各种鸟、兽等动物形态。地柏造型时应多蟠扎、少修剪,蟠扎材料可用金属丝,也可用棕丝,大体轮廓蟠扎完成后,根据造型的需要,应对小枝进行剪短或从基部剪除。

夏季和早秋是地柏生长的旺盛季节,修剪后树液易外溢,对生长不利,所以造型修剪宜在冬末早春进行。地柏一般蟠扎两年左右才能定型,过早拆除蟠扎物,枝条常恢复原状。定型后应及时拆除金属丝,因蟠扎时间过长,金属丝勒入枝条内过深,不但对植物生长不利,而且所留痕迹也不美观,需要两年左右时间痕迹才能消除。地柏盆景的枝叶,多加工成云朵状或自然式。

2. 栽种与用盆

地柏喜阳光也能耐阴,适应性强,对土壤要求不严,在中性、微酸、微碱性土壤中均能生长,但最好是肥沃、湿润、排水良好、富含腐殖质的土壤,培养土可用 2/3 腐殖土和 1/3 的沙面土配制而成。栽种以 3 月份~4 月份为好。要根据不同造型选用不同盆钵,悬崖式宜用紫砂签筒盆,并把主根适当留长些,以承担大部枝叶因伸出盆外下垂的拉力;曲干式可用椭圆形紫砂盆或釉陶盆;斜干式、卧干式用长方形紫砂浅盆为好,以显示树干优美的风姿。后两种造型的树根应剪得短些,多留侧根和须根,根部剪口处,为防止细菌侵入,要涂一层红霉素眼药膏(图 3-53)。

图 3-53 地柏盆景

3. 养护管理

(1)养护场地。地柏上细盆后,盆内盛土较少,有的树根紧贴盆壁,经阳光暴晒,易损伤树根,对植物生长不利。因此上细盆的地柏盆景,在炎热的夏季,应放在可见到一定光照的荫棚下,保持一定湿度,气候干燥时应向地面洒水,增加小气候的湿度,并要有良好的通风条件。

春、秋季可放置露天养护。在北方盆栽,秋末或初冬应及时移入室内越冬。

(2)浇水。地柏喜湿润的环境,但怕水涝。夏季要经常浇水,保持盆土湿润,天气炎热时,早、晚要各向叶片喷水一次。冬季应少浇水。

(3)施肥。上细盆的地柏盆景,要施腐熟稀薄的液肥。在其生长季节,每20天左右施一次液肥即可。施肥不可过多过勤,否则会使枝条徒长,影响树形。

(4)整形。地柏在养护过程中,有时会长出过长的枝条,破坏了树形,应及时剪去。为使枝叶短而密,要适当摘心,以利侧枝的生长。

(5)防病虫害。地柏盆景病害、虫害均较少,主要应防治锈病和红蜘蛛的危害。

(六)龙　柏

龙柏又称绕龙柏,系柏科、圆柏属,常绿乔木。鳞叶排列紧密,枝条向上直展,常有扭转上升之势,树冠圆柱状或柱状塔形。球果蓝色,微披白粉。龙柏鳞叶浓绿,四季常青,姿态优雅。

1. 树形制作

用于制作龙柏盆景材料来源有二:其一是人工繁殖。常用扦插或用3年侧柏实生苗作砧木嫁接进行繁殖。其二到市场购买。选购有一定姿态的龙柏苗木,栽培二年左右即可用来造型。

龙柏生长速度较慢,枝条比较柔软,加工造型时应以蟠扎为主、修剪为辅。树龄不长的龙柏加工造型时,用金属丝对树干和大枝条进行蟠扎,小枝可进行适当修剪。老桩龙柏,树干以及大的侧枝变硬,难以蟠扎打弯,加工造型时应以剪为主,对小枝进行适当蟠扎和必要的修剪。加工造型时间以树液流动较慢的3月为好。龙柏盆景常制成斜干式、曲干式、悬崖式、附石式等款式(图3-54)。

2. 栽种与用盆

龙柏对土壤要求不严,但在疏松肥沃、排水好的中性或微酸性土壤中生长良好。栽种、翻盆宜在3月份～4月份进行,秋季亦可。栽种时适当多带宿土,能使树木尽快复壮。

图3-54　龙柏盆景

龙柏盆景常用紫砂盆钵,盆的大小、样式要依据龙柏植株的大小以及造型款式而定。悬崖式多用签筒盆,曲干式、斜干式常用较浅长方形或椭圆形盆钵。

3. 养护管理

(1)养护场地。龙柏喜光,稍耐寒,喜温暖的气候。龙柏盆景要放置在阳光充足、空气流通的场所。在炎热夏季,小型、微型龙柏盆景要适当荫蔽。在北京地区,盆栽龙柏冬季要移入低温室内越冬。

(2)浇水。龙柏耐旱、怕涝,浇水要见干见湿,不干不浇、浇则浇透。雨季注意盆内不要积水,冬季水分蒸发少,盆土湿润即可不浇水。

(3)施肥。龙柏不喜大肥,在生长季节,每月施一次稀薄腐熟的有机液肥即可。

(4)整形。龙柏生长缓慢,整形以摘心为主,对徒长枝,根据造型的需要进行剪短或从基部剪除。5月～6月龙柏进入生长旺盛期,要及时进行摘心,以保持枝稠叶密、树形优美。对大枝的修剪宜在休眠期进行,以免树液外溢。

(5)防病虫害。龙柏病虫害少,病害主要有锈病,虫害主要有红蜘蛛,应及时防治。

(七)榕　树

榕树,为桑科常绿乔木。榕树叶为革质而有光泽,四季常青,枝条柔软易于造型。它耐修剪,萌发力强,寿命较长。榕树美在树根上。在温暖湿润的环境中,树干常生出一条条向下悬垂的气生根,好像圣诞老人的长胡须,气势苍老,非常美观;有的气生根扎入土中成为支撑母体的新支柱,盘根错节,蔚为奇观,别有风采。

实生榕树(即用种子繁殖的榕树)的根比一般树木的根粗大。有的盆景爱好者在制作榕树盆景时,着意对这种根进行艺术加工,制成造型奇特、别具风格的盆景。有的块根呈卵状如石,树木好似生于岩石之上,千姿百态,耐人寻味。

1. 树形制作

榕树盆景造型,应把主要功夫用在提根上,使其形成悬根露爪之状。当然枝、干、叶也不能忽视,因为它们是一株树木不可分割的整体。枝叶的造型常采用层次分明的自然式。榕树枝条柔软,蟠扎时间比一般树木要长一些,一般要经过两年左右才能拆除蟠扎物。

由于榕树的枝干比其他树木柔软,容易蟠扎造型,故一般很难见到直干式榕树盆景。榕树叶片较大,根又奇特,也未见到用榕树制作丛林式盆景的。一些盆景爱好者,常利用榕树枝干柔软、树根粗长以及适应性强的特性,制成曲干式、斜干式、悬崖式、树石式、提根式等款式的盆景(图 3-55)。

图 3-55 榕树盆景

榕树叶一般比较大,不够美观,故应控制其

生长,除少向叶片喷水外,还可用摘叶法达到使叶片变小的目的。南方在 3 月份、北方在 4 月份,把枝条顶端剪除,然后把叶片从叶柄处剪掉,加强肥水管理,一般经 25 天左右就会生出新叶,7 月份再进行第二次摘叶。在北方一年进行两次摘叶即可,南方因气温较高,9 月份还可进行第三次摘叶。经过几次摘叶后,榕树就变得枝密叶小了。

2. 栽种与用盆

榕树适应性强,在酸性、中性、微碱性的土壤中都能生长,但最好是在微酸、疏松、排水良好、又有一定肥力的土壤中养植。栽种一般在萌芽前的 3 月～4 月进行。

榕树盆景多用紫砂盆,也有用釉陶盆的。盆的深度和样式根据造型而定,悬崖式多用签筒盆,如把盆景置于高脚几架上,也可用深度浅的普通方盆或圆盆;曲干式、斜干式、提根式、树石式多用中等深度的长方形或椭圆形盆钵。

3. 养护管理

(1)养护场地。榕树喜阳光充足、通风良好、温暖潮湿的环境。夏季天气炎热时,要适当荫蔽,并经常向地面洒水,保持小气候有一定湿度。在北方,秋末或初冬,要把榕树盆景移入室内越冬。

(2)浇水。榕树喜湿润,在生长期应经常浇水,使盆土保持一定湿度,但盆内不可积水。冬季温度低,水分蒸发少,要适当少浇水。

(3)施肥。在生长季节,应每月施一次腐熟稀薄的有机液肥,并间施几次"矾肥水"。施肥不要过多,肥大易使叶片增大,影响树形美观。冬季不要施肥。

(4)整形。榕树修剪整形多在休眠期进行,生长期树液流动较快,修剪后有较多的白色黏稠树液流出,对植株生长不利。榕树四季均可进行蟠扎,在生长期蟠扎时,注意不要损伤树皮,以免树液流出。

(5)防病虫害。榕树病虫害较少,偶有介壳虫滋生,要及时除掉。

（八）棕　竹

　　棕竹属棕榈科，是一种常绿灌木，叶生于枝的顶端呈掌状，有4道～10道深裂，叶柄扁长略平，雌雄异株，春、夏之交开花，花序短于叶，为淡黄色，果呈球形。棕竹有好几个品种，制作盆景多选用植株比较矮小者。

　　棕竹四季常青，姿态潇洒，有节如竹，外包棕衣，株形短小，枝叶繁密，叶状如伞，而且耐阴，是常见的观叶花木。

1. 造型与用盆

　　棕竹盆景宜作丛林式。因棕竹难以蟠扎扭曲，造型时，要选用植株高低不一、粗细不等的棕竹配植。制作中小型盆景，一般要5株～7株，制作大型盆景，株数还应增加。棕竹盆景，宜用长方形或椭圆形紫砂盆或釉陶盆，浅盆比深盆更能衬托出南国风光。造型时，以棕竹2株～3株或3株～4株为一组，由数组配成整个盆景，从远处观看，整体要高低错落有致，有疏有密，并要有动势感。就每组而言，也要有主有次，各株间距不等，如3株一组，3株连线应呈不等边三角形。如在盆内适当位置配以秀石，会显得更加玲珑秀丽，别具风韵，不论摆放客厅之中，还是书桌案几之上，都颇为雅致美观（图3-56）。

图3-56　棕竹盆景

2. 栽　种

　　棕竹宜种植在疏松、肥沃、排水良好的酸性沙质土壤中。在北方栽种，难以开花结果。繁殖常用分株法。栽种翻盆或分株，宜在4月上旬进行，因棕竹生长比较缓慢，2年～3年翻一次盆即可。

3. 养护管理

　　（1）养护场地。刚栽种或翻盆的棕竹盆景，浇透水后，应先放置荫蔽处养护10天左右，再置半阴半阳处养护一周，然后放在通风良好的向阳处养植。当气温升高、天气炎热时，应将其放于荫棚内养护。秋末初冬，当夜间最低温度降至6℃～7℃时，应移入室内向阳处越冬，冬季室温以不低于5℃为宜。棕竹喜温暖、湿润、通风并有一定光照的环境，如烈日暴晒、盆内干燥，常造成枝叶枯黄，轻者生长不良，重者可能枯死。

　　（2）浇水。除保持盆内湿润外，还要经常向地面洒水。天气炎热时，浇水要在早、晚进行，并向叶面喷水。冬季移入室内后，要少浇水，冬季浇水应在一天当中温度最高的中午前后进行。

　　（3）施肥。棕竹在生长季节，要每月施一两次以氮肥为主的腐熟稀薄液肥，并间隔施几次"矾肥水"。这样，可使其枝叶茂盛，青翠浓绿。

　　（4）整形。棕竹盆景整形比较简单，首先应剪除枯枝、病枝，如枝叶过于茂密，还要剪除部分叶片和1根～2根枝条，以保持盆景高低错落、疏密有致的优美形态。

　　（5）防病虫害。棕竹如在闷热又不通风的场所放置，易患介壳虫病，应及时防治。

（九）佛肚竹

　　佛肚竹又称罗汉竹、密节竹。其植株较矮，竹竿幼苗为绿色，老竹呈橙黄色。老竹如养护得法，其叶和幼竹一样翠绿。佛肚竹与一般竹子的不同之处，是竹节较细，节间短而膨大，好似弥勒佛之肚，又好似叠起的罗汉，故此得名。佛肚竹不论地栽或盆栽，都能显示出它潇洒的风姿。这种竹刚劲挺拔、俊俏幽雅，凌霜雪而不凋，历四时而长茂，雅俗共赏，自然入画。自古以来，人们都将竹作为刚直、贞节和虚心美德的象征，竹与梅、兰、菊合栽古称"四君子"，竹与松、梅合栽于一个盆钵之中，即成闻名遐迩的"岁寒三友"。宋代大诗人苏东坡有诗曰：

"宁可食无肉,不可居无竹;

无肉使人瘦,无竹使人俗。"

从上述诗句可以看出,古人对竹子的喜爱到了何等入迷的程度。

1. 造型与用盆

用佛肚竹制作盆景,多采用丛林式,以表现竹林的自然风韵,但也有用一株或两株佛肚竹来制作盆景的。如将两株佛肚竹栽于一个盆中,应一大一小、一粗一细、一高一低、一直一斜,直立株一般要高、大、粗,斜株一般应小、细、低,以前者为主,后者为辅(图3-57)。如两株大小相近,而且又都是直立的,这种盆景情趣较差。制作丛林式佛肚竹盆景,根据盆钵大小,一般用5、7、9株合栽于一盆。以5株为例,根据植株大小,将其编为第1、2、3、4、5号,制作时,常以第1、3、4号为一组,作为盆景的主体;第2、5号为一组,作为盆景的客体,起衬托作用,两组之间要留有适当的距离。

图3-57 佛肚竹盆景

丛林式佛肚竹盆景以用较浅的长方形或椭圆形紫砂盆为好,釉陶盆次之。如在其中放置一些大小比例适当、工艺精湛、造型优美的熊猫等摆件,会使盆景更添诗情画意。如在盆钵中栽种2株～3株高低不一的佛肚竹,再在盆钵适当位置摆上玲珑剔透的山石,即成为一幅造型优美的立体国画——《竹石图》。

2. 栽种与繁殖

佛肚竹的繁殖、翻盆、栽种,均以5月份或9月份为宜。繁殖时常用分株法,即把植株从盆中扣出,用竹片将根部宿土除去1/2左右,找到

株间相连的粗根,将其剪断,即可分植。栽种时要多带宿土,以提高成活率。结合分株、翻盆,要把老根、过长根和枯根剪除,同时剪去直立枝、下垂枝和过密枝,以减少植株水分蒸发,有利成活,并使株形更美。佛肚竹喜疏松、比较肥沃、排水良好的酸性沙质土壤,以腐殖土为主加少量沙土调匀后,即可使用。

3. 养护管理

(1)养护场地。刚栽种的佛肚竹盆景,浇透水后,置于荫蔽处养护10天左右,再置于半阴半阳处养护5天,然后再放置阳光充足、空气流通、温暖湿润的环境中细心养护。因盆钵浅盛土少,夏季在烈日下暴晒易损伤根系,故要适当荫蔽。秋末冬初,当最低气温降至5℃左右时,应移入室内,室温保持在8℃左右即可,室温过高对来年生长不利。在南方,只要把盆钵埋入向阳背风处的土中,即可安全越冬。

(2)浇水。佛肚竹喜潮湿,要经常浇水,保持土壤湿润,但盆内不可积水。夏季是它的生长旺盛期,气温又高,早晚应各浇一次水。冬季移入室内后,叶面尘土多,要适当向叶面喷水,使叶片保持青翠美观。

(3)施肥。佛肚竹盆景施肥不宜过多,肥水过大使枝叶徒长,影响美观,3月～9月,每月施一次腐熟稀薄的有机液肥即可。

(4)整形。佛肚竹生长较快,对造型不需要的枝条应及时剪除,以免消耗营养。新生竹可视其形态,决定去留,如节短肚大,虽对造型有所影响,也应留下,待9月份分株时另植;如新竹干细、节长,又影响造型,则应及时剪除。

(5)防病虫害。佛肚竹的病虫害较少,主要有竹螟、蚜虫、介壳虫,要及时除掉。

养育盆景佛肚竹,欲使其节短肚大,应注意以下几点:

①选留夏竹。在北方养佛肚竹如不得法,新竹节长而细,和毛竹相差无几,会失去其特有的风韵。佛肚竹一年有两次萌芽期,第一次在初夏,另一次在初秋。一般初夏生长的新竹,节短、肚大(如养护不得法,仍会变得细长),要注意保留;而初秋生长的新竹则干细节长,故秋竹除留

作种竹外，一般应剪除。

②控水。竹笋露出盆土，即应控制浇水。当盆土比较干燥，母本嫩竹叶轻度萎蔫时，应先把佛肚竹搬到荫蔽处放置半小时，待盆土和竹的温度有所降低后，先向叶面喷水，一小时后再把水浇透。这样反复几次，当新竹长高到40厘米左右时，竹节即基本定型，再恢复正常浇水。

③土壤。佛肚竹喜酸性土壤，但北方土壤呈弱碱性，故施肥宜用"矾肥水"，才能使其苗壮生长。

④剥笋箨。竹笋每节的外面都包着一片较薄的竹箨(tuò 唾)，里面包着侧枝。当竹笋长到一定高度时(因竹干的粗细不同，在同一时间内长的高度差别较大)，可把竹笋基部的箨剥掉1片～2片，以后每周再各剥一片。剥箨时要特别小心，以免碰伤笋干和侧芽。剥箨最好在早晨进行。剥箨可促使侧枝生长，使竹节间变短变粗，以达植株矮化的目的。

⑤打尖。根据佛肚竹大小粗细不同，待其长到一定高度时，可把竹笋顶端剪除5厘米～8厘米，使植株结顶，促使侧枝生长。第一次打尖后，如靠近顶部的健壮侧枝生长很快，应进行第二次打尖，把顶部的健壮侧枝剪短，留下2个～3个竹节即可。

（十）苏　铁

苏铁俗称铁树，其叶苍劲翠绿，四季常青，别具一格，是名贵的盆栽观赏植物。在几案上、厅堂中或庭院里陈设一二盆苏铁盆景，能增添南国风光，其形态甚为美观。

1. 造型与用盆

苏铁茎块坚硬，无法加工，因此制作苏铁盆景，选材是非常重要的，要挑选叶片短小而稠密的植株。苏铁盆景常常是一盆栽种两株，一般是一大一小、一高一低、一直一斜，两株苏铁的根部不要相距太远，否则会显得松散无力。如在苏铁旁配以形态优美的山石，则更是锦上添花，显得自然。合栽式苏铁盆景，常选用中等深度的长方形或椭圆形紫砂盆或釉陶盆，如茎块奇形怪状或是多头苏铁，单株也可成景(图3-58)。

图3-58　苏铁盆景

2. 栽　种

苏铁常在春末3月～4月栽种，如从市场购到无叶、无根的苏铁茎块，可先将其栽种于素沙土中，盆钵应选用透气性能良好的素烧盆，栽种时把茎块的3/5埋入土中，浇透水置于荫蔽处，以后只要保持土壤湿润即可，切忌浇水过多，否则茎块易烂。栽种后一般4个月左右即可生根，半年左右长叶。如到期不长叶，可在栽种苏铁的盆钵上，罩一个底部有洞眼的花盆，避免光线照射，能促使其长叶。

苏铁喜疏松排水良好的微酸性沙质土壤。栽种时，可在盆钵底部放几块马掌及少许铁钉或铁屑，能使长出的叶片深绿而有光泽。

3. 养护管理

(1)养护场地。有根有叶的苏铁栽种后浇透水，应先放置荫蔽处养护10天左右，再移到阳光充足、空气流通处养护。夏季日光强烈，需适当荫蔽。苏铁不耐寒，秋末初冬，应及时移入室内，室温保持5℃～10℃为好。如低于0℃，植株就会被冻伤，轻者影响来年生长，重者将使整株死亡。

(2)浇水。在生长季节，要保持盆土湿润，但盆内不要积水。天气炎热时，每天傍晚要向叶片和养护场地喷洒清水一次。冬季气温低，水分蒸发少，要少浇水。

苏铁盆景，叶片短小比叶片肥大者美。要使叶片短小，可在新叶萌发时，停止浇水或减少浇水,并防雨淋。因供水不足,就会使叶长得短而密(品种不同,叶片大小差别很大)。在节制浇水期间,当苏铁靠近叶柄基部的2片～3片卷曲的小叶展平后,应先向叶片喷水,过一小时左右再向盆内浇水3成～4成,第二天再把水浇透。因久旱之后,突然把水浇足,常会造成根壁破裂,对植株生长不利。经采取上述控水措施后生长的叶片,比原叶短1/3左右。

(3)施肥。苏铁不宜用大肥,在生长季节每月施一次"矾肥水"即可,冬季不要施肥。

(4)整形。已定型的苏铁盆景,整形比较简单,当新叶展平之后,根据造型的需要,剪除部分老叶即可。

(5)防病虫害。苏铁茎块和叶片都比较坚硬,病虫害很少,偶有叶枯病或叶斑病发生,如染此病,应及时采取救治措施。

(十一)梅 花

梅花品种很多,花色各异,有红、白、淡红、绿、紫等色。黄河以南多露天栽种,华北、东北多用盆栽。

"万花敢向雪中出,一树独先天下春。"这是元代诗人杨维桢赞誉梅花的名句。世界上能在大雪纷飞季节里开花的植物屈指可数,而神、韵、香、色、姿均居上乘的梅花,却常在冰封雪飘的隆冬之际怒放。毛主席有著名诗句"梅花欢喜漫天雪",就是用梅花来形容我们中华民族大无畏的革命品格。在我国,尤其是长江流域,踏雪寻梅,自古以来就是人们新春的一种乐趣。

1. 树形制作

制作梅花盆景,多选取梅树老桩,根据树桩的形态,制成直干式、斜干式、曲干式、悬崖式等款式。用树桩制作盆景的优点是成形快,但也有不少的地区用梅树幼苗,加工成游龙式(把主干蟠扎成不规则的"S"形,侧枝也加以一定弯曲)、疙瘩式、垂枝式等。随着盆景艺术的发展,目前人们更加喜爱不拘一格的自然式。梅花盆景切忌枝繁叶茂、繁花似锦,这样反而没有韵味。梅花盆景的主干要有一定弯曲,枝条以稀疏而横斜为好(图3-59)。

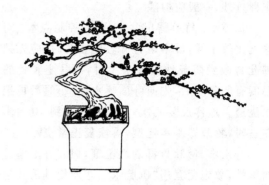

图3-59 梅花盆景

梅花凋谢后,要对枝条进行一次强剪。所谓强剪,就是比一般修剪把枝条剪得更短些。一年生的枝条留2个～3个芽,主枝可适当多留几个芽,留枝的芽和剪口下第一个芽的朝向,要根据造型的需要而定,修剪后可促使叶萌发,多抽新梢。修剪时要注意剪直留曲,几年过后,枝干弯曲,就更美观了。如要使梅树尽快形成古老苍劲之态,可用折枝、刀砍以及敲打等技法造型。

梅花与松、竹,大小搭配协调,高低错落有致,合栽于一盆之中,就成为人们喜爱的"岁寒三友"盆景了。但是,要使这种盆景的梅如期开花,松、竹青翠欲滴,没有一定的制作经验并采取相应的技术措施是难以办到的。

2. 栽种与用盆

栽种一般在梅花凋谢后的早春进行。将梅树从盆中扣出后,先用竹片把根部的旧土除去一半左右,并放在阳光下晒4小时～8小时,以增加根部细胞活力并辅助杀菌,然后再对根须进行适当修剪。对处于生长旺盛期的梅树,栽种时应换比原盆大一些的盆钵,以利生长;如系老桩,可仍用原盆,只增添部分新土。用土以腐殖土为主,加进适量粗沙、炉灰及少量骨粉,调匀后,即可使用。

梅花盆景多用紫砂盆钵。梅花盆景的最佳观赏期是梅花盛开时节,所以梅花盆景的用盆,一定要注意使盆钵的色泽与梅花的颜色相协调,概括地说,就是梅花颜色深者宜用色泽浅的盆钵,花色浅者宜用色泽较深的盆钵。

梅花在浅盆中生长不良,所以栽种盆景梅花常用中等深度或较深的盆钵。在梅花含苞待放时，也可与松、竹临时合栽于一较浅的盆钵中，制成"岁寒三友"盆景，以提高其观赏价值。

3. 养护管理

（1）养护场地。新栽种的盆梅浇透水后，先放在荫蔽处养护一周，再移到阳光下养护。梅花是喜光树木，在生长期如光照不足，则难以开花，在北方应于初冬将其移入向阳室内，室温在 6℃ 左右即可，每 1 天～2 天向枝干喷一次清水，并保持室内有一定湿度，防止梢顶枯萎。

春节前，可把盆梅移入温度高一些的向阳室内（室温 10℃ 左右，提前四周；室温 15℃ 左右提前三周），用温度高低来控制梅树的开花日期，使之春节期间开放为节日增添喜庆气氛。花开后，若置于 5℃ 左右的室内，可延长花期。

（2）浇水。冬季气温低，水分蒸发少，要少浇水。随着天气变暖，气温升高，梅树逐渐进入生长旺盛期，需水量增大，要经常浇水，浇水应见干就浇，浇则浇透。5 月下旬～6 月下旬是梅花花芽生理分化前期，要适当少浇水，使枝条生长速度减慢；如浇水多，枝条徒长，花芽少。一般长 30 厘米以上的枝条，花芽很少；15 厘米左右枝条花芽多。这时应少浇水。也就是要在新枝梢呈轻度萎蔫时再浇水，这样反复几次，有利于花芽的分化。进入 7 月份以后，要正常浇水，这时气温高，水分蒸发快，梅树处于生长旺盛期，需要较多的水分，如浇水少，盆土干燥，容易落叶，梅树一般 7 月下旬前落叶无花，8 月中旬前落叶少花。这是因为 7 月中旬至 8 月中旬是花芽分化的旺盛期，需要较多的营养，叶落后无法进行光合作用，营养不足，花芽难以完成分化，所以花少或无花。9 月中旬以后，花芽已经形成，再落叶就没有关系了。

在浇水时，还有一点应引起注意，即梅花多以山桃为砧木嫁接而成，最怕水涝，如盆内积水，影响根部气体交换，也容易引起落叶，对花芽分化不利。在梅花开花期间，盆土保持湿润即可，过干过湿，都对梅花正常开放不利。

（3）施肥。栽种梅树时，可在盆钵底部放几块动物蹄角片作基肥（注意要根据盆钵大小施放适量，基肥太多会出现烧根现象）。3 月份和 4

月份，要各施一次腐熟稀薄有机液肥。5 月下旬至 8 月份要每半月左右施一次腐熟液肥，以利于花芽的分化。9 月份和 10 月份，还要各施一次腐熟有机液肥。入冬以后，花蕾逐渐膨胀，需要较多的磷肥，12 月份及翌年 1 月份，应各施一次 0.2% 的磷酸二氢钾，以利花蕾生长。

在梅花即将开放及开花期间，注意不要施肥，否则会促使梅花过早凋谢。

（4）整形。梅花凋谢后，即使不换盆，也要进行一次修剪。梅花萌芽力强，4 月份常在枝干上长出一些新芽，对造型不需要的芽，应及时摘除。当新枝长到 25 厘米左右时，可把枝梢剪掉，以控制枝条的生长，这对花芽分化有益。

（5）防病虫害。梅树的病虫害主要有黑斑病、白粉病、炭疽病和蚜虫、刺蛾、军配虫等。在防治梅树病虫害时，注意不要使用乐果等含磷农药，以免引起梅树落叶，影响花芽分化。

（十二）迎 春

迎春又名金腰带、金梅。迎春是落叶蔓性小灌木，枝条细长拱形下垂，叶绿色。它早在梅花开花之前，就悄悄开出朵朵黄花，迎来了春意，故得其名。我国人民栽培迎春的历史悠久，古人咏于词章、形之绘画的比比皆是。宋代诗人韩琦有一首赞美迎春的诗：

"覆阑纤弱绿条长，带雪冲寒折嫩黄；迎得春来非自足，百花千卉共芬芳。"

1. 树形制作

迎春枝条细长而柔软，经过蟠扎、修剪等艺术加工，可制成塔形、扇形以及多种动物形态的造型。制作迎春盆景，应选用主干粗短、枝条有一定弯曲、悬根露爪者为佳。造型时根据树形和构思，剪除或剪短部分枝条，对其枝条按造型的需要进行蟠扎。迎春宜制成提根式、垂枝式、悬崖式、曲干式等款式的盆景（图 3-60）。

2. 栽种与用盆

迎春适应性强，喜光、耐寒、耐旱、耐碱、怕涝，对土壤要求不严，在微酸、中性、微碱性土壤中都能生长，但在疏松肥沃的沙质土壤中生长最好。栽种一般在花凋谢后或 9 月中旬进行。如

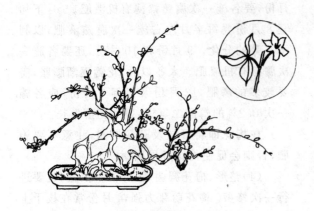

图 3-60　迎春盆景

欲培养成提根式,可在栽种时把根适当提高一些,但一次不要提得太高,否则对生长不利。因为迎春花是黄色的,栽种时宜选用淡蓝、紫红、黑色的盆钵,使盆钵和花的颜色相协调。如果栽培得法,它将春天黄花满枝,夏秋绿叶舒展,冬天翠蔓婆娑,四季都充满春意。

3. 养护管理

(1)养护场地。刚栽种或刚换盆的迎春,先浇透水,置于荫蔽处 10 天左右,再放到半阴半阳处养护一周,然后放置阳光充足、通风良好、比较湿润的地方养护。在冬天,南方只要把种迎春的盆钵埋入背风向阳处的土中即可安全越冬,在北方应于初冬移入低温(5℃左右)室内越冬。欲令迎春提前开花,可适时移入中温或高温向阳室内,如放置13℃左右室内向阳处,每日需向枝干叶喷清水 1 次~2 次,20 天左右即可开花;如置于 20℃左右室内向阳处,10 天左右就可开花。开花后,室温保持在 8℃左右,并注意不要让风对其直吹,可延长花期。花开后,室温越高,花凋谢越快。

(2)浇水。迎春喜湿润,尤其在炎热的夏季,除每日上午浇一次水外,在下午还应适当浇水。为保持小环境湿度,应经常向地面喷水。迎春怕盆内积水,在梅雨季节,连续降雨时,应把盆放倒或移至不受雨淋处。冬季气温低,水分蒸发少,应少浇水。

(3)施肥。栽种迎春时,应在盆钵底部放几块动物蹄片作基肥。在迎春生长期,要每月施 1 次~2 次腐熟稀薄的液肥。7 月份~8 月份是

迎春花芽分化期,应施含磷较多的液肥,以利花芽的形成。如在开花前期,施一次腐熟稀薄的有机液肥,可使花色艳丽并延长花期。

(4)整形。迎春花萌发力强,在生长期间要经常摘心,剪除或剪短某些枝条,才能保持树形。花凋谢后应把枝条剪短,一般仅留 2 个~3 个芽,主枝可适当多留几个芽,新枝生出后,如养护得当,花蕾丛生。

(5)防病虫害。迎春病虫害很少,偶有红蜘蛛发生,应及时除掉。

(十三)石　榴

元人马祖常在《赵中丞折枝石榴》诗中写道:

"乘槎使者海西来,移得珊瑚汉苑栽;
只待绿荫芳树合,蕊珠如火一时开。"

这首诗不仅道出了石榴的来源,也描写了石榴花的优美。

石榴种类很多,可大致分两类:一类是供观赏的花卉石榴;另一类为供食用的果石榴。供观赏的花卉石榴又分花石榴(主要观花,花后一般不结果)和果石榴(此种石榴先花后果,但花不如前者艳丽,以观果为主)。供观赏的花卉石榴比供食用的果石榴矮小得多,其果实也比较小。石榴花期在 6 月份~7 月份,果实 9 月份~10月份成熟。石榴以它绚丽多彩的花朵闻名于世,特别是春光逝去、花事阑珊的时节,嫣红似火的石榴花跃上枝头,确有"万绿丛中红一点,动人春色不须多"的诗情画意。闻名遐迩的四季石榴(又称月季石榴),在条件适宜的情况下,终年开花,夏季结果,果方定型,花朵开放,花果并垂,红萼挂珠,制成盆景摆放案头,趣味无穷。如养护得法,石榴果实到翌年二三月份仍不脱落,可延长观赏期。但果实在枝上保留时间长,消耗营养,对第二年开花结果不利,故除挑选保留元旦、春节等节日观赏者外,在果实成熟后,应及时摘掉。石榴是人们喜爱的水果之一。陕西临潼所产的石榴,素以果大、子多、香甜、味美而驰名中外。临潼石榴中有一个品种叫"天红蛋",其枝干、花朵、果实均呈红色。放置在毛主席纪念

堂院内的盆栽石榴，就是临潼人民献来的这种著名观赏花卉石榴。每到春暮夏初，花朵怒放，红情绿意；入秋之后，嫣红的果实挂满枝头，象征着我们的革命事业硕果累累，兴旺发达。

1. 树形制作

制作微型、小型石榴盆景，常采用花卉石榴的种子播种，或用其枝条扦插繁殖，以获得制作盆景的素材。制作微型盆景，常用两年生幼树进行蟠扎，并适当修剪造型。制作小型盆景，可用2年～3年树龄的小树进行艺术加工。树龄太大，枝干变硬，难以蟠扎。制作大、中型盆景，多到山野掘取石榴老桩，经过适当修剪，必要时加以蟠扎，"养胚"一二年，就可以上细盆观赏。石榴盆景常见的款式有直干式、双干式、曲干式、斜干式。石榴树枝比较柔软，可蟠扎成多种样式，但枝叶多修剪成自然式的造型(图3-61)。

图 3-61　石榴盆景

2. 栽种与用盆

石榴常在春末三四月份栽种，栽种前，要对枝条和根部进行一次修剪。石榴喜肥，栽种时要在盆钵底部放几块动物蹄片及少量腐熟豆饼作基肥。石榴适应性强，对土壤要求不严，无论在酸性还是碱性土壤中都能生长，土壤以疏松肥沃为好，但怕水涝。栽种石榴盆景，宜用中等深度或较深一些的紫砂盆或釉陶盆，并要注意使盆钵色泽与花朵颜色相协调。盆的形状要根据石榴树的形态而定。

3. 养护管理

(1)养护场地。石榴喜阳光充足而温暖的环境。盆栽石榴在生长季节，应置于阳光充足、通风良好处。每天日照要在4小时以上才能开花。在夏季，要保持盆土湿润。石榴树不怕晒，有人不了解它的这一特性，在中午炎热时，将其移至荫蔽处，这是造成不开花结果或生长不良的重要原因之一。如把盆栽石榴置于水泥地上，或摆放在阳台的水泥护栏上，应在盆钵底部放一块木板，把盆底和水泥地隔开(因为水泥地导热快，容易烧伤盆栽石榴的下部根系)。石榴耐寒，地栽的石榴在北京地区可在室外越冬。盆栽石榴冬季要移入低温的室内，室温在2℃左右为宜，以利冬季休眠。

(2)浇水。石榴耐旱，在夏季生长旺盛期要经常浇水(花期及坐果期要适当少浇水，水大易造成落花落果)，保持土壤湿润，不可过干过湿。石榴怕涝，在连雨天应把盆放倒或移入避雨处，以防盆内积水。冬季休眠期要少浇水，只要盆土湿润即可。

(3)施肥。石榴喜肥，除栽种时适当施基肥外，在展叶期、孕蕾期以及花后果实成长期，要每半个月施一次腐熟液肥。现蕾后，要施两次0.2%磷酸二氢钾或用家禽粪便沤制的液肥(中间要间隔一周左右)，这样能使花艳果硕。但在开花期不要施肥。

(4)整形。石榴萌发力强，一年之内可几次生出新枝。一般春季生出的健壮新枝，能形成结果母枝，翌年春天，从这些结果母枝上生出的顶芽或腋芽长成的短小新枝常常开花，其中顶芽的花最坐果。当年生的徒长枝或从多年生老枝上长出的新枝，当年一般不开花，所以整形时应注意其这一特点。夏秋两季生出的枝，难以形成结果母枝，应及时剪除。石榴盆景整形，常在春季萌芽前进行，要剪除徒长枝、直立枝、过密枝和细弱枝，但要注意保留那些健壮的结果母枝。从春季修剪下来的枝条中，可找一些有一定姿态者加以修剪后进行扦插，成活后的第三年就可上细盆观赏。如果母枝过长影响造型时，可剪除枝长的 1/3 左右,但不可重剪,尤其不可将去年生的枝条全部剪光,否则,这株石榴当年就难以开花结果。

(5)防病虫害。石榴有蚜虫、介壳虫、尺蠖、钻心虫等虫害,应及时防治。

如果想使盆景石榴多开花结果,必须采取以下几项措施:

①翻盆。每 1 年~2 年翻一次盆,幼树应换大一号的盆,老桩仍可用原盆。结合翻盆,要把旧土除去一半,加进新土,并剪除老根及过长的须根,以利生出新根。培养石榴,最好用禽粪、淡水鱼的内脏、饼肥,再加适量的树叶、杂草、沙土等拌匀,浇足水,沤制成腐殖土。这种腐殖土是全元素土,其中磷、钾含量较多,对石榴开花结果有利。如多年不翻盆,盆内须根多,土壤少,肥料更少,就会开花少或不开花。

②施肥。石榴比一般盆栽花木喜肥,翻盆时要施好基肥。用一般培养土种植石榴,施肥时应施含磷较多的液肥,并适当施几次 0.2% 磷酸二氢钾。

③光照。石榴孕蕾期除应光照充足外,还要使盆土偏干。在叶片轻度发蔫时,可先把石榴置于荫蔽处 30 分钟左右,待盆土和石榴植株温度有所降低后,再向叶面喷洒清水,过片刻再向盆内浇水。这样反复几次,20 天左右即可出现花蕾。

④授粉。花期如遇阴雨天气,影响自然授粉,这时应把石榴移至通风避雨处,天晴后再放置阳光下养护。石榴花有雄、雌之分,雄花前端大,后部和花柄相连处较小;雌花前端小,后部和花柄相连处较大。为提高坐果率,可用人工协助授粉,其方法是:在头茬花刚开放时,用毛笔在雄蕊上轻轻点几下,然后再用此笔在雌蕊上轻轻点几下,这样反复进行几次,来协助其授粉。授粉时间最好在早晨进行,中午天气炎热,对授粉不利。

⑤疏枝。有的人对自己从幼苗培育起来的石榴舍不得修剪,还有一些初学者不知道如何修剪,结果是枝繁叶茂,营养分散,不但树形不美,也不利于开花结果。石榴在落叶后或春季萌芽前进行一次修剪整形,花蕾过多也要及时剪除一部分;坐果后根据造型还应剪掉不需要的果实,一件中型石榴盆景,在适当位置留 3 个~5 个石榴即可。其布局要高低错落,疏密有致,如果留果太多,就会显得杂乱无章而失去美感。

(十四)火 棘

火棘又称火把果,为常绿灌木,叶小革质,有柄,枝密生有短棘。初夏开白色小花,花后结球形果实,秋季果实变红,有的一株树上能结上万个果,灿烂夺目,直至翌春仍不脱落。火棘老桩浑厚古朴,苍劲秀丽,自然入画,别有一番风采。火棘是制作观果盆景的优良树种之一。

1. 树形制作

在南方各省,火棘分布甚广。制作火棘盆景,多到野外掘取老桩,经过 1 年~2 年"养胚"即可造型。火棘可制成直干式、斜干式、曲干式、悬崖式、垂枝式等多种款式的盆景。火棘桩景老干粗硬,难以蟠扎扭曲,造型时主要是因势利导,考虑整体布局,润色整形。火棘枝条柔软细长,韧性好,易于蟠扎整形,适宜作悬崖式和垂枝式盆景(图 3-62)。

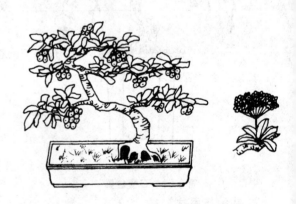

图 3-62 火棘盆景

2. 栽 种

栽种火棘,要在新芽萌发前的二三月份进行,根部土球要适当大些,并剪除伤根、枯根及过长的根。火棘盆景以结果多、树形美者为上品。其成活不难,但果满枝头较难。栽种火棘用排水良好、疏松而较肥沃的土壤为好,栽种时要在盆钵底部放几块动物蹄片或腐熟的豆饼作基肥。

3. 养护管理

（1）养护场地。火棘是亚热带树种，喜温暖湿润而又通风良好的环境，其日照时间长短应根据生长造型的不同需要而定。如制作垂枝式盆景，应放置在半阴半阳的环境中，使新生枝条细长柔软，早日达到造型所需长度，尽快成形。已成形的火棘盆景，应置于阳光充足，光照时间长的地方，控制枝条生长，利于开花坐果。在开花期，应将其置于背风向阳处，这样有利于坐果，果后亦应在阳光充足处养护，以使果实丰硕、色泽红亮。果实成熟后，为了延长挂果期，应移至半阴半阳处。秋末要将其移入室内越冬，室温在 8℃左右即可，室温高，冬季休眠不好，影响翌年开花结果。

（2）浇水。火棘平时浇水和一般盆栽花木一样，不干不浇，浇则浇透。在开花期要适当控制浇水，使盆土稍偏干，以利坐果，如水分太大，常造成落花。

（3）施肥。火棘应根据不同的生长期而施肥。如在植株成形前，为了促进枝干的生长发育，应施以氮肥为主的肥料。当植株已经基本成形，需要枝条生长缓慢一些，以利植株开花结果时，则应适当多施点含磷钾较多的肥料。在火棘开花期施两次（其间间隔一周）0.2％磷酸二氢钾水溶液，以利坐果，并使果大而丰满。入冬后，火棘处于休眠期，不要施肥。

（4）整形。火棘多在短枝开花结果，开花坐果后，应把长枝剪短只留 2 个～3 个节，使其形成结果母枝。对徒长枝是剪短还是从枝条基部剪除，应根据造型的需要。火棘有时花序密集成团，一束花序上有几十个单花，这么多的花如不及时疏剪掉一部分，就会使营养分散，不但所有的果实都长不好，而且还会影响来年开花结果。火棘如当年结果太多，营养消耗过多，翌年就会少结果或不结果，这就是俗称结果的"大小年"。对火棘花朵的疏剪，要根据观赏的需要而定，一般来讲，观赏面要少疏剪，背面可适当多疏剪；花密处多剪，花疏处少剪或不剪。等坐果后还要进行一次细微观察，对过密处再疏剪一下，使营

养生长和生殖生长比例恰当，这样才能使其果硕色正，树形优美，年年都能正常开花结果。

火棘成熟果实挂在树上，虽不再生长，但仍消耗植株营养，对来年结果不利。因此，除有意保留到春节观赏者外，一般都要在元旦过后把全部果实一次摘除，使之得以休眠，保存营养。

（5）防病虫害。火棘有蚜虫、军配虫等虫害，应注意防治。

（十五）六月雪

六月雪又称满天星。它植株低矮，枝秀节密，叶片细小，盛夏白色小花开满枝头，洁白如雪，故得其名。它树形优美，悬根露爪，清逸潇洒，姿态多变，神韵奇特。六月雪有几个品种，其花有单瓣和复瓣之分，叶有全绿和全绿带金边的。用六月雪制成的盆景，在炎热的夏季，会开满白色小花，用以美化居室，不但给人以美的享受，而且觉得空气凉爽，有六月忘暑之感，使人心旷神怡。

1. 树形制作

六月雪枝条柔软，容易蟠扎造型。用六月雪幼树或具有一定姿态的枝条扦插，成活后，经艺术加工，即成为微型或小型盆景。在南方用其制作大、中型盆景，多到山野掘取老桩，先把枝条全部剪除，进行"养胚"，第二年即可造型。造型常用粗扎细剪法，把主干蟠扎成不规则的"S"型，并对侧枝及细枝加以修剪（图3-63）。

六月雪萌发力强，耐修剪，枝干软，须根多，扭曲而不规则。根据这些特点，可将其制成提根式、树石式、悬崖式、斜干式、丛林式、连根式等多种形态的盆景。因其枝条柔软，在蟠扎造型后，一般要经过两年左右才能定型，不能过早拆除蟠扎物。

六月雪叶小，枝干多自然弯曲，且根系发达，一些盆景爱好者和盆景工作者，常用以制作水旱盆景。闻名全国的扬州红园的《八骏图》水旱盆景，就是用六月雪制作的。因六月雪叶小、枝干弯曲而横斜，还常被用来绿化山水盆景。

2. 栽种与用盆

六月雪多在 2 月份～3 月份进行栽种。栽

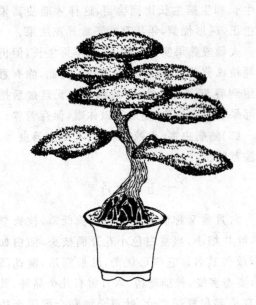

图 3-63 六月雪盆景

种前，除对枝叶进行修剪外，还要剪除枯根及烂根，疏剪过细根，剪短过长根。六月雪喜含腐殖质、疏松而排水良好的微酸性沙质土壤。

因六月雪的花为白色，所以盆栽时要配以色泽深一些的盆钵，既可用紫砂盆，也可用釉陶盆，盆钵宜浅不宜深，以长方形或椭圆形盆钵为好。如单棵栽于长方形盆中，盆面显单调而空旷时，可在盆面适当位置，配以形态优美的山石，也可用与其意境相吻合的配件加以点缀。

3. 养护管理

(1)养护场地。六月雪是亚热带树种，喜温暖阴湿环境，但夏季怕强光暴晒，应置于半阴半阳处养护。冬季应移入室内越冬，室温以不低于5℃为好，但室温也不可太高，否则对休眠不利。

(2)浇水。六月雪在生长季节，应经常浇水，以保持盆土湿润，但盆内不可积水。在烈日炎炎的夏季，每天都要向地面喷洒清水1次～2次。秋末之后，气温逐渐降低，水分蒸发少，要减少浇水次数。

(3)施肥。六月雪耐瘠薄的土壤，施肥不宜太多，每年在生长季节施2次～3次腐熟稀薄的液肥即可。如在生长季节施肥太多，植株徒长，会破坏盆景造型。

(4)整形。六月雪萌芽力强，每年要修剪两次：第一次在4月中旬进行，以利于6月份开花；第二次在花凋落之后，剪除着花枝梢，使之萌发新芽。这时虽不开花，但新梢翠绿，别有一番情趣。对根部萌发的分蘖枝及过密枝，也应随时剪除。在生长季节要经常摘心，使枝叶符合造型的需要。对徒长枝，一般应予剪除，如需弥补造型不足，也可剪短。

(5)防病虫害。六月雪的病虫害较少，偶有蚜虫发生，要及时除掉。

（十六）南天竹

南天竹茎干丛生，直立挺拔，有节如竹，叶序横斜，潇洒飘逸，原产南方，故而得名。其嫩叶为黄绿色，以后逐渐变为绿色，入冬后逐渐变为红色。6月份～7月份开白色小花，花后结果，果实为球形，如珊瑚成穗，每穗数十粒，开始为绿色，以后逐渐变为红色，经久而不脱落，惹人喜爱，是观果盆景的优良树种之一。宋代杨巽斋写有一首七绝诗《南天竺》，诗曰："花发朱明雨后天，结成红果更轻圆；人间烦恼谁医得，只要清香净业缘。"这首诗不但赞美了南天竹的花与果，还说明了它的药用价值。

1. 树形制作

制作南天竹盆景，可通过播种、扦插、分株获得苗木，也可到溪边、山地掘取老桩，经过2年～3年"养胚"，就可上细盆观赏。因南天竹茎干不宜蟠扎，所以加工造型以修剪和拼栽为主。这种盆景多为双干式及丛林式，造型时应有疏有密，高低错落，层次分明。比较粗的植株也可单株成景。南天竹根系发达，常制成连根式或提根式盆景，下面悬根露爪，上部树冠挂满红果，十分幽雅、秀丽(图3-64)。

2. 栽种与用盆

栽种南天竹宜在春季萌芽期进行，要多带宿土，这样能提高成活率。它适宜疏松、肥沃、排水良好、富含腐殖质的沙质土壤。南天竹盆景宜用中等深度的长方形或椭圆形紫砂盆或釉陶盆，因为主要是观赏四季常青的绿叶和红色的果实，所以盆的颜色应和红、绿两色相协调。

图 3-64 南天竹盆景

3. 养护管理

(1)养护场地。南天竹喜温暖、半阴的环境，强光照射会使叶片变红，但也不能置于终日见不到阳光的地方，否则会结果很少或不结果。它具有一定的耐寒性，但盆栽的抗寒能力较地栽者差，所以初冬应移入室内越冬，室温不宜过高。

(2)浇水。南天竹喜温暖湿润的环境，但盆内不可积水。夏季天气炎热时，除向盆内浇水外，还应经常向地面洒水，以保持小气候有一定湿度。在花期里不可浇水过多，以免引起落花。秋末及冬季应适当少浇水。

(3)施肥。南天竹不宜施肥过多，在五六月份，每月施两次腐熟稀薄的有机液肥即可。

(4)整形。在南天竹生长期，应及时剪除根部萌发的造型不需要的枝条。秋后要进行一次全面整形，剪除或剪短过长枝，剪短弱枝、老枝，以使植株矮化，并利于翌春萌发新枝。南天竹2年～3年翻一次盆即可，利用翻盆之机，可以分株，也可以重新造型布局。

(5)防病虫害。南天竹病虫害较少，偶有介壳虫发生，要及时除掉。

（十七）叶子花

叶子花又称三角花、三角梅、毛宝巾、九重葛。是紫茉莉科宝巾属，常绿藤本或小灌木植物。枝有刺，叶倒卵形，叶质较薄有光泽。花有紫、红、黄、白等色。花期较长，养护得法，可达3个月左右。叶子花以紫花和红花为常见，绚丽鲜艳，花期长，是观花盆景的优良树种。

叶子花原产南美洲热带雨林，现今我国许多地区都有栽培。叶子花性喜温暖、湿润、强光、喜肥、耐旱、畏寒，生长速度快，木质疏松。

1. 树形制作

制作叶子花盆景素材来源有二：一是人工繁殖。常用扦插、压条等方法获得新植株。二是到花店、花市购买。选树干粗短，主枝分布理想的盆栽叶子花为素材。值得一提的是，从春季修剪下来的诸多枝条中，选取有一定姿色的老枝（经过促根剂的处理就更好）扦插，能快速培育成小型盆景，培育得法，第二年即能开花观赏。

因叶子花生长快，枝条细长而柔软，造型时以剪为主，以扎为辅。重剪之后半个月左右即可长出很多不定芽，根据造型的需要，每个枝条留3个～4个生长健壮的芽，其余全部去掉。当新枝条长到15厘米左右时，根据构图把枝条再进行一次修剪。常见的款式为斜干式、曲干式、直干式等（图3-65）。

图 3-65 叶子花盆景

2. 栽种与用盆

叶子花的栽种、翻盆宜在每年春季进行。宜用疏松肥沃、富含腐殖质、排水良好的沙质土壤，在盆底放少许已腐熟的动物蹄片为基肥。栽种前把植株从盆中扣出,对根系和枝条进行一次修剪,剪除枯根,剪短过长根。根据造型需要,把枝条进行一次全面地修剪,因为叶子花生长快,要适当重剪,到开花观赏时树形正好达到构图要求。

叶子花盆景的盆钵,除考虑大小、深浅、款式和植株协调外,还要考虑到花色和盆色的协调,两者不可相同或相近。

3. 养护管理

(1)养护场地。叶子花喜光,喜温暖的环境,要放置阳光充足,空气流通处养护。叶子花不怕晒,就是在炎热夏季也不需荫蔽。但它畏寒,在北京地区秋末应移入室内越冬。

(2)浇水。平日保持盆土湿润即可,但在促花期,要控制浇水,使盆土偏干有利花芽的形成。在地面要多洒水,使局部小气候有一定的湿度。

(3)施肥。叶子花喜肥,在生长发育期比一般花木要多施一些肥,特别是含磷多的肥料,以促使孕蕾及花开得艳丽。

(4)整形。叶子花生长快,要保持树形需要经常进行修剪。为保证"五一"劳动节和"十一"国庆节观花,2月中旬和7月中旬两次的修剪尤为重要。这两次修剪后,到花开凋谢前一般不再进行短剪,如果枝条生长过密,为了通风透光,可适当剪除过密枝。

4. 短日照处理

叶子花是短日照花木(短日照植物,即在较短的日照条件下才能发育开花的植物,每天需要连续14小时以上的黑暗才能生长良好),为使其在北京地区"十一"国庆节期间花繁似锦,色泽艳丽,须进行短日照处理。具体操作方法如下:

(1)根据需要进行短日照植株的多少和大小,用木材或钢材搭一个大小、高低适宜的棚子骨架。

(2)用黑色有一定厚度的大块塑料布或粮库用的大块遮雨帆布,把棚子遮盖严密,使棚子内不透一丝光线。

(3)若想"十一"国庆节观花,在7月中旬把叶子花进行全面修剪后放入短日照大棚内,每周施一次腐熟稀薄的有机液肥。间隔15天左右加施一次0.2%磷酸二氢钾液肥。

(4)在短日照前半期(即8月份)适当"扣水",使盆土偏干,枝条生长放慢,有利花蕾的形成。9月份再恢复正常浇水。

(5)从7月中旬短日照开始起,每天下午16时30分左右把大棚遮盖严密,到翌日上午8时30分左右把遮盖布打开,接受日光照射。必须每日如此,否则前功尽弃。一般经过60天左右的短日照,即可达到花繁似锦的目的。

(十八)栒　子

栒子是蔷薇科栒子属,常绿或落叶小灌木。野生时枝条展开卧地而长,故又称"铺地蜈蚣"。栒子叶细小,有短柄,叶互生,绿色革质,倒卵形,前端尖,全缘。花常单生于叶腋或短侧枝之顶,夏季开花,花色有红色、粉红色、白色之分。花后结果,呈球形,开始为绿色,9月变为红色,经冬而不凋,惹人喜爱。

栒子种类很多,常见栽培观赏的有:多花栒子又称"水栒子"、小叶栒子、毡毛栒子、山东栒子等。从东北、华北、西北到西南的广大地区均有分布,分布较广的为"多花栒子"。

古籍《山海经·北山经》上载有:"绣山,其上有玉青碧,其木多栒。"上述记载说明,栒子作为观赏树木,历史悠久。

1. 树形制作

获得制作栒子盆景素材的途径有三:其一,到山野掘取。早春在栒子未发芽前到山野掘取有一定姿色的老桩。栒子多分布于海拔1000米～3000米混生灌木丛中。其二,到花卉盆景市场或花店购买。要买树干粗短有一定弯曲,枝条互生的健壮植株。其三,用扦插、播种、压条等法获得新的植株。

栒子枝条较长,有的树干自然就有弯曲,常加工成悬崖式、垂枝式、风吹式、曲干式盆景。一些树龄较短的栒子,树干较细,单独一株栽种观赏价值不高。若把它与有一定高度、形态优美的山石同置一盆中,经过巧妙构思,两者有机地融为一体,就会成为一件具有观赏价值的旱石盆景(图3-66)。

图 3-66 枸子盆景

2. 栽种与用盆

枸子能耐瘠薄土壤,但在疏松较肥沃、富含腐殖质、排水性好的沙质土壤中也生长良好。枸子的栽种或翻盆宜在春季萌芽前进行。栽种前对根系和枝条进行适当的修剪。把盆土去掉一半左右,最好保持树干基部土球不散开,以使树木尽快复壮。枸子叶绿果红,用盆色泽以不要和红、绿相近为好。盆的大小、样式应和树木的大小和款式协调(详见华山松盆景)。

3. 养护管理

(1)养护场地。枸子喜空气流通、湿润的半阴环境,畏强光暴晒,有一定耐寒性。地栽枸子在北京地区可在室外越冬,盆栽枸子秋末应移入低温室内越冬。

(2)浇水。平日保持盆土湿润即可,不干不浇,浇则浇透。在炎热的夏季,除向盆内浇水外还要向叶片和地面喷水,使局部小气候有一定湿度。冬季要少浇水。

(3)施肥。在生长季节,每月施一次腐熟稀薄的有机液肥,春、夏两季各施一次 0.2% 磷酸二氢钾,以利开花和果实的生长。

(4)整形。枸子萌发力强,生长较快,为了保持已造好的树形,平时可随时剪除造型不需要的新枝,较全面的修剪应在春季翻盆时进行。剪下有一定粗度和姿色的枝条扦插,成活后,翌年春天可上小盆做微型盆景。

(5)防病虫害。枸子病虫害较少,偶有红蜘蛛、介壳虫及白粉病发生,应注意防治。

(十九)福建茶

福建茶别名基及树、猫仔树,是紫草科基及树属,常绿小灌木。多分枝,叶互生,叶形小,呈椭圆形或倒卵形,叶端钝圆,浓绿有光泽。该树种有大叶、中叶、小叶之分。制作盆景常用中叶、小叶福建茶。花白色,果实先绿后红。树干嶙峋多节,木质松脆,皮厚,灰白色。福建茶树形矮小,绿叶,白花,红果,树姿优雅,奇特古朴,四季均可观赏,惹人喜爱,是制作盆景的上乘树种。

1. 树形制作

制作福建茶盆景素材来源有三:一是人工繁殖。常用扦插法,成活率高,一次可获得较多苗木。二是到花店或花市选购。选有一定姿色的盆栽福建茶桩为素材。三是到野外掘取。在南方的一些小山、丘陵、丛林中,有散生福建茶分布。

福建茶萌发力强,耐修剪,在南方常用"蓄枝截干"法进行造型。在北方一年之中只有半年左右生长时间,为使福建茶尽快成形,可采用剪扎并用的方法造型,常制作成自然大树型盆景。常见的盆景款式有斜干式、直干式、双干式、悬崖式、附石式等多种款式(图3-67)。

2. 栽种与用盆

福建茶的栽种翻盆宜在春末夏初进行。栽种前对根系和枝条进行一次修剪。用土以疏松肥沃、富含腐殖质、微酸性、排水良好的沙质土壤为好。栽种福建茶不宜用浅盆,常选用中等深度的紫砂盆或釉陶盆,悬崖式盆景应用签筒盆。

图 3-67　福建茶盆景

3. 养护管理

（1）养护场地。福建茶喜温暖湿润的环境，生长季节置通风良好的半阴处，天气炎热时经常向地面洒水，保持小气候的湿度。秋末应移入室内。福建茶畏寒，室温在 13℃ 左右为宜。冬季在室内也应保持一定湿度。

（2）浇水。福建茶喜湿怕旱，在夏季除应经常向盆内浇水之外，并应适当向叶面喷水。冬季入室后要少浇水。

（3）施肥。施肥不宜过多，肥多易引起新枝徒长，叶片变大，破坏了造型。每年春、秋季各施一次腐熟有机液肥即可。

（4）整形。福建茶萌发力强，枝叶过密时除随时剪除徒长枝外，每年在初夏、中秋各进行一次修剪。修剪时也应按"蓄枝截干"法进行，这样就能培育或保持树干苍劲古拙，枝叶婆娑，树形优美的盆景。

（5）病虫害。主要有介壳虫、蚜虫，应注意防治。

（二十）朴　树

朴树又称沙朴，是榆科朴树属落叶乔木。其树皮粗糙灰黑色。叶互生，呈广卵形至卵状长椭圆形，前端尖，叶缘中部以上有锯齿，表面深绿色，背面淡绿色，叶脉在叶背面突出。4 月份～5月份开淡绿色小花，花后有果实，9 月～10 月果成熟为红褐色。枝条向上或平展，树冠多为圆形。朴树姿态古雅，树干挺拔，叶色美观，冬季落叶后显露出优美多变的鹿角形枝条，四季均可观赏。

1. 树形制作

通过以下两种途径可取得制作盆景的素材。

其一为到野外掘取树桩。要寻找那些树干粗短，分枝较早，主枝互生，悬根露爪，形态奇特，有培养前途的树桩。一般在树木发芽前的 3月份进行挖取。掘取前根据树木形态及今后要培育何种造型，再对枝条进行初步修剪，以便掘取或运输。为提高成活率，挖取时树根部要带上土坨为好。如果树根裸露，根据造型对根系进行初步修剪后尽快装入塑料袋内，在裸露根部要包裹些湿草，或在袋内放适量潮湿土壤以免根系脱水，并要尽快运回培育场所。因在野外时间短促难以对树木进行细致观察，再说树根在土内也难看到其形态，栽种前对树桩根、干、枝进行整体全面地观察，最后确定该树桩的造型，然后对树桩的根、干、枝进行一次全面修剪。根据具体情况是地栽或盆栽进行"养胚"。地栽比盆栽生长得要快，管理粗放，但在上细盆时，根系受到一定的损伤。盆栽"养胚"的优缺点正好与地栽相反，有利有也弊。栽培方法应根据当地、当时情况灵活运用。

在"养胚"期间，应根据立意构图，对树木进行适当地修剪，用蟠扎或提根等技法造型。如果要培育提根式，要在树桩成活后浇水时，对准树桩根部，把根部土冲去一部分，使树根逐渐露出来成为提根式。露根不可过急，每年把根露出土面 2 厘米～3 厘米即可，如果露得太快，对树木生长不利，急功近利，常造成树木死亡，前功尽弃，得不偿失。

其二为播种繁殖，9 月～10 月果熟时采集种子，翌年春天播种。用此法繁殖，一次可获得较多苗木,但要培育成具有观赏价值的盆景需要较长的时间。

制作朴树盆景,幼树以扎为主,以剪为辅;老桩以剪为主,以扎为辅,剪扎并用。枝叶既可扎剪成云朵状,也可加工成自然形态的大树状。朴树盆景常见的造型为直干式、斜干式、曲干式、临水式、悬崖式,也可用树龄不长的幼树制作成丛林式。制作丛林式盆景用的虽然都是幼树,但在选材时要注意树木粗细、高低形态有所差异为好。在造型时又要注意主次、疏密呼应、动势等的布局艺术(图3-68)。

图3-68 朴树盆景

2. 栽种与用盆

栽种或翻盆时间宜在树木萌芽前的春季进行。我国地域辽阔,南北方气温差异较大,就是在北方同一地区,山上和平原气温仍有半个月左右的差别,具体上盆时间要根据当地气温灵活掌握。上盆时要对根系进行一次修剪,剪除枯根和过长的细根,根据立意构图,再对枝条进行一次修剪。

朴树适应性强,对土壤要求不严,但在疏松肥沃、富含腐殖质、排水良好的沙质土壤中生长良好。

朴树盆景用盆宜用紫砂质地盆钵。至于盆钵款式大小深浅,要以树木大小形态而定,如斜干式宜用较浅或中等深度的长方形盆或椭圆形盆;临水式、悬崖式要用较深的签筒盆才能更好地衬托造型。

3. 养护管理

(1)养护场地。朴树喜光,所以培育朴树盆景要放置在通风良好,阳光照射时间较长的场所。树木观赏面应多见阳光。为达到树冠优美,其背面也要有一定时间的向阳。盆栽朴树在北京地区冬季要入室内越冬,但室温不可高,在5℃左右即可。

(2)浇水。因朴树适应性强,有一定耐旱性,浇水要见干见湿,浇则浇透。特别注意的是,在新芽生长时期,要适当"扣水"(少浇水),以防新枝徒长、叶片变大,使树木形态失去美感。在炎热的夏季,水分蒸发快,早晚各浇一次水。

(3)施肥。春季开始施肥的最佳时期是在新枝基本停止生长后,要施腐熟稀薄的有机液肥,30天左右施一次即可。因为进入夏季,气温升高,植物消耗营养增多,如果肥料供不应求,叶片发黄而光泽变暗,如果肥力过大也会引起枝叶徒长。在秋末或初冬再施一次腐熟稀薄的有机液肥。

(4)整形。朴树萌发力强,为了保持已造好的树形,在树木生长期要经常进行修剪。全面整形修剪应在冬季落叶后、枝条全部裸露出来时进行。

(5)防病虫害。朴树常见的病害为白粉病,虫害为红蜘蛛、蚜虫等,要注意及时防治。

(二十一)小叶女贞

女贞又称桢木、冬青树、水腊树,系木犀科女贞属,常绿或半常绿小乔木或灌木。其叶薄革质,单叶对生,呈卵形至椭圆形,全缘。顶生圆锥状花序,白色小花,有香味。6月份～7月份花后结实,核果呈宽椭圆形,秋季成熟,熟时为紫黑色。

1. 树形制作

制作小叶女贞盆景的素材来源途径有二:一是人工繁殖。常用的方法 为播种和扦插。二是到山野掘取。选有一定姿色的老桩,经过1年～2年"养胚"可上盆造型观赏。用人工繁殖的苗木须经2年～3年的精心培育(在培育期间根据苗木基本形态适当蟠扎,修剪加工),方可上细盆制作小、中型盆景。要做大型盆景,地栽时间还要长一些,因为树木上盆 生长速度比地栽慢。野外掘取的老桩,树干和主枝很硬,难以蟠扎弯曲,造型时要因树附形,因势利导,以剪为主,以扎为辅,对新枝要进行蟠扎。(图3-69)。

图 3-69 小叶女贞盆景

2. 栽种与用盆

小叶女贞对土壤要求不严,但在疏松肥沃排水好的沙质土壤中生长良好,用普通培养土栽种即可。因其根系发达,适应性较强,可用较浅的或中等深度的紫砂盆、釉陶盆,如果能找到大小适宜的云盆更好,制作出的盆景更显古朴幽雅,妙趣横生。不论栽种还是翻盆均宜在春季2月份~3月份进行。

3. 养护管理

(1)养护场地。小叶女贞盆景宜放置在阳光充足、空气流通的场所。在炎热的夏季要适当荫蔽,或放置半阴半阳处。小叶女贞虽有一定耐寒性,盆栽在北京地区冬季仍要移入低温室内越冬。

(2)浇水。平日保持盆土湿润即可,在炎热的夏季,除向盆内浇水外,还要向叶面和场地上喷水,保持局部小气候有一定湿度,才有利植株的生长以及叶片鲜绿美观。

(3)施肥。养小叶女贞盆景,无须多施肥,春、夏、秋三季各施一次腐熟稀薄的有机液肥即可。

(4)整形。小叶女贞萌发力强,生长季节常在枝丁上萌发新芽。凡造型不需要的新芽应及时去除,以免消耗养分。为了保持已造好的树形,在生长季节要经常修剪才行。全面较大的修剪宜在翻盆时进行。参展前20余天,把叶全部摘除,加强肥水管理,不久萌发出新叶,新叶较小、厚而且有光泽,给人以欣欣向荣之感。

(5)防病虫害。小叶女贞病害少,常见虫害有天牛、介壳虫和蚜虫,要注意及时防治。

(二十二)九里香

九里香是常绿灌木,叶互生,叶的形状多样,有卵形、椭圆形,还有近似菱形的。花序顶生,白色,有香味,花期7月份~11月份,花后结果,果实小呈椭圆形,熟时为红色。九里香原产亚热带,同属植物近10种,我国盆栽仅此一种。九里香四季常青,树形秀丽,婀娜多姿,花期较长,清香四溢,适应性强,是制作盆景的好树种。

1. 树形制作

九里香常用扦插、压条、播种来培养幼树,在我国南方还可到山野掘取老桩。制作微型、小型盆景,可选用2年~3年树龄的幼树,因其枝条柔软,易于蟠扎造型。常见的树形有直干式、斜干式、曲干式、双干式等,枝叶常处理成自然式(图3-70)。

2. 栽种与用盆

九里香在每年春季进行栽种。种在土层较厚的盆内才能生长良好,所以用其制作盆景时不宜用浅盆,常用长方形、椭圆形、六角形或圆形紫砂中等深度或较深的盆钵。因九里香的花为白色,盆的色泽应深一些,不宜用浅色盆。栽种时,盆底应放几块动物蹄角片为基肥。九里香对土壤要求不严,以腐殖土为主加少量沙土,调匀后即可使用。如果培育幼树,肥水可适当大些,以促其加快生长发育,尽早达到造型所需的树干高度和粗度。

3. 养护管理

(1)养护场地。刚栽种或翻盆的九里香,要浇透水,先置于荫蔽处10天左右,然后再放置

图 3-70　九里香盆景

阳光充足、通风良好处养植。九里香喜阳光充足，也耐半阴，喜温暖，不耐寒，秋末应移入室内，室温保持在 8℃ 左右即可安全越冬。冬季室温过高，消耗植株营养，对翌年生长开花不利。

（2）浇水。九里香耐旱，浇水要见干见湿，盆内不要积水，遇连续降雨天气时，应把盆放倒或放置在避雨的地方。如浇水过多，常造成烂根。如发现树叶蜷缩，失去光泽，这就是烂根的信号，要引起注意，尽早采取补救措施。首先要控制浇水，观察其变化，如二三天后，不仅仍无好转，反而更加严重，则应把植株从盆中扣出，用水冲去根部泥土，将其晾干，再浸入 1：5000 的高锰酸钾溶液消毒，然后放到 1：2000 的萘乙酸生根素溶液中浸泡 8 小时再重新上盆。冬季入室内后，应少浇水，只要保持盆土湿润即可。

（3）施肥。除栽种时施放基肥外，在生长期，每月要施一次腐熟有机液肥。因九里香原产南方，喜微酸性土壤，一年之中最好间隔施两次"矾肥水"。但在冬季休眠期内不要施肥。

（4）整形。在春季应结合栽种或翻盆，进行一次修剪。对过密枝、徒长枝，应随时进行短剪或疏剪。大的修剪应在 10 月下旬或 11 月份进行。花期不要强剪，以免影响观赏。

（5）防病虫害。九里香虫害较少，但如通风不良，易受红蜘蛛、介壳虫的伤害，应注意防治。

（二十三）荆　条

荆条的小枝呈四棱条状，绿色光滑，老枝及树干的皮却常开裂而粗糙，虬干横生，苍劲古朴，有饱经风霜之态。荆条顶生圆锥状花序，花为淡紫色，花期较长。我国南、北方荒山野地均有荆条生长，它萌发力强，耐修剪，枝条柔软，易于造型，枝叶飘逸豪放，层次分明，适应性强，是制作盆景的常用树种之一。

1. 树形制作

荆条因野生的较多，制作盆景多到野外掘取老桩。对掘来的桩头，不要轻易下剪，应反复观看，仔细琢磨，确定最佳造型姿态。如果老桩基本形态好，经过几个月的"养胚"，当年就可上细盆观赏。老桩枝干粗硬，姿态各异，有的老态龙钟，有的自然悬根露爪，有的木质虽已腐朽，但树皮仍然活着，并生出新枝绿叶，给人以蓬勃向上、返老还童之美感。荆条老桩造型，以修剪为主，蟠扎为辅，因材制宜，因势利导，依树造型，可制成直干式、斜干式、曲干式、双干式等多种款式的盆景（图 3-71）。

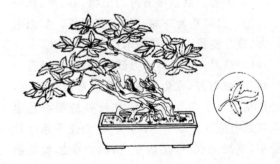

图 3-71　荆条盆景

2. 栽种与用盆

我国地域辽阔，气候差异很大，对荆条的栽种也有先有后，但一般是在春季 3 月份进行，如能保持根部土球不散，春、夏、秋三季都可进行栽种。荆条适应性强，对土壤要求不严，在酸性、中性、弱碱性土壤中都能生长。盆栽以腐殖土为主，加适量沙土混合后使用。栽种时对根部及枝叶应进行一次修剪，剪除伤根、过长根，剪除或剪短徒长枝，疏剪过密枝。

有的荆条老桩发芽较晚，3 月份栽种后，迟迟不发芽。但只要树皮发绿，就表明它仍然活着，应照常进行浇水管理，切不可丢掉，到梅雨季节，就会萌发出新芽，翠绿可爱。

荆条盆景用盆应根据树木形态大小而定，提根式、斜干式、曲干式宜用较浅或中等深度的椭圆形或长方形盆钵，悬崖式要用签筒盆。

3. 养护管理

（1）养护场地。荆条喜光，稍耐阴，栽种后浇透水，先置于荫蔽处养护 10 天左右，然后再放在通风向阳处养护。荆条和其他植物一样，其枝叶有趋光性，向阳面的枝叶比阴面的枝叶生长快，为了不使树形长偏，在荆条的生长期，每月应把盆钵调转 180°，使正面和背面都能见到阳光。荆条耐寒，在北方地栽者可在室外越冬，盆栽者应在初冬移入低温室内。

（2）浇水。荆条耐旱，浇水要见干见湿，浇则浇透。要少向叶片喷水，否则叶片将变大，影响美观。若想把荆条提根，浇水时可有意把壶嘴对准根部，日久天长，根部的土被水陆续冲走，树根自然被露出来。冬季荆条进入休眠期，要少浇水。

（3）施肥。荆条耐瘠薄的土壤，春、夏、秋三季各施一次腐熟稀薄的有机液肥即可。如肥水过大，枝叶徒长，会破坏树木造型。

（4）整形。荆条萌发力强，除栽种时进行一次蟠扎、修剪外，在生长期间要经常进行摘心，去掉从主干上萌发的新芽（如弥补造型不足也可在适当位置留 1 个～2 个芽）。为使荆条叶片变小，更加美观，可在初夏、初秋或参加展览前进行摘叶，摘叶时必须把全部叶片一次摘除，切不可只摘掉一部分，保留一部分，这对新叶萌发及观赏都不利。摘叶后，应加强肥水管理，约 20 天就会萌发新叶，再生叶片有的仅是原叶片的 1/2 大小。如掌握好荆条的习性，一年内可进行多次摘叶、摘心，使生长的叶片小而翠绿，观之有生机勃勃、欣欣向荣之感。

（5）防病虫害。荆条的病虫害少，偶有蚜虫发生，应及时除掉。

（二十四）榆　树

榆树树皮呈褐色，树龄稍长者其皮呈不规则鳞片状剥落，斑驳可爱。榆树老桩多奇形怪状，有的多年老桩，木质部虽已腐朽，但部分树皮仍然活着，并从其顶部长出新枝，挺拔横空，略经加工，就可成为一株形态优美的盆景素材。

榆树以其叶片大小，分为大叶、中叶、小叶三种。其中，小叶榆的叶小（有的仅 1 厘米左右），树姿潇洒挺拔，萌发力强，耐修剪，寿命较长，最适宜制作盆景。

1. 树形制作

榆树因野生很多，制作盆景多到野外掘取老桩。野生的榆树老桩，经多年人工砍伐、牲畜啃咬、风吹雨打等，自然形成各种各样奇异的姿态，有的盘根交错，蜿蜒曲折；有的木质部虽已部分腐朽或洞孔斑斑，但仍生机盎然，纵老不死，苍古可爱。老桩不但比幼树培育成形快，而且观赏价值也高。

榆树造型时，应根据老桩的基本形态，以修剪为主，修剪与蟠扎并用。通过剪、扎，可制成直干式、曲干式、斜干式、卧干式、悬崖式等多种款式的盆景。还可利用其根系发达的特点，从野外掘取小榆树，经过 1 年～2 年"养胚"，就可成为具有观赏价值的小型榆树盆景。榆之幼树的主干和枝条都比较柔软，可蟠扎成多种款式的盆景。其枝、叶既可蟠扎和修剪成云片状或云朵状，也可加工成自然状（图 3-72）。

2. 栽种与用盆

榆树的栽种时间，以春季萌芽前的二三月份为好，秋季亦可进行。栽种前要对根系和枝叶进行一次修剪。其剪口处和受伤处，常渗出黏液，如这种液体渗出过多，将影响植株成活。有的修剪后对伤口不作处理，栽种后又马上浇透水，致使更多的树液外溢，因盆土湿、空气少，伤口处极易腐烂变质，造成整株死亡。因此对榆树修剪后的伤口，应涂上一层红霉素眼药膏或磺胺软膏，然后撒上细沙土，以阻止树液外溢，预防细菌侵入。栽种榆树时，可用稍湿的土壤，栽种后先置荫蔽处，不要马上浇水，可每天向树

图 3-72　榆树盆景

干、枝干喷 1 次～2 次清水，经 2 天～3 天后再浇透水，这样可提高成活率。

刚从野外掘取回来的榆树桩，要用素沙土地栽或植于瓦盆中。如其经过"养胚"，要上细盆时，以用疏松、富含腐殖质、排水良好的沙质土种植为好，一般以 2/3 腐殖土加 1/3 的沙土调匀后使用。

榆树生命力强，可用紫砂盆、釉陶盆栽种，也可用瓷盆栽种。盆钵之形状要根据树木款式而定，直干式可用浅圆盆，也可用长方形盆；斜干式、曲干式、卧干式、丛林式宜用长方形或椭圆形盆钵；临水式、悬崖式要用有一定高度的方形或圆形盆钵，才能显示其特有的风韵。

3. 养护管理

(1)养护场地。榆树喜阳光而耐寒，在其生长季节，应置于光照充足、通风良好的环境。夏季只要盆土湿润就不怕晒。冬季，在北方应把榆树盆景移入低温室内，在南方只要把盆钵埋入向阳背风的土中，就能安全越冬。

(2)浇水。在榆树生长季节，要经常浇水，保持盆土湿润，但盆内不要积水。天气炎热时，应经常向地面洒水，增加榆树盆景周围小气候的湿度。但不宜经常向榆树叶面喷水，否则，叶片变大，会失去美感。入冬后要少浇水，保持盆土湿润即可。

(3)施肥。栽种榆树时，可施一些腐熟的饼肥或腐熟的人畜粪便作基肥。在生长季节，每 20 天左右施一次腐熟稀薄的有机液肥即可（连续阴天时不要施肥）。榆树是观叶树木，施肥应以氮、钾肥为主。冬季不要施肥。

(4)整形。榆树的萌发力强，生长较快，在生长季节，要经常修剪，才能保持树形。当新枝长到 4 厘米～6 厘米时，应根据造型需要进行一次修剪。榆树盆景的最佳观赏期是新叶刚出时，若在初秋将叶片全部摘除，然后施一次腐熟的有机液肥，并加强管理，这就又增加了一次最佳观赏期。

(5)防病虫害。榆树常见的虫害有榆叶金花虫、介壳虫、刺蛾等，应及时去除。

(二十五)柽　柳

柽柳又称观音柳、红柳，因一年之内能开三次花，故又称三春柳。柽柳植株不高，枝繁叶茂，翠色如柏，姿态似柳，花色粉红，形若蓼花，枝细而柔，自然下垂，非常潇洒，经微风吹拂，婆娑起舞，婀娜多姿，惹人喜爱。

唐代大诗人白居易在《有木诗》中赞柽柳曰：

"有木名水柽，远望青童童。

根株非劲挺，柯叶多蒙笼。

彩翠色如柏，鳞皴皮似松。

为同松柏类，得列嘉树中。

枝弱不胜雪，势高常惧风。

雪压低还举，风吹西复东。

柔芳甚杨柳，早落先梧桐。

惟有一堪赏，中心无蠹虫。"

上述诗句把柽柳的形态、特点以及观赏价值，描绘得细致入微，淋漓尽致。

1. 树形制作

用柽柳制作盆景，多从野外掘取老桩。如老桩基本形态好，早春掘取的树桩，经过"养胚"及艺术加工，当年就能基本成形，上细盆观赏。制作微型、小型盆景，可用 2 年～3 年生的柽柳制成直干式、曲干式、斜干式、悬崖式等，既可单株栽种，也可制成双干式、多干式、丛林式，还可制成水旱式等多种款式的盆景。柽柳盆景常见的形式及其制作方法有以下几种：

（1）垂枝式柽柳盆景。选用树干有一定弯曲、主枝位置适当的柽柳老桩，在当年枝条长到6厘米时，剪掉强壮枝条，留下较弱的枝条。因强壮的枝条多直立生长，如强行使其下垂会显得不自然；而较弱的枝条向上生长不高就自然下垂，如下垂角度不够，可再进行艺术加工。柽柳萌发力强，对造型不需要的枝条，应及时剪掉。从野外掘取或购买的树桩，如树干比较理想，但没有适当的过渡主枝时，第一年的主要任务则是培育主枝，使其达到一定粗度。在当年生枝条长到10厘米左右时，可根据造型的需要，在适当位置上留下强枝，去掉弱枝；当其长到30厘米左右时，用金属丝把枝条蟠扎成造型需要的弯曲度，让其自然生长。

第二年春天，在新芽萌发前，应根据造型的需要，把主枝剪短，使其长出新枝。当新枝长到5厘米～6厘米时，要剪掉强枝，留下弱枝，让其自然生长；当新枝条长到30厘米左右时，如下垂长度和角度不够理想，可用绿色棉线在枝叶上缠绕几圈，根据造型所需的角度和下垂长度，把棉线固定在其他枝条上或盆钵边缘适当部位上（因棉线柔软，用其缠绕嫩枝，比用金属丝对枝叶造成的损伤小得多）。一般缠绕6圈左右，待枝条基本木质化以后，就可以解掉棉线，这时枝叶下垂，非常美观。

制作垂枝式盆景，树干要有一定高度，如树干太矮，就难以显示枝条下垂、随风飘拂的姿态。

（2）自然式柽柳盆景。到野外掘取柽柳老桩时，要挑选树干粗短、有过渡枝者（如悬根露爪则更好），作为自然式盆景的素材。如难以找到根、干、枝都理想的树桩，只要树干有一定姿态就可掘取。因柽柳萌发力强、耐修剪、生长较快，一般"养胚"1年～2年就可基本成形。树桩成活后，在树干和主枝比较协调的情况下，当新生枝长到6厘米左右时，应去掉强枝和弱小枝，留下发育中等的枝条，并及时去掉造型不需要的枝、芽，置于阳光下养护。发育中等的柽柳枝条，生长到一定高度就会自然下垂。

自然式柽柳盆景是自然界柽柳的艺术再现，它比自然生长的柽柳更典型。此种盆景的制作特点是，既不像垂枝式那样蟠扎枝条，使其有较大弯曲度而下垂，也不像云朵式那样把枝叶蟠扎后再多次修剪，使其呈云朵式造型，自然式柽柳盆景定型后，一般只适当疏剪或剪除过密枝条即可，养护管理比较粗放。

（3）云朵式柽柳盆景。挑选树干粗短并有一定弯曲度的柽柳老桩，经过一年的"养胚"，即可仿照松柏类盆景云朵式枝片的造型方法，即把枝叶蟠扎、修剪成椭圆形，四周略薄，中央隆起，好似蓝天之上片片云朵，就成为云朵式柽柳。一般中、小型云朵式柽柳盆景，只留3个～5个枝片即可，枝片太多就会显得零乱。如留3个枝片，一般是在树干不同高度的左右两面各留一个枝片，上部留一个枝片结顶。

（4）风吹式柽柳盆景。制作方法见本章"树木盆景款式及制作"一节中的"风吹式"。

（5）水旱式柽柳盆景。柽柳适应性强，既耐旱，又不怕湿，枝叶纤细，根系发达，这些特点很适合制作水旱式盆景。其制作方法见第四章"山水盆景"中"水旱盆景"的制作。

2. 栽种与用盆

柽柳适应性强，喜阳光，耐寒、耐旱、耐潮湿和耐贫瘠的土壤，即使在盐碱地也能生长茂盛，其耐盐碱性能之强，非其它植物所能及。柽柳能在盐碱土壤中生长的奥秘，是因为它能从盐碱地中吸收过多的盐碱成分，并不积存在体内，而是输送到茎叶表面密布的分泌腺排出体外。同时在茎和叶表面存留的氯化钠、硫酸钠等碱性物质，常被风吹走或被雨水淋掉，其体内仍保持正常的酸碱度。柽柳对有害气体也有较强的抵抗性。

栽种柽柳多在春季树干萌芽前进行，也可在秋末落叶后进行。栽种前，要对枝条和根部进行一次修剪。用土以腐殖土为主，加适量沙土和炉灰调匀后即可使用。

柽柳盆景多采用中等深度的长方形或椭圆形紫砂盆钵（水旱盆景除外），也有的用较深的马槽盆（图3-73）。

图 3-73　柽柳盆景

3. 养护管理

（1）养护场地。柽柳栽种后浇透水，应先置于荫蔽处养护 10 天左右，然后再放置在阳光充足、通风良好的地方养护。盆栽柽柳，在南方置于向阳背风处即可越冬，在北方既可将其埋入向阳背风处并在树干部培土越冬，也可搬入低温室内越冬。

（2）浇水。柽柳既耐干旱，又喜湿润，可见干就浇，但盆内不要积水。在炎热的夏季，除经常向盆内浇水外，早、晚还可向叶面各喷一次清水，以冲掉枝叶上的尘土，保持青翠，并有利其光合作用。入冬后要少浇水。

（3）施肥。上细盆后的柽柳，不宜多施肥，肥大会促使枝叶徒长，破坏树形。在生长季节，每月施一次腐熟稀薄的有机液肥即可。

（4）整形。柽柳萌发力强，生长快，在春、夏生长旺盛时，要每周进行一次修剪，才能保持树形。对枝干上萌发的新芽，凡造型不需要者，都应及时去掉，以免消耗营养。为提高柽柳的观赏价值，可利用其萌发力强的特性，在生长旺盛时把叶片全部摘掉，尔后放到日照充足的地方，加强肥水管理，早、晚向枝干各喷一次水，5 天～6 天可见新芽，月余树叶就会丰满如初，嫩绿可爱。

（5）防病虫害。柽柳病虫害很少，偶有蚜虫发生，要注意防治。

（二十六）银　杏

银杏又称公孙树，因其寿命长，甚至可达 2000 年以上，但结果迟，有"公植树而孙得食"之说。早在 2000 年前，我国人民就开始栽培银杏树了。银杏为现存最古老的树种，有"活化石"之称。银杏雌雄异株，气魄雄伟，姿态壮丽，叶如折扇，古雅别致，春、夏叶片翠绿，晚秋一片金黄，果为白色，可食用，也能入药，既能观赏，又有经济价值。

北京西郊古刹潭柘寺内，有一株高大雄伟的古老银杏树，因清代乾隆皇帝御封"帝王树"，所以很有名气，它高达 33 米，相传是辽代种植的，距今已有 1000 余年，现仍枝繁叶茂。

1. 树形制作

银杏原产我国，生长分布很广，在北起沈阳、南至广州、西起甘肃、东至舟山的广大地域，到处可见它的苍劲雄姿。制作银杏盆景，常在其春季萌芽前到山野掘取老桩，"养胚"一二年，经过修剪，略加蟠扎，制成苍翠挺拔的自然式盆景；也可用银杏的幼树，蟠扎成曲干式、斜干式、疙瘩式等多种款式的盆景。银杏造型宜在春季萌芽前的 3 月份进行，因其树叶较大，造型时留枝不可过多。银杏有 5 个～6 个品种，其中野生银杏植株较矮，又能结果，是制作盆景的优良树种（图 3-74）。

2. 栽种与用盆

银杏宜在春季萌芽前栽种，秋季落叶后亦可。它对土壤一般要求不严，但若用疏松肥沃、富含腐殖质、排水良好的沙质土壤种植，则生长更好。银杏是深根性树种，不宜用浅盆，应用中等深度或较深的盆钵。其叶春、夏为绿色，晚秋变黄，故应注意避免使用黄色或绿色以及近似黄、绿两色的盆钵。

3. 养护管理

（1）养护场地。盆栽银杏宜置于阳光充足、通风良好处。只要保持土壤湿润，银杏树并不怕晒。因银杏耐寒，地栽在北方可在室外越冬，盆栽冬季应移入低温室内。

（2）浇水。银杏在生长季节应经常浇水，以

图 3-74　银杏盆景

保持盆土湿润,但怕涝,盆内不可积水。在天气炎热时,因其叶片大,水分蒸发快,除早、晚各浇一次水外,每天还应向地面喷水 1 次～2 次,保持小气候有一定的湿度。在生长季节,若盆土干湿度正常而叶面发黄,可用 0.2% 的硫酸亚铁喷洒叶顶,喷洒后 16 天左右叶片就会逐渐变绿。晚秋气温逐渐降低,要减少浇水。

(3)施肥。除栽种时要施放一些腐熟豆饼作基肥外,在生长季节,应每 20 天左右施一次腐熟稀薄的有机液肥。冬季休眠期不要施肥。

(4)整形。春季银杏萌芽前要进行一次修剪,因其叶片较大,留枝宜疏不宜密,中小型盆景,留 3 根～5 根枝条即可。根据造型的需要,对枝条进行适当蟠扎或修剪,以显露出有一定曲折的主干供人们观赏。

(5)防病虫害。银杏树皮中含有毒素,病虫害很少。

(二十七)枫　树

枫树又称枫香树、灵枫。枫树品种有百余种之多,按叶片大小区分,有大叶、中叶、小叶之别;按叶片形状分,有三角、五角、鸡爪和丝状叶;按叶片色泽还分为,终年红、春秋两季红和绿叶上嵌乳黄斑晕者。有的枫树萌芽时呈红色,叶老后反而绿了,所以枫树叶片一年中的色泽

变化也是多种多样的。秋季若将枫树盆景和常绿类盆景参差摆放,红绿相映成趣,显得生机盎然。

宋人赵成德有赞枫树诗一首,诗中曰:
"黄红紫绿岩峦上,远近高低松竹间;
山色未应秋后老,灵枫方为驻童颜。"

这首优美的诗,把枫叶一年四季色泽的变化,描写得十分生动和形象,使人有亲临其境之感。

1. 树形制作

枫树野生很多,制作盆景多到山野掘取老桩或幼树。枫树新枝较长而柔软,可蟠扎成多种款式的盆景,常见的有直干式、斜干式、曲干式、双干式、临水式和丛林式。枫树造型以修剪为主,蟠扎为辅。枫树叶片较大,不宜制成云片或云朵状,而常把枝叶修剪成高低协调、疏密得当的自然式。经霜后,枫叶变红,鲜艳夺目,惹人喜爱(图 3-75)。

图 3-75　枫树盆景

2. 栽种与用盆

枫树宜在春季萌芽前的二三月份栽种。栽种前,应对枝条和根部进行一次修剪,同时把旧土除去一半,换上新土,并在盆钵底部施放腐熟的豆饼作基肥。枫树喜疏松、肥沃而湿润的土壤,在瘠薄之地生长不良。栽种枫树可用 2/3 的腐殖土,加 1/3 的沙土混合后使用。多数枫树的叶片在深秋经霜后,由绿变红,所以用盆时注意不要用红、绿两色的紫砂盆或釉陶盆。丛林式枫树盆景,可用汉白玉或大理石浅盆,把盆土加工成高低不平的自然山野形;若在盆面适当部位

摆放几块龟纹石或英德石,点缀几个人物或动物小摆件,则会使盆景的生活气息更加浓厚。

3. 养护管理

(1)养护场地。枫树喜阴而又凉爽的环境,忌强烈阳光直射,故应将盆景置于荫棚下或其它树木下面养护,如放置在强光下或阳台上,常会出现焦叶现象。因室内通风不良,在室内摆放枫树盆景不应超过一周,否则对生长不利。冬季在北方,应将枫树盆景移入低温室内,在南方,只要把盆钵埋入背风向阳的土壤中,即可安全越冬。

(2)浇水。枫树叶片大,水分蒸发快,在生长季节,要经常浇水,在天气炎热时,应经常向地面洒水,以保持小气候的湿润。冬季枫树进入休眠期,要少浇水,只要盆土湿润就可不浇。

(3)施肥。春季枫树萌芽前和展叶时,应各施一次腐熟稀薄的有机液肥,但雨天不要施肥。八九月份要各施一次腐熟稀薄的有机液肥。冬季休眠期不要施肥。

(4)整形。枫树萌发力强,常在树干上长出新芽,凡是造型不需要的芽及过密枝,都应及时剪除,这不但能节省营养,而且利于通风和透光。枫树的最佳观赏期是新叶片刚展放的时候,如在夏末把叶片全部摘除,施一次腐熟稀薄的有机液肥,约20天就可长出新叶,这就又增加一次最佳观赏期。

(5)防病虫害。枫树主要有白粉病和刺蛾、蚜虫等病虫害,应及时防治。

(二十八)黄 栌

黄栌又称栌木、红叶。黄栌叶呈卵圆形,叶柄细长,初夏开黄绿色小花,花序为圆锥状,不孕花之梗呈粉红色羽毛状,久放而不凋落,在成片的黄栌林边观赏,好似炊烟缕缕,缭绕林上,英语称黄栌为"烟树",可能即由此而得名。黄栌叶片,春、夏碧绿,深秋全部变红,艳丽可爱,深秋时节到黄栌丛生的山野旅游,观赏满山红叶,令人心旷神怡。

黄栌的叶片秋天为什么会变红呢?原来黄栌树叶里除含有叶绿素外,还含有黄色的叶黄素或能显出红色的花青素。春天及夏季由于天气暖和,叶绿素大量生成,其他色素很少,所以黄栌叶片为绿色;入秋之后随着气温逐渐下降,叶绿素不断减少,到天冷时不再生成,并在阳光下发生分解。这时,其他的色素就显露出来,于是含有叶黄素的叶片就变黄了,含有花青素的叶片就变红了。花青素在温度低时反而容易形成,所以深秋时含有花青素的黄栌叶会变得一片火红。

1. 树形制作

在我国北方山野的阳坡及半阴坡上,常密集生长着成片的黄栌,用其作盆景,可在春季黄栌发芽前的二三月份,到山野掘取老桩。黄栌树桩经多年砍伐和牲畜啃咬,植株矮小,枝干虬曲,老态龙钟,容易成形,故掘取老桩,是制作黄栌盆景的捷径。黄栌叶柄较长,叶片较大,经蟠扎、修剪,常制成自然式盆景(图3-76)。

图 3-76 黄栌盆景

2. 栽种与用盆

黄栌常在春季萌芽前进行栽种,如是新掘取的树桩,应用素沙土植于瓦盆中"养胚";如是翻盆,应把盆中旧土去掉一半,换上新土。黄栌对土壤要求不严,以腐殖土为主,加适量沙土调匀后即可使用。黄栌叶片春夏碧绿而深秋变红,用盆之色泽以和红、绿色相协调的紫砂盆为好。盆之形状视树形而定,直干式常用圆形或方形盆,斜干式及曲干式宜用长方形或椭圆形中等深度的盆钵。

3. 养护管理

(1)养护场地。盆栽黄栌,在生长季节,应置于向阳通风处。在炎热的夏季,应置于半阴处。

冬季应移入低温室内。

（2）浇水。给盆栽黄栌浇水时，要做到见干见湿，盆内不要积水，只要土壤湿润就可不浇。在天气炎热时，应经常向地面洒水，以保持黄栌盆景周围的小气候有一定湿度。

（3）施肥。黄栌不宜用大肥，肥多会使枝条徒长，叶片变大，影响美观。除栽种时施些基肥外，春末、初秋各施一次腐熟的有机液肥即可。

（4）整形。黄栌生长较快，春季发芽前修剪一次，剪除过密枝条和影响造型的枝条，有的枝条要进行适当蟠扎，使枝叶有疏有密，疏密得当，如枝叶过密，就会影响观赏枝干的优美形态。

（5）防病虫害。黄栌常见的病虫害有白粉病和毛虫，应及时防治。

（二十九）鹅耳枥

鹅耳枥是桦木科小叶朴属树木。在北京地区，鹅耳枥多生长在较高的山坡上，其植株不高，枝干自然弯曲，树根外露而结节。鹅耳枥耐寒、耐旱，适应性强，新生枝条柔软，可蟠扎成多种形状，是制作盆景的良好树种。我国用鹅耳枥来制作盆景不过十余年历史，故有待进一步发展。

1. 树形制作

鹅耳枥在北京地区分布较广，用其制作盆景，可在春季萌芽前到山野掘取老桩。必须在萌芽前掘取，如发芽时再掘取就很难成活。由于鹅耳枥生长在山上，土地瘠薄，气候较冷，再经多年人工砍伐，故常能找到奇特多姿的树桩。鹅耳枥的造型，应在秋季落叶后至春季发芽前进行，造型方法以修剪为主，蟠扎为辅，剪扎并用，可制成曲干式、斜干式、卧干式、提根式、双干式等多种款式的盆景，枝叶多制成自然式（图3-77）。

2. 栽种与用盆

从野外掘取回来的鹅耳枥树桩，修剪后，先用素沙土盆栽或地栽，地栽者应用苇箔等物遮光，盆栽者应置于荫蔽处，并每日向树桩和地面喷洒几次清水，保持小气候的湿度，以利于树桩的成活。已上细盆的鹅耳枥，应在春季发芽前进

图3-77　鹅耳枥盆景

行翻盆，用土以腐殖土为主，加适量沙土，如能加进部分原生长地的土壤则更好。鹅耳枥盆景多用紫砂盆，盆钵形状视树木款式而定，直干式、斜干式、卧干式、双干式多用长方形或椭圆形中等深度的盆钵，悬崖式常用签筒盆钵。

3. 养护管理

（1）养护场地。鹅耳枥喜光，已经成活的盆栽树桩，应置于阳光充足、通风良好处养护，但在天气炎热时应适当荫蔽。地栽的鹅耳枥可在室外越冬；盆栽者在初冬应移入低温室内，室温在5℃左右就可安全越冬。

（2）浇水。盆栽鹅耳枥，浇水要见干见湿，保持盆土湿润即可，如浇水过多，常会发生烂根现象，但盆土过干植株又会脱水而枯死。浇水过多还会促使新枝徒长，不仅消耗营养，而且影响树形。入冬后要少浇水。

（3）施肥。栽种鹅耳枥，要在盆钵底部放少量腐熟的饼肥作基肥。待春芽停止生长后，再每隔半个月左右施一次腐熟稀薄的有机液肥，连施3次～4次即可。如在新芽萌发时施肥，会促使新枝生长过快，影响树形。

（4）整形。鹅耳枥萌芽力较强，对春季萌发的芽，凡造型不需要者，应及时剪除，以免消耗营养。在秋季落叶后或春季萌芽前，应对树桩进行一次修剪，以促进侧枝生长，使树形更加美观。

（5）防病虫害。鹅耳枥的病虫害少，偶有食

叶害虫发生,一经发现要及时除掉。

(三十)雀　梅

雀梅枝细而长,叶小革质,绿色有光泽。其老桩树形奇特,树皮斑驳,有的形成枯洞朽穴,古朴典雅,观之有老当益壮之感,是制作盆景的常用树种之一。

1. 树形制作

制作小型、微型雀梅盆景,多选用 2 年～3 年生小苗木进行艺术加工,制成各种款式的盆景。在南方制作大、中型盆景多到野外掘取老桩,苍老多节,弯弯曲曲,形态奇特,经过 1 年～2 年"养胚"即成盆景。

雀梅老桩的造型,主要是因材施艺,因势利导,三分加工,七分自然,常制成斜干式、枯干式、双干式、悬崖式、卧干式、提根式等多种款式的盆景。雀梅盆景的最佳观赏期是春季新叶初放之时,这时嫩绿满枝,欣欣向荣。为使此景再现,可在 7 月底或 8 月初摘掉全部叶片,加强肥水管理,约 20 天就长出新叶。雀梅盆景的枝叶多修剪成自然式,也可加工成云朵状,究竟制作成什么样式为好,应依据盆景的树形及其所表现的主题思想确定(图 3-78)。

图 3-78　雀梅盆景

2. 栽种与用盆

雀梅栽种、翻盆,宜在萌芽前的 2 月份～3 月份进行,栽种时要对枝叶、树根进行一次修剪。有的雀梅盆景,只要栽种时改变主干和盆面的夹角,略经加工,就会成为另外一种款式的盆景。如主干不太长即可分成两枝"丫"型的雀梅盆景,把其中一枝适当剪短,将主干斜栽于签筒盆中,主干和盆面夹角小于 45°,把下斜枝略经蟠扎下垂,即成为悬崖式盆景。

雀梅适应性比较强,在微酸性、中性、微碱性土壤中都能生长。盆栽雀梅以腐殖土为主,加适量沙土拌匀后即可使用。雀梅叶片碧绿,不可用绿色盆,常用颜色较浅的中等深度的长方形或椭圆形紫砂盆、釉陶盆,直干式、枯干式也可用圆形盆。

3. 养护管理

(1)养护场地。雀梅盆景应置于阳光充足、通风良好、温暖湿润的地方,夏季应适当荫蔽。因雀梅不太耐寒,在北方秋末应移入室内越冬,室温保持在 8℃左右为好。在南方把盆钵埋入背风向阳处,就能安全越冬。

(2)浇水。雀梅喜潮湿的环境,但又怕水涝,保持盆土湿润即可,夏季高温时应经常向地面洒水,以保持小气候的湿度。冬季移入室内后,要少浇水。

(3)施肥。新栽种的雀梅盆景,因修剪等因素,根部受到一定损伤,20 天内不要施肥。春末以后雀梅进入生长旺盛期,每半个月左右要施一次腐熟稀薄的有机液肥。施液肥一般应在盆土比较干燥的情况下,结合浇水同时进行(先施肥后浇水),以使肥料能很快渗到盆钵的中下部,利于根部吸收。冬季雀梅进入休眠期,不要施肥。

(4)整形。雀梅萌发力强,应及时剪短或剪除造型不需要的枝条。由于剪枝后会促进侧枝生长,所以雀梅枝叶越修越密。春末是雀梅生长旺盛期,要进行一次修剪,修剪后能很快发出新芽,使树形更加美观。

(5)防病虫害。雀梅主要有天牛、介壳虫、刺鹅等虫害,要及时除掉。

(三十一)金银花

金银花,又名金银藤、鸳鸯藤、忍冬,系忍冬科忍冬属,半常绿藤本树木。其小枝中空密生柔毛,皮棕红色,条片状剥落。单叶对生,呈卵形或椭圆形,全缘,两面初生柔毛,后渐平滑,入冬略带红色,斑驳可爱。花生于叶腋,花期6月份～7月份,初放时洁白如银,清香宜人,两三天后变为黄色。一株树木白、黄花相映成趣,故名"金银花"。花后结实呈黑色。

金银花为亚热带及温带树木,我国南方北方均有栽培。经人们多年栽种,现已培育出多种园艺变种,如花叶金银花、红色金银花。金银花名称好,有金有银有花,是富裕幸福的象征。

1. 树形制作

制作金银花盆景的素材来源有三:一是人工繁殖。可用播种、扦插、分株、压条等方法繁殖新植株。这些新植株需经多年培育,方可用来制作盆景。二是到花店、花市购买。选有一定树龄、茎蔓粗短、悬根露爪的盆栽金银花为素材进行艺术加工。三是到山野掘取。选茎蔓扭曲多姿,苍劲古拙,根系较长而多姿的老桩。

用树龄不长的植株制作盆景,应以蟠扎为主,蟠剪并用;用老桩制作盆景应以剪为主,剪蟠并用。常见的金银花盆景款式有曲干式、提根式、悬崖式、斜干式、附石式。因金银花枝条生长快而柔软,可蟠扎成多种鸟、兽形态。也可用钢筋预先制成花篮、塔形骨架,然后让枝蔓攀附,经过艺术加工,制成具有观赏价值的活的艺术品(图3-79)。

2. 栽种与用盆

栽种与翻盆均应春季萌发前进行,根部要适当多带些宿土(宿土,即根部原有的土),以利尽快复壮。把植株从原盆中扣出,把根系进行一次整理,剪除枯根及过长根,把枝条进行较全面地修剪。把原盆土去除1/2左右,再添加疏松肥沃、排水好的沙质土壤。若想提根,栽种或翻盆时把根系提出盆土面2厘米～3厘米即可,一次提得太多,对植株生长不利,有时造成植株死亡。用盆的大小、样式和树木的大小、造型款式要协调,用盆质地应首选紫砂盆,也可用釉陶盆。

3. 养护管理

(1)养护场地。金银花喜光,亦能耐阴、耐寒,在生长季节应置于向阳通风处。盆栽金银

图3-79 金银花盆景

花,尤其置于中等深度或较浅的盆钵中的金银花盆景,在炎热的夏季,应适当荫蔽。在北方,地栽金银花可在室外越冬,盆栽者初冬应移入低温室内,只要不结冰就可安全越冬。

(2)浇水。金银花耐旱,不怕水大,喜湿润的土壤,在生长期要供给足够的水分,如供水不足,盆土过干,对植株生长开花不利。欲制作提根式,浇水时把水对准根部,水逐渐把根部土壤冲走,使根逐渐裸露。冬季水分蒸发少,应少浇水。

(3)施肥。除栽种施基肥外,在3月下旬施一次腐熟的有机液肥,对初夏开花有益。现蕾后施0.2%磷酸二氢钾1次～2次(两次中间要间隔一周)。因金银花花期长,在生长期每半月左右施一次腐熟稀薄的有机液肥。在南方常在大寒施"促芽肥",立春施"催根肥",雨水施"增叶肥",春分施"花芽肥",花后施"复壮肥"。

(4)整形。金银花萌发力强,每年休眠期都要进行一次修剪,剪除弱枝和过密枝。一年以上的枝条经修剪再萌发的新枝多为花枝。一般新枝长到15厘米左右时就能孕蕾开花,对这些枝条的修剪要慎重。在生长旺盛期对徒长枝、过密

枝要及时剪除,以免消耗营养,影响通风透光。初夏,花凋谢后及时剪除,并进行一次摘心,可促使第二次孕蕾开花。

(5)防病虫害。金银花病虫害少,以蚜虫危害为主,应及时防治。

(三十二)紫 藤

紫藤又名朱藤,藤花,系豆科紫藤属,是落叶木质藤本树木。叶互生,奇数羽状复叶,小叶7枚～13枚,前端尖,基部广楔形,全缘。总状花序,蓝色花,花密集下垂,略有香味,花序长短不一,一般在25厘米左右,花期在5月～6月间。花后结果实,荚果扁平,长条形,密生绒毛。紫藤产于华北、华东至西南的广大地区。

1. 树形制作

制作紫藤盆景常用素材来源有二:一是人工繁殖。常用播种、扦插、压条等方法获得新植株。这些新植株要经过几年培育之后方可造型上细盆。二是到山野掘取老桩。从野外运回后,把藤茎剪短,"养胚"1年～2年方可进行造型。

紫藤盆景加工造型,以剪为主,辅以适当蟠扎。常见款式有曲干式、垂枝式、斜干式、悬崖式、附石式等(图3-80)。

图 3-80 紫藤盆景

2. 栽种与用盆

栽种、翻盆宜在春季发芽前进行,把植株从盆中扣出,对根系和枝条进行一次修剪,除去部分旧土,在盆底放适量腐熟发过酵的动物蹄片,增添疏松肥沃、排水良好的微酸性土壤。

用盆除考虑大小样式和紫藤大小、款式协调外,还要考虑到盆的色泽要和紫色花朵协调。

3. 养护管理

(1)养护场地。紫藤喜光,要放置阳光充足的场所,在炎热夏季要适当荫蔽。有一定耐寒性,在北京地区,盆栽者初冬要移入低温室内,只要不结冰,就可安全越冬。地栽可在室外越冬。

(2)浇水。平日浇水,不干不浇,浇则浇透。8月份要适当少浇水,使盆土偏干,这样有利翌年多开花。

(3)施肥。春、夏生长期要经常施腐熟稀薄含磷较多的有机液肥,使花繁而艳丽,花期要少施肥,浓度也应低些。8月份起减少施肥次数,浓度也要低些,叶落后停止施肥。

(4)整形。平日剪除徒长枝,过密枝及有病虫害的枝条。在落叶后休眠期对枝条进行一次全面修剪。把当年生的枝条根据造型的需要剪去1/3至2/3,使枝条长短不一,错落有致。春季发芽后要及时去除一部分过密的芽,使养分集中到留下的枝条上,以利开花。

(5)防病虫害。紫藤虫害主要有蚜虫、刺蛾、红蜘蛛等,要注意防治。

(三十三)常春藤

常春藤又名爬树藤、长春藤、中华常春藤,系五加科常春藤属常绿藤本。嫩枝具有柔毛。叶互生,革质,其生营养枝上者为3裂～5裂,呈深绿色,有光泽;生殖枝上者为菱形至卵状菱形,全缘,叶脉色浅,多呈黄白色。花序为球形伞状,具细长总梗,小花淡黄色,芳香。果实为球形,栽培变种多达60余种。

常春藤四季常青,藤茎细长而柔,攀木或附石而生,扶摇直上;或柔枝悬垂,颇具韵味。常春藤耐阴,可较长时间陈设室内。

1. 树形制作

制作常春藤盆景材料来源有二:一是人工繁殖。以扦插最为常用,春季以及梅雨季节,用一年生营养枝条扦插极易生根。插条长10厘米左右,插入素沙土中4厘米,插后置荫蔽处,常向叶片喷水,30天左右即可生根。亦可用压条繁殖。二是到花店、花市购买。因其生长快,扦插易成活,常春藤小苗木很便宜。

常春藤盆景的造型,基本有三种样式:其一,用一个弯曲有致的枝条,栽种微型盆景盆中,置于形态别致、做工精细的几架之上,在几架另一端放置一个小巧玲珑的人物配件,放置桌上或茶几之上就很有情趣。其二,把常春藤与山石同植一盆中,两者形成一个有机的整体,以达刚柔相济,曲直和谐的艺术效果。山石质硬而直,是"刚"的表现,常春藤质软而弯,是"柔"的表现。其三,把常春藤附在有一定姿色,已枯死的老树桩上,经两年的培育,常春藤把大部分的树桩枝干遮挡住,两者融合为一体,成为一件具有较高观赏价值的盆景(图3-81)。

2. 栽种与用盆

常春藤的栽种多在春季进行,亦可在秋季进行。它对土壤要求不严,但在疏松、比较肥沃、中性或微酸性排水好的沙质土壤中生长良好。其用盆的大小、样式依造型款式而定。盆的质地多用紫砂盆为好,亦可用釉陶盆。

3. 养护管理

(1)养护场地。春、秋阳光不太强时,可置向阳处养护,在阳光强烈的夏季,要适当遮光,以防暴晒。常春藤不耐寒,冬季要入室养护,室温在5℃左右即可安全越冬。

(2)浇水。平时保持盆土湿润即可,在炎热的夏季,要适当向养护场地和叶片上喷水,以利植株生长。秋末、冬季要少浇水。

(3)施肥。常春藤不喜大肥,在生长季节,每月施一次腐熟稀薄的有机液肥,应以氮钾肥为主,以利茎叶苍翠有光泽。

(4)整形。为了使树形优美,要及时摘除主枝顶芽,使主枝增粗,促进分枝。常春藤生长快,萌发力强,要及时剪除过密枝,剪除或剪短徒长枝。较大程度的整形,宜在翻盆时进行。

(5)防病虫害。常春藤抗病虫害能力较强,病虫害少,常见的虫害为介壳虫,要注意防治。

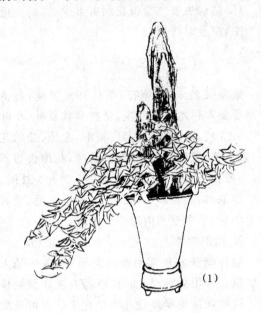

(1)

(2)

图3-81 常春藤盆景
(1)常春藤与山石栽入一盆中
(2)常春藤附在枯树桩上

(三十四)兰 花

兰花叶片雅致,亭亭玉立,多而不乱。其花幽香清远,馥郁袭人,一株在室,满屋飘香。兰花与梅、竹、菊合称"四君子"。兰花生于幽谷疏林败叶之中,银根盘错,叶革质常青,不与桃李争艳,不因霜雪变色,姿态幽雅,清香四溢,难怪人们称它为"天下第一香"、"国香"。

古人张雨有一首赞扬兰花的诗：

"能白更能黄，无人亦自芳；

才心原不大，容得许多香。"

从这首诗可以看出，古人把兰花喻为正人君子，视作坚贞、美好和高尚的象征，它是当之无愧的。

1. 造型布局

用兰花制作盆景，多与山石相结合，模仿中国画中《兰石图》的布局方法。有的在盆钵的一端栽种几株高低不一的兰花，在距兰花不远的盆钵另一端放置一两块形状比较高大、玲珑剔透的山石，并在盆面适当位置点缀2块～3块形态优美的小石起衬托作用。有的把大小、高低不同的4株～5株兰花，错落有致地植于盆钵之中，在盆中适当位置摆放几块大小适宜、形态优雅的山石。在制作兰石盆景时，应注意兰花与山石要高低不等，如果平起平坐，主次不分，意境就不美了。制作兰石盆景，用我国栽培最广的春兰即可。春兰叶狭而长，一般20厘米～50厘米，花葶直立，浅黄绿色，有香味，花期在2月份～3月份。用春兰与山石制作的盆景，山石挺拔刚劲，兰花叶片曲柔，刚柔相济，幽雅自然，香气怡人，富有诗情画意（图3-82）。

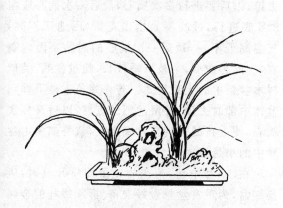

图 3-82 兰石盆景

2. 栽种与用盆

刚从花店购买或从山上挖来的兰花，要先在瓦盆中培养1年～2年，使植株适应新的环境，待其生长健壮后，才能上细盆制作盆景。盆景用盆以长方形、椭圆形、圆形、长八角形、扇形为好。常用中等深度的紫砂盆，如盆钵太深，制作出的盆景意境不美；盆钵太浅，养护起来较困难。

兰花栽种，一般在3月份～4月份进行。将兰花从盆中扣出后，先把老根、烂根剪除，再结合栽种进行分株。要选择植株高低不一、叶片长短不同的几株栽种在盆钵一端，其根部连线应呈不等边三角形，不要植于一条直线上，否则会显得呆板。

栽种兰花，以含有大量腐殖质、疏松、排水良好的中性或微酸性（pH 值 5.5～7.0）土壤为最好。可用泥炭土三份，加沙土一份调匀使用，或用腐殖土加适量已发酵的锯末、牛粪，混合均匀后使用，也可以购买兰花专用土。栽种时一般不施基肥。

3. 养护管理

（1）养护场地。兰花喜荫蔽、温暖、湿润和通风良好的环境。但这并不是说兰花一点阳光也不需要，特别是春兰，更需要较多的阳光。阳光是一切绿色植物进行光合作用、制造养分不可缺少的条件，只是由于植物种类的不同，需要阳光的多少有所差别。如果把兰花常年放在荫蔽处，就会生长不良，开花少或不开花。

兰花喜阴凉而怕强光直射。从春末至早秋，把兰花置于早晚能见到阳光的北边阳台上，就能满足兰花对阳光的需要。如果置于向阳处，每天在上午8点至下午7点这段时间，应用苇席遮阳。秋末冬初阳光减弱，兰花的光照时间应比夏天多些，以利于花芽分化。

兰花的生长与温度有密切关系。一般来说，兰花生长的最低气温为5℃～10℃；适宜温度为15℃～25℃；高临界温度为30℃～35℃（因兰花品种不同，对温度的要求也有差异）。低于5℃和高于35℃，兰花都会停止生长。不论北方或南方的盆栽兰花，冬季都应入室越冬。春兰有一定的耐寒性，室温在7℃左右即可越冬。

（2）浇水。兰花喜湿润的土壤，但又怕水分过多，土壤水分多，空气少，透气性差，会影响根系气体交换。若盆土过干,又会造成植株失水,生长不良。因此,浇水多少,要根据季节和兰花生长情况而定,一般来讲,在天气炎热、干燥和兰花生长期,要适当多浇水,冬季要少浇水。兰花是肉根植物,水多容易烂根,所以盆内不能积水。兰花喜湿润的环境,如果置于水池旁最好,若没有这个条件,可经常向兰花盆景周围的地面洒水,保持小气候有一定湿度。

(3)施肥。盆栽兰花,在5月份~9月份(伏天除外),应每半个月施一次腐熟稀薄的有机液肥。冬季及开花期不要施肥。翻盆当年,如土壤中含有丰富的营养,也可以不施肥。如几年翻一次盆,就应及时施肥。施肥时,注意不要把肥料洒到叶片上,如洒上应马上喷水冲掉。

(4)整形。当兰花出现老叶、黄叶,尤其是有病虫害的叶片时,应及时剪除。没有叶片的假球鳞茎,在造型和整形时不要剪掉,因为它能贮藏营养和水分,对兰花生长有利。花芽出土后,每株留一个花芽即可,其余都应剪除,如留花芽过多,相互争夺营养,不但都生长不好,还会影响翌年开花。春兰花开两周后,应把花剪掉,防止授粉结实,影响来年开花。

(5)防病虫害。兰花主要有腐烂病、黑斑病和介壳虫、红蜘蛛等病虫害,应及时防治。

(三十五)菊 花

我国是菊花的故乡,早在3000年前人们就开始栽种菊花了。战国时期的《周礼》中就有"鸿雁来宾……菊有黄华"的记载,说的是大雁向南飞时,黄菊盛开(在古代华与花通用)。菊花不同于凡花俗卉,它不以妖艳的姿色取媚于人,而靠素洁淡雅的花朵得人爱心。它不与百花争春,但在深秋季节,寒风凛冽、百花凋谢之时,却傲霜怒放。古代文人雅士常把菊花喻为有骨气的和不屈不挠的精神风貌。唐末农民起义领袖黄巢,起义前曾借咏菊花来抒发自己的抱负:"飒飒西风满院栽,蕊寒香冷蝶难来,他年我若为青帝,报与桃花一处开。"

随着科学技术的进步,人们已不满足于欣赏自然形态的菊花了,而是通过科学栽培管理和艺术加工造型,制成千姿百态、潇洒玲珑的菊花盆景,使其在节日或喜庆之时开花来美化生活。制作菊花盆景要选择叶小、节密、花小、花色淡雅、花柄短的小菊品种。

常见的菊花盆景款式有以下几种:

1. 悬崖菊花盆景

菊苗来源可在11月份采取老菊脚芽,将其种植于瓦盆中,浇足水,放荫蔽处一周,然后移入向阳、低温(1℃~5℃)室内养护越冬。若冬季室温过高,光照不足,菊花枝条就会长得细长,很不美观。冬季保持盆土湿润即可,浇水不可过多。

待翌年3月下旬天气转暖时,把菊花苗移出室外,换大一号较深的瓦盆种植。当菊苗长到15厘米左右时,浇透水,第二天把盆放倒,盆口向北,菊苗有自然向上生长的习性和趋光性,几天后就会自然弯曲,然后因势利导,把菊苗弯曲成下垂状,用细铁丝或细麻绳把菊苗干固定在盆钵壁旁。以后,每周把绳勒紧一点,使下垂的主枝向盆钵靠近一些,直至达到理想弯曲度为止。勒弯菊苗要逐步进行,每次的弯曲度不可过大,否则主干容易折断。当菊苗主枝弯到盆钵底部时,就可去顶,以促进侧枝的生长。根据造型的需要,留3根~5根侧枝即可,其它侧枝全部去掉。以后要进行多次摘心,最后一次摘心应在8月底进行,过晚不易生出花蕾(因地区不同,气温高低不一,最后一次摘心的时间要因地制宜)。此种造型,菊枝下垂较长,超过盆底,类似树木盆景中的大悬崖式。若在菊苗主枝下垂到盆钵中部时去顶,并留适当的侧枝,以后又多次摘心,使主枝的顶端在盆底之上,就类似树木盆景中的小悬崖式了。

在10月中旬,菊花的花蕾即将开放时,应换细盆,为观赏盆景做好准备。拆除蟠扎的金属丝或扎绳,盆面铺上青苔,除掉造型不需要的枝叶和花朵,一盆姿态优美别具风格的悬崖式菊花盆景就呈现在眼前了(图3-83)。

2. 菊花附石盆景

菊苗也用老菊脚芽。在11月份,选择生长健壮、长约4厘米的脚芽,植入小盆中,盆土要

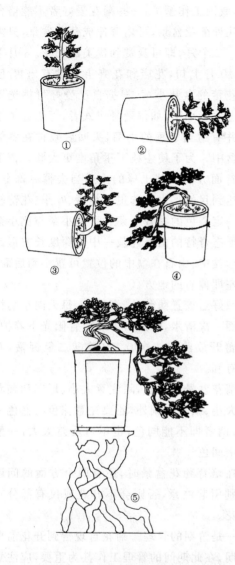

图 3-83　悬崖式菊花盆景的制作过程

(1)菊苗　(2)把盆放倒　(3)菊苗向上弯曲　(4)将菊苗固定下垂式加以培养　(5)上细盆后陈设在几架上

用细沙土和旧盆土各半的混合土,忌用肥土。脚芽成活后,置于低温室内向阳处,并适当控制浇水(盆土过湿会使小苗徒长)。翌年3月份进行分盆养植,通常选用口径10厘米左右的瓦盆。种植时,先在盆内放半盆土,堆成小丘状,即中间高、四周低,在小丘顶部放一块瓦片或碎砖块,然后将菊苗根部置于瓦片或砖块上,使须根伸向四周,再慢慢向盆内填土埋实,并用手指适当加压,不使盆土过松,以免浇水时菊苗倾斜。

5月初,将菊苗移入高30厘米、口径为15厘米见方的木箱内。移植时,如须根过多可适当剪除一些,把根分成3束～5束,一手提菊苗,将根的基部放在箱口略下方(注意其根基部的瓦片或砖块不要脱落),一手填土,边填边按实。植好后浇透水,先放荫蔽处养护一周,再放阳光下培育。

6月份,将种菊的木箱打开一面,用水冲去菊苗根部的大部分泥土,去掉根基部的瓦片或砖块,把菊苗的根须置于事先凿好的上水石的沟槽内,石上一般凿3道～5道弯曲的沟槽,使山石的观赏面具有一定的姿态。有的用一块形态比较优美的硬质山石,石上不凿槽,然后用金属丝或麻丝、棉绳将其固定,在根上撒一层细沙土,将山石和菊苗一起植入中等深度的长方形或椭圆形紫砂盆中,盆土应填到菊苗下垂根的一半左右,裸露根应用湿稻草或麻袋片遮护,浇透水后置于荫蔽背风处,并每天向叶及稻草或麻袋片上喷水,保持遮护物的湿润。过10天左右,将菊石盆景移到半阴处养护,一周后方可放到阳光下培养,并逐渐拆除遮护物。

在培育过程中,同时对枝条进行蟠扎、造型、摘心等艺术加工,使菊花的根、冠上下呼应,姿色优美。如要参加展览,在参展前拆除盆土以上的绑扎物即可展出(图3-84)。

3. 菊花附木盆景

首先要找一个树干有一定粗度并有主枝已枯死的树桩(已死树木盆景桩最好),在树桩背面干枝上锯出或凿出自下而上的沟槽,根据立意构图把枯树桩的根和枝条进行加工好备用。

菊苗前期的培育和普通盆栽小菊相同。6月把小菊从盆中扣出,把小菊干枝嵌入枯树桩背面已凿好的沟槽内,沟槽外放一竹片或木条,用绳子缠绕固定好,不使小菊干移出沟槽,然后把小菊、枯树桩一起栽植在大小适宜的盆钵之中,浇透水放荫蔽处一周后再置阳光下养护。当小菊长到一定高时注意摘心,促使侧枝生长,把小菊侧枝也固定到枯树桩枝条的背面。随着小菊的生长,根据立意构图及时进行摘心,剪去造型不需要的枝条(浇水、施肥同一般盆栽小菊)。秋末或冬初花蕾初放,小菊与枯树桩形成一个所限，或因工作繁忙，一些菊花爱好者不能培育前面几种菊花盆景，可培育速成菊花盆景，只需培育一二个月，即可观赏到优美的菊花。8月下旬到10月上旬，花店和花卉市场常有出售已长出花蕾的盆栽小菊，根据自己爱好可挑选不同形态盆栽小菊。如偏爱悬崖式者，可挑选主干较长并有适当下垂的小菊，买回后栽种在签筒紫砂盆中。为了使主枝下垂角度更大些。把下垂枝背面方向根部土球的土适当去掉一部分，即可达到目的。也可选主干粗短、叶小、花蕾较多有一定姿色的盆栽小菊。可把小菊与比小菊还高形态奇特的山石同栽一中等深度长方形或椭圆形盆中。山石在盆中的位置可置小菊后面，不偏左即偏右的地方。

栽好后放置荫蔽处，浇透水，每天向小菊植株喷洒一次清水，一周后可放置阳光下养护。在花蕾开放前施一次0.2%磷酸二氢钾液，对开花有利。

菊花盆景的用盆，除注意大小、形态和菊花植株大小、款式协调外，还要注意花色与盆色的协调，两者即不能同色，也不可反差太大，一般常用中间色。

在培育菊花盆景时，还有两个方面的问题应特别引起注意，否则会不开花或仅有部分花蕾开花。

一是蕾期的管理。菊花自现蕾到开花前期为蕾期，在此期间的管理工作甚为重要，应注意以下几点：

（1）疏蕾。菊花一般除主蕾外，还有副蕾，有的小菊枝条顶端有3个～5个大小相差不多的花蕾，另外每个叶腋小枝上还有一个小花蕾。一株菊花根部吸收的营养，很难使诸多花蕾都开花，所以要适当疏蕾。疏蕾时间最好在花蕾出现不久的时候。为操作方便，不碰伤叶柄，可用镊子把生长过密、造型不需要的花蕾除去。适当的疏蕾可使花期提前，花径增大，花色更加艳丽。

（2）浇水。菊花在生长期间，为了防止徒长，往往控制浇水。但是当其现蕾以后，需有足够的营养和水分，花蕾才能迅速长大，所以在蕾期除增加营养外，还要适当多浇水，盆土表面见干就

图3-84　菊花附石盆景

有机体，粗壮的树干，艳丽的花朵，别有情趣（图3-85）。

图3-85　菊花附木盆景

4. 速成菊花盆景

前面介绍的几种菊花盆景，从菊苗的培育到开花观赏，需10余个月的时间。因居住条件

浇。

（3）防冻。秋末冬初，北京地区有时刮5级～6级甚至更大的寒冷西北风，有时还降霜，冷风加霜对菊花生长极为不利。遇到这样天气应将菊花移到背风向阳处。

二是菊花盆景移入室内的时间。菊花盆景移入室内的最佳时间是在大部分花开到四成的时候。过早移入室内因光照不足，通风不良，花开不好或不开；过晚天气干冷，对菊花也不利。

若想使菊花主干多年成活，除上述一般管理外，关键是及时去掉根部脚芽。老干生命力弱，在争夺根部供给营养的能力上不如新生脚芽有力，所以应及时把根部新生出的脚芽全部去掉。没有和老干争夺营养的新芽，老干才能获得足够的营养，多年成活。

菊花的病虫害较多，常见的有黑斑病、锈病、白粉病和蚜虫、红蜘蛛等，要注意及时防治。

（三十六）水　仙

水仙是多年生草本植物，鳞茎肥大，呈卵圆形或圆而略扁，由鳞茎皮、若干肉质鳞片、叶芽、花芽（又称花葶、花箭）和鳞茎盘组成。鳞片着生于鳞茎盘上，层层套叠，裹成卵状。叶芽着生于鳞片套内侧的腋部鳞茎盘上，常常排成一列。花芽由叶片包裹，由花苞和花梗组成。水仙花有单瓣和重瓣之分，花香因品种不同而异。一般每个鳞茎球（又称水仙花头）有1个～9个花芽。

栽培水仙有水养和土栽两种方法，北京地区常采用水养的方法。

水仙鳞茎球一般要经过3年培育，才能成为"商品鳞茎球"，供市场出售。

若能选购到好的鳞茎球并掌握好雕刻水养技艺，使水仙在元旦、春节或喜庆之际开花，将给节庆增添乐趣。

宋人刘帮直有一首赞颂水仙花的诗：
"借水开花自一奇，水沈为骨玉为肌。
暗香已压荼蘼倒，只此寒梅无好枝。"

这首诗道出了水仙的特点，但它是否胜过寒梅，那就是个人的见解不同了。

下面介绍水仙鳞茎球的挑选、雕刻、水养、

造型等知识。

1. 水仙鳞茎球的挑选

若想雕刻培育出集自然美与造型美于一体、别具韵味的水仙盆景，就要挑选到上乘水仙鳞茎球，鳞茎球质量的优劣和雕刻造型成功与否有直接关系。挑选水仙鳞茎球时还应注意所挑选的鳞茎球，具有能雕刻培育出表现主题思想所需要的形态。

（1）挑选的方法

看外形。看水仙鳞茎球外形是否符合造型的要求，是挑选工作的第一步。要选择外形丰满充实，枯鳞茎皮完整，根尚未生出者（有的根虽已生出，但健壮而短，不超过1厘米，主芽长度不超过3厘米者也可以）。由于水仙主鳞茎球内的花苞基本和人的手指一样是平列生长的，直径大小相近的鳞茎球，扁圆形的比圆形的花苞要多（图3-86）。

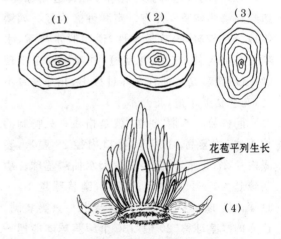

图 3-86　鳞茎球的外形与花苞生长形态
(1)扁圆　(2)圆形　(3)前后径大（三种形态鳞茎球的俯视图）　(4)花苞在鳞茎球内平列生长

有个别主鳞茎球，前后直径大于左右直径，这种鳞茎球内常有多个圆锥形无花苞的叶芽。这种鳞茎球主芽优势不明显，挑选鳞茎球时，不要选这种鳞茎球。

主鳞茎球基部周围要有几个子球为好，因为大部分水仙盆景造型时都需要子球。但子球也不是越多越好，子球太多会争夺主鳞茎球的营养，使主鳞茎球生长不良。

再看主鳞茎球底部凹陷。底部凹陷较深、较

大，说明鳞茎球发育成熟。若底部凹陷浅而小，说明栽培年数不够，尚不成熟，花苞少或无花苞。

视色泽。此处所说的视色泽，是看主鳞茎球外面的枯鳞茎皮的色泽，枯鳞茎皮以深褐色、完整光亮者为好。枯鳞茎皮呈浅黄褐色，鳞茎皮薄如蒜皮，说明鳞茎球发育不良或栽种年数不够，尚未成熟，花苞少，有的甚至无花苞。有的鳞茎球在贮存、运输、搬动过程中保护不好，主鳞茎球外面的枯鳞茎皮缺损严重，使露出的白色鳞茎片萎缩变色，导致鳞茎球质量下降，并影响到将来生长开花。

掂重量。把水仙鳞茎球放在手掌中上下轻轻晃动几下，估量其重量。两个相近大小的鳞茎球，分量重的比分量轻的好。有的鳞茎球底部凹陷处有泥块，在掂重量前应把泥块去掉。

另外，把鳞茎球置于手中，对其适当加压，如感到鳞茎球坚实并有一定弹性者为好。如鳞茎球分量较轻，松软无弹性，说明脱水严重，水养后长势欠佳，花少、花期短、香味淡甚至出现哑花（哑花就是水仙在水养过程中，花芽发育不良，花苞枯萎干瘪，花开不了）。

问桩数。所谓"桩数"就是指在一只特制的竹篓内（竹篓高 31 厘米，篓口内径 28 厘米，篓底内径 27.5 厘米）能装多少个水仙鳞茎球。鳞茎球越大，一只篓内装的越少；鳞茎球越小，一只篓内装的越多。20 个鳞茎球把一只篓装满，这样的鳞茎球称"20 桩"；30 个鳞茎球才能把一只篓装满，这样的鳞茎球称"30 桩"，"40 桩"、"50 桩"依次类推。近些年，有的花农把比"20 桩"还大的鳞茎球挑选出来，称"10 桩"水仙鳞茎球。为便于运输等原因，近些年竹篓逐渐被长方形纸箱所代替，纸箱的容积和竹篓基本相同，纸箱上印有所盛水仙鳞茎球的桩数。

有的花店把同桩数的鳞茎球，从纸箱内取出，放到比纸箱更大容器内出售，购买者可向售货员询问要买的鳞茎球是多少桩的。

量周长。当代水仙鳞茎球的分级仍沿用传统桩数。为定级更准确，收购及销售规格统一、方便，有关部门规定以水仙主鳞茎球周长多少

厘米分级。目前市场上出售的水仙，主鳞茎球周长 25 厘米以上为 10 桩；24.1 厘米～25 厘米为 20 桩；23.1 厘米～24 厘米为 30 桩；22.1 厘米～23 厘米为 40 桩。如主鳞茎球有的芽体突起，尚未离开主鳞茎球应适当扣除周长厘米数（一般扣除 1 厘米）。

有一些初学水仙雕刻者，很想知道水仙鳞茎球桩数与花芽多少的关系。目前市场上出售的水仙鳞茎球都是漳州产的，地理、气候条件相同，但每个花农栽种技术、管理水平、施肥种类、数量、时间、灌水等诸多因素也存在着一定差异，同桩数鳞茎球花芽多少也有差别，当然不会太大。一般讲一个 50 桩鳞茎球有花芽 2 个左右；40 桩鳞茎球有花芽 3 个～4 个；30 桩鳞茎球有花芽 4 个以上；20 桩鳞茎球有花芽 6 个以上；10 桩鳞茎球有花芽 8 个以上。

一般地讲，用水仙进行雕刻造型要挑选 20 桩或 30 桩上乘鳞茎球（有特殊要求者除外），如果用 40 桩或 50 桩鳞茎球进行雕刻水养，用同样的时间养护，但培育出的造型水仙花朵少，观赏价值不高。

近些年，市场上出售一种"多花水仙"，这种水仙鳞茎球比同等大小的普通鳞茎球花芽多一些。有一些不太了解情况者认为，这可能是一个"新的水仙品种"。其实不然，它是花农把普通水仙鳞茎球，在花芽分化关键时间，用物理的及化学的方法加以处理，促使部分叶芽转变为花芽，从而达到增加花芽的目的。但是有的花农加工处理过分，花芽增加太多，有的主鳞茎球内左右两边的花芽长势很弱，生长不良，难以开花。

前面提到挑选水仙鳞茎球要注意的 5 个方面，是挑选水仙鳞茎球的共同要求，不但适合水仙盆景，就是不雕刻造型、普通水养的水仙也是适用的。

(2)造型的目的与鳞茎球的形态

换句话说也就是"因意选材"。是根据事先设计好的造型去选材，此处的"意"代表"立意"，立意即雕刻造型要表示的主题思想。若想用一个 20 桩鳞茎球雕刻后培育成一个花篮，这个鳞茎球除符合共同要求之外，左右两侧还要各有

一个较大的子球,多余子球雕刻时可去掉。两个较大子球以后做花篮的柄。假如要雕刻培育成"春江水暖鸭先知"的造型,除共同要求外,要求主鳞茎球一侧要有一个较大子球做鸭子头就行了,另一侧有一个较小子球更好,无子球也不碍大局,因为鸭子尾巴小,好处理(图3-87)。

图 3-87 春江水暖鸭先知

2. 鳞茎球雕刻的基本程序

要根据水仙鳞茎球的形态和子球多少、形状等情况以及雕刻者的创作意图,精心构思,巧妙用刀,细心养护,改变叶片和花梗直立生长的自然形态,让其按照雕刻者的意志使叶片和花梗弯曲、矮化,培育成潇洒婆娑、千姿百态、生机盎然、各具特色的水仙盆景。

(1)确定观花日期及雕刻日期

地栽培育的水仙到6月初(芒种节)时,地上部分停止生长并逐渐枯黄,待地上部分全部干枯就可以把地下鳞茎球挖掘出来,经过晾晒,干后贮藏于遮光通气仓库之中。水仙鳞茎球在贮藏期,经过夏、秋两季到11月中旬已基本完成花的分化。从12月下旬到翌年3月上旬,在长达近3个月的时间里均可选择赏花的日期。

确定赏花日期后,再根据养护水仙场所的温度、光照情况确定雕刻日期。从雕刻日至第一朵水仙花开放称"养育期";从第一朵花开放到大部分花朵开败前称"观赏期"。一般水仙花的观赏期在13天左右,最佳观赏期70%~80%花朵开放,其余花蕾含苞待放,这时香味较浓,有花,有蕾。有的花蕾正在开放,给人以奋发向上,欣欣向荣之感。花期长短与温度高低有密切关系,温度高花期短,温度低花期可延长。

水仙生长的快慢和温度、光照是密切相连的,温度高生长快,温度低生长慢。在北京地区,11月下旬在密封向南阳台上,养育雕刻后的水仙,白天室温平均在12℃~14℃,夜间最低室温在3℃左右,水养42天左右可开花。若想在春节期间观赏水仙盆景,那就应在春节前45天左右进行雕刻。因为有时出现连阴天、寒流温度低等情况,所以留几天富余时间。如水养场所温度比上述所讲高一些,可适当缩短"养育期";如水养场所温度比上述所讲温度还低,应适当增加"养育期"。

(2)叶芽多长雕刻好

叶芽过短、过长雕刻都不好。如主芽刚刚露出鳞茎球顶部,这时叶片很短,如把叶缘削去一块,等叶片长成后该叶呈镰刀状,上部弯曲,而下部直立,这种形态的叶片对很多造型是不协调的。如叶芽长得过长再雕刻,把叶片雕刻后达到理想弯曲度就相当困难了。

鳞茎球雕刻的最佳时机,以主芽长度在3厘米左右,底部没长新根为好。如新根已发,但粗壮、挺实、洁白,长度在1厘米以内也可以。

(3)去枯根及枯鳞茎皮

把水仙鳞茎球底部枯根及凹陷处的泥土去掉,同时把鳞茎球外面一层褐色枯鳞茎皮也除去。有时购买来的鳞茎球新根已长出1厘米~2厘米,嫩脆洁白,这样的根在雕刻过程中要很好保护,不要碰伤,因为一旦把根弄断,就不会再生。弄断几根对水仙生长影响还不大,如不慎把大部分新根弄断,那将影响水仙叶片和花蕾的生长发育(图3 88)。

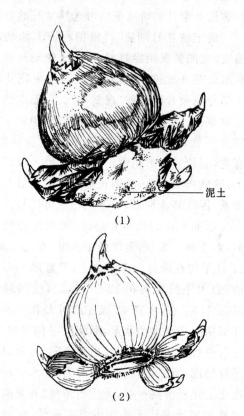

图3-88 去枯根及枯鳞茎皮前后

(1)去枯根及枯鳞茎皮前 (2)去枯根及枯鳞茎皮后

(4)剥鳞茎片

一般人是左手拿水仙鳞茎球,让弯曲的芽尖对着雕刻者,右手拿两用水仙雕刻刀,斜刃端向下(如无两用雕刻刀,可用削铅笔刀代替)。中等大小鳞茎球在根部以上1厘米处,沿着与底部平行划条弧线,把刀竖起轻轻垂直切入。如果是初学者,一次切入不可过深,以免把叶片和花芽从基部切断,导致雕刻失败。然后,把弧线上部鳞茎片从正面逐层剥掉,直到露出叶芽为止。在这一操作过程中,主芽两侧有时有两端尖、中间宽的梭形鳞瓣,这种鳞瓣内既无叶片,也无花苞,应把它挖掉。

(5)刻叶包片

用两用雕刻刀卷刃端,把叶芽两侧的鳞茎片从基部向上铲除2/3左右,使叶芽前面及左右两侧都露出来。一般先去掉主芽两侧的鳞茎片。

叶芽前面及左右两侧都露出后,把所有叶芽的叶包片刻去2/3,露出叶片。叶芽后面的鳞茎片和叶包片不必去光,应留下1/4左右的鳞茎片和叶包片作后壁,以便于日后的养护造型。

在操作过程中,心要细,手要稳,用力不可过猛,切勿碰伤叶芽内的花包。

(6)削叶缘

用两用雕刻刀卷刃端或刻字刀,把叶缘从上向下(也有从下向上削的),从外层叶到内层叶,把叶缘削去1/5到2/5,削的深度和长度要根据造型的需要而定。削叶缘时一定注意不要把叶内花苞碰破,防止造成"哑巴花"。

一般叶片和花苞紧密相贴,中间无缝隙,为了让叶片和花苞分开,削叶缘时不至把花苞碰伤,把左手拇指放在鳞茎球底部凹陷坑内,左手中指和食指放在鳞茎后壁部,轻轻逐渐用力,到叶片和花苞分开至有一定间距时为止。右手持两用雕刻刀,用卷刃端把叶缘造型不需要的部分削去。用卷刃刀中间削叶缘时,两侧刃翘起,一般不会把花苞碰破(图3-89)。

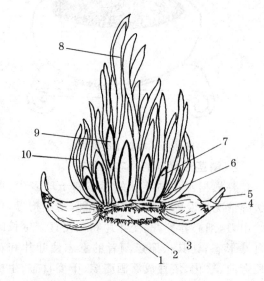

图3-89 水仙鳞茎球雕刻后示意图

(1)枯根 (2)底部凹陷 (3)雕刻弧线 (4)叶包片
(5)叶芽 (6)花梗 (7)花苞 (8)叶片 (9)梭形鳞瓣
(10)鳞片

削叶缘的目的有二:其一是叶缘被削去一部分后,变得弯曲,满足造型的需要。如"蟹爪水山",叶片不但有弯曲,而且弯曲度还要有别。其二是叶缘被削去一部分后,改变自然向上生长的方向,叶片变矮而多姿。

(7)削花梗

根据造型的需要在花梗上部某一方位,把花梗削去深度0.1厘米左右、宽度0.3厘米左右,长度根据造型需要而定,一般是0.5厘米~□厘米一块盾形花梗(上述所列数据,只是一般削法)。欲想让花梗朝哪个方向弯曲,就削花梗的哪一面。有时用刀在花梗某面刮一下,日后花梗也会有一定扭曲。

雕刻鳞茎球时,若花梗还很短,可暂时不□,等水养一段时间后,花梗长到一定长度时再补削也可以(图3-90)。

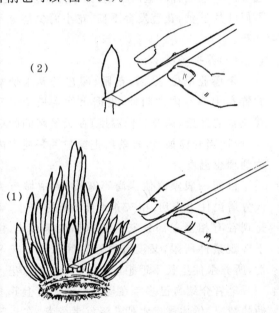

图 3-90 削花梗示意图
(1)削花梗基部示意图 (2)局部放大图

(8)子球的处理

水仙主鳞茎球两侧常生长有数量不等、大小不一的子球,这些子球绝大多数无花苞(10桩、20桩鳞茎球的子球有的有花苞)。子球的去留以及是否雕刻,要根据造型的需要而定。如需要雕刻又估计子球内有花苞,雕刻方法同主鳞茎球一样。如估计无花苞雕刻起来就简单多了,先在底部0.7厘米以上横切一刀,深达约子球2/5,然后再从芽顶端竖切一刀,把子球鳞茎片

叶缘切除1/3左右。

3. 鳞茎球雕刻后的养护

水仙鳞茎球雕刻后的养护分为浸泡、盖棉、定植、换水、控温、光照、整形等程序。有的水仙盆景在养护过程中经常改变鳞茎的姿态,以达到造型的目的。这些特殊的养护方法,将在各种造型中加以说明。

(1)浸泡

将雕刻完的水仙鳞茎球切口向下,放入清洁水中浸泡24小时左右,注意盆中水深要达10厘米以上。把浸泡后的鳞茎球拿出水后,用纱布或小毛刷把刀伤处流出的黏液洗掉,以免黏液留在鳞茎球上日后影响观赏。

(2)盖棉

用脱脂棉或医用纱布把鳞茎球的刀口处以及根部都盖上。如果用纱布遮盖,需用3层~4层才能达到保温、保湿,并防止阳光直射到切口处,以免使伤口处发黄变黑,影响以后观赏(图3-91)。

(3)定植

定植是水仙养护的一部分,也是水仙造型的重要一环。按设计要求把盖棉后的鳞茎球定植于盆内(有的是暂时定植于盆中,等养护一段时间后,再植于观赏盆中),有的人在盆内放置一些纹理美观的卵石或好看的贝壳,不但能起到固定鳞茎球的作用,还可以提高盆景的观赏价值。

定植时一般把鳞茎球后壁平放在盆内,让叶片和根部两头翘起,以利花梗和叶片弯曲生长。

(4)换水

盆内放清水不可超过鳞茎球的切口。刚雕刻定植好的鳞茎球应先放荫蔽处一周左右,每天向叶片及脱脂棉上喷洒清水2次~3次,等伤口愈合、叶片转绿复壮后再放置在阳光充足处水养。在水仙整个水养过程中,每晚把盆内水倒掉,翌日晨再放入清水(如果工作繁忙,两天换水一次也可)。这样晚上盆内无水,温度又低,可使水仙叶片和花梗矮而壮、绿而亮。如果用自来水养水仙,最好先把自来水盛入盆中或桶中,

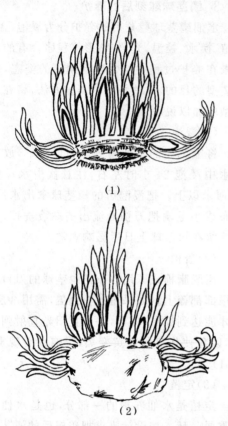

图 3-91 雕刻浸泡后的鳞茎球盖棉
(1)盖棉前的鳞茎球 (2)盖脱脂棉后的鳞茎球

放在和放置水仙相同的环境中1天~2天再用,以使水的温度和水仙的温度适宜,并使自来水中的化学物质挥发或沉淀,有利于水仙的生长。

(5)控温

温度的高低和水仙生长快慢、开花有密切关系。在北京地区,11月份或12月份经雕刻的水仙鳞茎球,若放置在光照充足、白天平均温度15℃左右、夜间最低温度5℃左右的场所,36天左右即可开花。若放置光照充足、白天平均温度13℃左右,夜间最低温度3℃左右的场所,42天左右可开花。在我国南方天气比较温暖,昼夜温差比北京地区小,一些地区12月份至翌年春节前的一段时间,正常年份日平均气温在13℃左右,在春节前25天左右雕刻水养,到春节时就能开花。

水仙鳞茎球从雕刻水养到花朵开败整个过程,其理想温度呈两头低中间高的"山"字形。前期为生根期,温度适当低些(8℃~10℃),可扣制叶片生长以利生根;中期温度适当高些(12℃~15℃)有利叶片和花蕾的生长;开花期温度适当低些(5℃~8℃),花期可延长。

不要把水仙置于暖气片附近或火炉旁,因为温度高会引起叶片、花梗徒长,细而长,开花少甚至不开花,叶片歪斜失去观赏价值。也不要把水仙置于电视机旁,因为机器开动时发出的射线等对水仙生长不利。

(6)光照

养水仙必须光照充足(雕刻后第一周除外),叶片在光合作用下制造养分,尤其是在花苞叶片生长发育旺盛的中期,如日光照射不足,不但叶片发黄,花苞发育不良,花小而少甚至不开花。

(7)养护场所

企事业单位、公园、苗圃、园艺场养水仙应放置在中温室内向阳处,根据水仙生长情况和观花日的远近,调节室内温度。在天气晴朗的白天,应适当开窗换气,日落后把窗户关好使室内达到理想温度。

目前一般家庭住房尚不宽裕,大中城市大部分居民住进楼房,用来养水仙的地方更小。可是现在有相当一部分家庭冬季都在养水仙,由于客观条件所限,又没有很好掌握水仙生长习性,所养水仙生长不理想,开花少甚至不开花。

笔者介绍自己多年在楼房朝南阳台上养水仙的情况,供住楼房水仙花爱好者参考。在封闭阳台时,注意在窗户上部留出1个~2个开关方便通风换气的小窗户备用。如阳台上既不生火也不通暖气,单层玻璃在最冷时阳台温度不够理想,应在适当时机在窗户内挂上一层透明塑料布。经过这样处理的向阳阳台,在北京地区冬季就可以养水仙了。

水仙鳞茎球雕刻后第一周,放置阳台下部荫蔽处,白天向水仙喷洒清水2次~3次,每晚把养水仙盆水洒在阳台地上,增加阳台的湿度。一周后把水仙放置阳台护栏平台上,如阳台狭窄放不下花盆,可用木板或钢筋水泥把平台加宽。如水仙花盆较多,一层平台放不下,可用支架在距平台50厘米处再搭一层木板,就能增加一倍放置水仙花盆地方。

如遇寒流大风突然大幅度降温,阳台玻璃处夜间可能结冰。遇到这种情况,应于每晚18点之前把水仙移至靠居室这面墙的窗台上,只要不结冰,水仙就可安全过夜,翌日早晨太阳出来后,再把水仙置于阳台上。

水仙花苞部分开放后,把水仙置于阳台下部蔽荫处,每天把水仙置阳台上日光照1小时左右即可。室温高时开上部小窗户通风换气,室温低时要及时把小窗户关闭。

水仙开花后,不要放置在有水果的地方,因为水果中的乙烯气体能加快花朵的早衰,使花期缩短。

(8)整形

在水仙养护过程中,要利用叶片、花梗向上生长的习性和趋光性以及根的趋地性(向下生长的习性),采用把雕刻后的鳞茎球平放、斜放、倒置(鳞茎球底部凹陷向上)等不同角度在盆中养护,按设计造型的要求调整鳞茎球向阳角度。在有轻有重雕刻的基础上,使叶片、花梗有高有低、错落有致,有疏有密、疏密得当,达到造型要求。

如用上述方法仍达不到要求,在叶片和花梗生长发育中,用竹片或小木条、绿色棉线等物把叶片、花梗抬高或压低,或改变其生长方向加以整形。

这些绑扎物在水仙花展出观赏前应全部拆除,如个别地方不能拆除,应用叶片、花朵适当遮挡,以免影响观赏。

4. 水仙盆景造型

水仙鳞茎球精雕细刻、精心养护之后,可培育制作千姿百态,惟妙惟肖的各种水仙盆景。有人称水仙盆景为"造型水仙",这是很有道理的,因为盆景属于造型艺术范畴。

下面介绍"水仙花篮"和"海螺迎春"比较容易雕刻培育水仙盆景的制作过程:

(1)水仙花篮的制作

水仙花篮又称"喜庆花篮"、"花篮献寿"。意在烘托欢乐、愉快的气氛。

选材。挑选20桩或30桩两侧各有一个形态大小基本相同子球的鳞茎球为素材。根据鳞茎球的大小和造型,选择大小、深浅、样式、色泽适宜的观赏盆钵。也有根据观赏盆的大小、深浅、样式挑选大小适宜的鳞茎球来雕刻造型。

雕刻。按水仙雕刻的基本程序把主鳞茎球进行雕刻。根据构思,雕刻叶片和花梗时注意做到重、轻不同的变化,日后成形时叶片花朵高低错落有层次感。两侧子球不要雕刻。

养护。雕刻后的鳞茎球按前面所述,进行浸泡、盖棉。在定植时,常暂时把鳞茎球定植于比较大而浅些的盆钵之中,因为这时作靠背的鳞茎片尖端和叶芽都是直伸的,难以放入大小适宜的观赏盆中。等水养一段时间后,叶片、花梗都有一定弯曲,再把花头移入观赏盆中。如作靠背鳞茎片尖端较长,花头难以放入观赏盆中,可把鳞茎片尖端剪去一部分,对生长开花基本无影响。其他按水仙雕刻后的养护方法进行。

造型。等部分花苞开放后,要展出观赏前,把两个子球的叶片合拢,制成花篮的柄。如两个子球都无花,花篮柄顶端光秃不美,可用红绸在花篮柄顶部打一个蝴蝶结,不但使花篮色彩更加丰富。其造型也更富丽多姿(图3-92)。

(2)海螺迎春的制作

雕刻培育"海螺迎春"中的造型水仙并不难,难的是得到一个纹理优美较大的能放下30桩或20桩水仙鳞茎球自然海螺,这种海螺可利用海滨旅游之机选购。"海螺迎春"的形态具有新意,而且可以达到移步换景的效果,它的侧面景象和正面景象不同,因此受到人们的喜爱。

选材。首行要挑选一个形态优美,纹理优雅的海螺。再根据海螺大小,挑选鳞茎球。另外选购一个黑色或深棕色几架。

雕刻。按"水仙雕刻的基本程序"进行。主鳞茎球和子球都要轻重不同地进行雕刻。日后成形时,花朵叶片高低不一,有曲有直,有疏有密,曲直和谐,疏密得当。

养护。按水仙雕刻后的养护方法进行。因为海螺多种多样,深浅不一,如是较深的海螺,底部需垫一些小贝壳,水仙的白根才能露出,否

图 3-92 水仙花篮

了(图 3-93)。

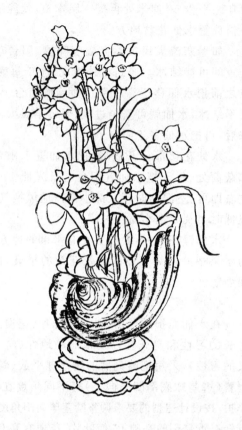

图 3-93 海螺迎春

则水仙鳞茎球大部分在海螺里,看不到洁白的根系,将降低景物的观赏价值,因为水仙的根系也是观赏的一部分。

造型。当大部水仙花朵开放,展出观赏前,对叶片、花梗进行一次整理,剪除过多有碍造型的叶片,把水仙根部脱脂棉以及养护整形时用的绑扎物都去掉,露出银白的根系,就可以观赏

水仙的雕刻造型没有定法,在具体操作时,要因材、因人、因地制宜。在了解水仙的生长习性后,在掌握了水仙鳞茎球的雕刻、养护、造型技巧的基础上,可灵活变通,正所谓"心有灵犀一点通",发挥雕刻者的聪明智慧,定能创作出千姿百态的水仙盆景来。

第五节 栽培与养护

在上面介绍盆景常用植物时,根据每种植物的特性,对其造型、栽培与养护作了简要叙述。目前,盆景用植物已达 200 种左右,但前面只介绍了 36 种,因而有必要把盆景用植物栽培与养护的基本知识再作一个系统的介绍。

(一)盆 土

土是植物生长的基础,要栽培好植物盆景,首先要弄好土。植物在有限的盆土中生长得好坏,与盆土是否适合植物生长习性有直接关系。盆土对所种植物有固定植株和供给营养、水分和空气的作用。一般盆栽用土,要求含较多腐殖

质、疏松肥沃、排水良好、保水力强和透气性能好的沙质土壤。

土壤的酸碱性是土壤在形成过程中所产生的一种重要属性，它对土壤生物的活动、营养元素的有效性等都有很大的影响。因此，花卉盆景工作者和业余爱好者，对土壤酸性、碱性与花木生长好坏的关系应有充分的认识。酸碱度常用pH值大小来表示。

不同树种对土壤酸碱度（pH值）要求各异。大多数花木在pH值为6～8的范围内生长良好。一般来说，原产南方的花木喜弱酸性土壤，所以在北方栽培施肥时，注意多施几次"矾肥水"，使北方弱碱性土壤变成弱酸性或中性土壤。而原产北方的花木在弱碱性或中性土壤中生长良好，如在南方栽培土壤酸度太大，可在土壤中加入适量的石灰粉。但个别花木也有例外，如柽柳能在碱性土壤中生长，杜鹃、山茶能在酸性土壤中生长，这只是少数树种，另当别论。

土壤中的酸碱度对花木生长有很大影响，如果酸碱度不合适，就会妨碍营养的吸收，严重者还会引起病害。例如植物对磷的吸收就直接受土壤酸碱度的影响，当土壤pH值小于6时，磷与铁、铅等形成难溶性化合物，可降低磷的有效性；土壤pH值在6～7时，磷的有效性最高。

土壤酸碱度的测定比较简单，其方法是：取少许培养土加入适量水（其重量比：土：水＝1：2），充分搅拌，放置几分钟待其澄清后，用pH试纸蘸上面的水，根据试纸颜色的变化即可确定酸碱度，试纸变蓝色为碱性，变红色为酸性，而且试纸蓝色越深碱性越重，颜色越红酸性越重，具体pH值可依据试纸所示的色谱而定。如以数字来表示pH值，通常以7为中性。pH值越小，酸性越强；pH值越大，碱性越强。pH值小于4.5为强酸性；pH值4.5～5.5为酸性；pH值5.6～6.5为弱酸性；pH值6.6～7.4为中性；pH值7.5～8.0为弱碱性；pH值8.1～9.0为碱性；pH值大于9.0为强碱性。一般来说，北方土壤多在呈中性到弱碱性的pH值范围内，只有某些林区的土壤或酸性母岩形成的土壤呈弱酸性；南方土壤多为酸性。

要把北方的弱碱性土壤改变为中性或弱酸性土壤的方法很多，速成的方法就是在普通的土壤中加入适量酸性花卉用土，这种方法适于中、小型盆景或微型盆景用土，大量应用成本太高。如时间充裕，也可提前半年在适量土壤中加入1％的硫磺粉，混合均匀后加水堆放备用。

盆景用土要求较高，家住城镇特别是大城市居民，就地挖取熟土很困难，用土可到花店购买，也可自己配制培养土。

配制培养土材料主要有以下几种：

1. 腐殖土

收集树叶、野草、药渣、旧草袋（剪碎）、锯末、禽畜粪、人粪尿、变质不能食用的无盐食物等，用旧盆土或田园土，分层撒放于坑内或盆内，浇透水，上面用土盖好，经过一个夏天的高温发酵，腐熟后便可挖出来使用。

2. 炉 灰

煤粉加适量黄土制成的煤球或蜂窝煤，经燃烧后的炉灰为好。这种炉灰常呈多孔粒状，含有钙、钾、磷、镁、铁等多种物质，通透性强，保水保肥性能好，且重量轻，是配制培养土的好材料。

3. 粗 沙

沙粒直径在1.5毫米左右，质地纯净，排水透气性能好。

4. 沙面土

质地纯净、沙粒细小、排水透气性能好。北京地区以黄土岗乡出产的沙面土最好。

5. 山林腐叶土

山坡和丘陵地带的沟槽以及凹陷处，常堆积一些枯枝、落叶、杂草以及鸟兽粪便等，经多年日晒雨淋而腐烂，自然形成腐叶土，可挖取使用。

6. 动物蹄片

包括马、驴、牛、羊、猪等动物的蹄切成的片。

7. 骨 粉

禽、兽、鱼等骨头，经高压蒸熟后，砸成碎面即成。

根据植物的不同需要，将上述材料按适当

比例配制成培养土。普通培养土常按腐殖土：
沙面土：炉灰＝6：2：2配成；也可用山林腐
叶土：粗沙：沙面土＝6：2：2配制。普通培
养土为中性或弱酸性，适合多种盆景植物生长
需要。

　　培养土在使用前，应过筛（筛孔不要太小），
除去砖石、瓦块及尚未腐烂的较大树枝杂草等，
并进行消毒处理，防止病虫害。

　　一般盆景用土不必特意消毒，在阳光下晒
几天就可使用，因为花木都具有一定的抵抗能
力，一般情况下不易发病。另外，土壤中含有大
量微生物，用肉眼看不见的微小生物虽然个体
很小，但作用很大，若没有它，土壤就难以形成，
土壤的肥力也无从发挥。施入土壤中的有机肥
料包括动物残体等，都是经过微生物的分解作
用，才变成肥料被植物吸收的。如果用药物或加
热消毒，就会把土壤中的微生物杀死，而其中的
有机物就不能被分解，土壤的肥力就难以保证，
对花木生长不利。

（二）上　盆

　　上盆是指把从市场上买来或是自己繁殖的
花木栽种于盆中。植物盆景上盆与一般盆栽花
木有相同之处，但也有不同点。相同之处是在上
盆后都要求植物正常生长发育，花果类还要能
开花结果。不同之点是盆景植物除上述要求外，
还有造型艺术方面的要求。植物盆景能否显示
出"无声的诗"、"立体的画"的意境，这与上盆得
当与否有直接关系。否则本来很有特色的一棵
盆景树木，会由于上盆栽种位置不当，而显得平
淡无奇，风韵大减。

　　下图（图3-94）这棵树木，把树干直立栽于
盆中，效果就差；如改变一下栽法，而斜栽于盆
中呈临水式，其观赏价值就会大大提高。

　　下图（图3-95）两棵松树合栽于一盆之中，
其意境还是不错的。树冠呈不等边三角形，动势
向右，枝叶有疏有密，两棵树木近大远小，两根
树干有所变化，大树为斜干，小树为曲干，观之
两棵树木浑然一体。

　　下面谈谈怎样上盆。

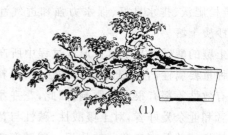
(1)

(2)

图 3-94　把直栽改成临水式效果更好
(1)把直栽改成临水式　(2)树木直栽于盆中

图 3-95　双干式松树盆景

　　上盆前，首先要对植物根系进行检查、修
剪。如果是从市场上购买来带泥坨的植株，特别
是泥坨较坚实的，要把泥坨放入水中浸泡，使之
变软脱落，露出根系，上盆后便于吸收水分和营
养，切忌把泥坨掰开，这样会损伤根系，降低成
活率。根系露出后，凡是伤根、死根和衰老的根，
都应剪除。根系的修剪与枝叶的去留，要保持养
分供应与消耗的平衡。如果根系剪除得多，枝叶

剪除得少,植株的消耗大于供应,这样的植株如不采取特殊措施将难以成活,即使勉强维持生命,也常有部分枝叶干枯,或在相当长的一段时间里生长不良。

在修剪根系的同时,要把盆底铺垫好,以利上盆后透气、排水。如果是新盆,应将其先放在水中浸泡片刻,让盆钵本身吸足水,否则,上盆后所浇的水大部分会被盆钵吸收,而影响植株的成活。还要检查盆底排水孔是否通畅、够不够大,如排水孔不通畅或过小的,应先捅透或扩大后再上盆。盆景用盆一般都比较浅,如盆底排水孔再用瓦片遮盖,将减少盛土量,故可用塑料窗纱或筋络尚存的腐烂树叶遮盖。盖好排水孔后,先在盆钵底部放少许粗炉灰渣块,再放少许培养土,把植株根系理顺后放在盆内。然后一手拿稳树木,一手向盆内加土,当盆土加到 3/5 左右时,把根略向上提一提,使根系伸直,再继续加土,直至把土加到理想高度。一般盆栽植物的盆土应低于盆口 2 厘米~3 厘米(视盆钵大小而定),以便日后浇水不致溢出。一些浅盆,需要盆土高于盆口,这种盆景常用浸水法或喷水法供给水分。向盆内填土时,还应边填边振动盆钵,填好后用手轻轻压一压,使盆土松实适当。如盆土过松,浇水后植株容易变位,影响造型;盆土压得过实,对植物生长不利。

上盆完毕,要浇透水,浇到盆底排水孔有少量水渗出为止。如果是浅盆,可用浸水法供水,浸到盆土表面都湿润为止,然后把盆景放置在荫蔽处。从野外挖掘的老桩或根须剪除较多的树桩,为补充根系吸水不足,每天应向枝干喷水 2 次~3 次。

(三)浇 水

浇水是植物盆景的主要管理工作之一。浇水看似简单,要浇至恰到好处,也不容易。浇水要根据植物品种、季节变化以及植物的生长期、开花期、休眠期和天气的不同情况来进行。掌握好浇水时间和浇水量,对于植物的生长十分重要。一些盆景植物死亡,有相当一部分与浇水不当有直接关系。

盆土除供给盆栽植物水分、营养外,还要维持植物对空气的正常呼吸。盆土在水分充足时,土壤颗粒膨胀,把颗粒间空隙的空气挤出,使盆土内空气缺少;当盆土干燥或比较干燥时,土壤颗粒收缩,体积变小,颗粒之间又出现了空隙,空隙处就被空气充盈。随着土壤干、湿不停地变化,盆土内的空气也不停地运行,使植株根系得以进行正常呼吸。每次浇完水,在一个短时间内,盆土内缺氧,植物的根系是能忍耐的,但如盆土长期过湿,造成长期缺氧,就会引起根系糜烂及其它病害;若盆土长期处于干燥状态,盆土中虽氧气有余,但植株长期吸收不到水分,同样对植物生长不利甚至枯死。因此,植物盆景浇水应掌握"不干不浇,浇则浇透"的原则。

浇水不足,植物脱水,就会呈现出嫩枝发蔫下垂,叶片枯萎、发黄、脱落,如是针叶树种则针叶变软,丧失刚劲刺手感。缺水严重时,小枝皮层皱缩如鸡皮疙瘩。如果在夏季遇到这种情况时,应立即把植株移到荫蔽处,待温度下降后,先向叶面喷洒清水,再向盆内浇少许水,一小时后方可把水浇透。对脱水严重的植株,切忌立即一次把水浇足,因为植物在严重脱水的情况下,根部皮层已经萎缩,紧贴木质部,突然大量供水,根系会因迅速吸收水分而膨胀,造成皮层破裂,导致植株死亡,因此需要有一个逐渐适应的过程。严重缺水的植株经过上述处理后,最好在荫棚下养护几天,复壮后再置于阳光下培育。但浇水也不可过量,水大除易引起植物徒长、影响树形和观赏外,还易引起根系腐烂而导致死亡。微型盆景的盆土更少,适时适量浇好水尤其重要。

浇水方法有以下三种:

1. 根部浇水法。

这是最常见、最简单的一种浇水方法。浇水时,除为了提根要用水冲刷根部外,在一般情况下,壶嘴不应离盆面太高,以免把盆土、青苔冲掉。

2. 叶片喷水法

这种浇水方法,主要适用于针叶树木,并在冬季用来清除竹类、苏铁类等常绿树木叶片上的尘土。落叶类树木不宜向叶面喷水,这类树木如经常喷水,会使叶片肥大,枝条徒长,从而影响造型。

新栽植株或刚换盆的植物,为弥补根系吸收水分之不足,应每日向叶面喷清水1次～2次,可提高成活率和加快复壮。微型植物盆景常用小喷壶喷水。大、中型植物盆景常用较大的能浇能喷的两用壶向叶面喷水。

3. 浸水法

微型盆景以及盆土凸出盆面的浅盆植物盆景常用浸水法供水。即把小型、微型盆景放入较深较大的空盆内,然后加水到微型、小型盆景的盆口下沿,使水从盆景底部排水孔渗进到盆土内,待盆景表面土壤由干变湿时即为浇透。

如需采取这种供水方法的微型盆景较多,为便于管理,常把4盆～5盆或7盆～8盆微型盆景同时置于一个大盆中,然后加水到适当深度浸水(图3-96)。

图3-96 浸水法

浇水的时间、次数,要根据植物的生长季节、气温、天气变化等情况灵活掌握。对原产于湿润地区的兰花、棕榈、杜鹃、竹类等植物,盆土可适当偏湿一些;而对松树、苏铁等树木,盆土偏干些为好。春末及夏季,气温高,水分蒸发快,大部分植物又处在生长旺季,需水量大,应早、晚各浇一次水。而秋末、冬季气温低,水分蒸发慢,多数植物即将或已经进入休眠期,浇水量应相对减少,几天或十余天浇一次即可,且应在一天之中气温较高的中午前后进行。在梅雨季节要少浇或不浇水,如遇连续降雨天气,应及时排除盆内积水或把盆放倒。

此外,浇水时要注意避开正在盛开的花朵,如把水浇到菊花上便会出现花序腐烂的现象;

若将水浇到月季花上,水珠干后会留下痕迹,影响观赏。很多花木的花朵被水浇后,都将给花期和花后结实带来直接的不良影响。

(四)施 肥

谈施肥之前,先谈什么是肥料?

肥料就是施入土壤或喷洒于植物地上部分,能直接或间接地供给植物营养,促进植株生长发育,促使花朵艳丽、多结果实,能改良土壤、逐渐提高土壤肥力的物质。

花木在有限的盆土中生长,之所以能多年枝繁叶茂、花香果硕、生机勃勃,除其他因素外,是与适时、适量、适品种地供给所需的肥料分不开的。植物所需营养成分有氮、磷、钾、碳、氢、氧、硫、镁、钙、铁等元素。其中碳、氢、氧可以从空气中直接获得,其它元素从土壤中吸收,基本上能满足需要,但由于氮、磷、钾需要量大,一般土壤中所含这三种元素的量不能满足植物生长的需要,所以施肥的目的主要是为土壤增加氮、磷、钾三种元素,以满足其需要。

1. 肥料的种类

肥料的品种和分类很多,常用的有以下几种:

(1)按肥料性质、组成和来源分为三类:

①有机肥料。即以有机物质成分为主的肥料,如粪尿肥、堆肥、饼肥等。这些肥料成分很多,含有多种营养元素,来源渠道广,制作方便,分解过程缓慢,成本低,是栽种花木最常用的肥料。

②无机肥料。多由天然矿物质经专门加工制成,富含矿物质元素,如硫酸铵、磷酸二氢钾等。

③微生物肥料。即对花木生长有益的微生物,经过人工分离、培养制成的生物制品。微生物肥不被植物直接吸收利用,但它能帮助花木对有机、无机营养元素的吸收利用,如固氮菌肥料、根瘤菌肥料等。

(2)按施肥后发挥效力快慢也分为三类:

①速效肥料。这种肥料易溶于水,施用后能很快被植物吸收利用,如腐熟的粪尿肥、磷酸二

氢钾水溶液等。

②迟效肥料。这种肥料施入土壤后，需经过分解转化才能被花木吸收利用，如磷矿粉、新鲜粪尿肥。

③长效肥料。这种肥料在土壤中转化速度缓慢，能保持较长肥效，如动物蹄角片肥。

2. 常用肥料所含主要营养元素成分及其功能

(1)氮肥。如人粪尿、饼肥、厩肥、硫酸铵(又叫肥田粉)等。其主要功能是促进植物枝叶的生长。

(2)磷肥。如禽粪、骨粉、过磷酸钙、磷酸二氢钾等。其主要功能是促使植物开花、结果。

(3)钾肥。如草木灰、硝酸钾、磷酸二氢钾(既含磷又含钾，含磷大于 50%，含钾大于30%)。其主要功能是促进植物茎干发育和根系生长。

3. 施肥原则和注意事项

施肥应根据季节的变化、树种特性和不同生长阶段的需要，掌握施肥的种类和施肥量，做到适时适量。一般在春末和夏季，植物进入生长旺盛期，要多施肥；入秋后生长速度缓慢，应少施肥；冬季大多进入休眠期，应停止施肥。观叶盆景应适当多施氮肥，观花果盆景宜适当多施磷肥。喜酸性的树木应适当施用"矾肥水"，即在泡制液肥时，加入 1%左右的硫酸亚铁，经发酵腐熟后使用。

植物盆景施肥应注意以下几点：

(1)施肥要用经过发酵的熟肥。施用未经发酵的"生肥"后，"生肥"在盆内有限的土壤中发酵所产生的热量，易把植物的根烧伤。

(2)施用液肥应遵循"薄肥勤施"的原则，最好把液肥稀释 15 倍左右后再用。

(3)刚上盆的盆景植物不要施肥。因上盆时对根系进行了修剪，形成创伤，伤口尚未愈合，施肥对伤口愈合不利，轻者植株生长不良，重者伤口霉烂，导致死亡。

4. 施肥的方式

(1)基肥。在上盆或换盆时施入盆土中的肥料叫做基肥。盆景的基肥，多用固体肥料，如动物蹄片、骨头、腐熟饼肥等。

(2)追肥。追肥是在植物生长期，为补充盆土中某些营养成分的不足，而追施的肥料。常用的方法有两种：一种是根部追肥法，即用腐熟的饼肥水、蹄片水、人粪尿水、"矾肥水"等液肥加水稀释后，施入盆内。但这些液肥臭味很大，不宜在室内使用。给室内盆景追肥，可用 0.2%磷酸二氢钾和 0.3%尿素各半的混合液，浇入盆内。根部追肥法一般花卉都可施用。另一种是根外追肥法(又叫做叶片施肥法)，如花果类盆景在开花前，用 0.2%磷酸二氢钾液向叶片喷洒，可以促进植物开花结果，提高坐果率，肥效迅速。

5. 肥料的配合施用

把成分和性质不同的肥料加工配合施用，可以扬长避短，更好地发挥各种肥料的功效。

肥料配合施用，一般采取以下三种方法：

(1)有机肥与无机肥配合。这两种肥料配合施用，既有利于花木吸收利用，又能给微生物的活动提供能量源泉，并可改善土壤结构，不使其板结。

(2)迟效肥和速效肥配合。这两种肥料配合施用，可以保证花木生长发育的各个时期，都能得到充分的营养。

(3)直接肥料与间接肥料配合。这两种肥料配合施用，既能满足花木生长发育的需要，又能改良土壤。

住在城镇的一些花卉盆景爱好者，常为缺少肥料而发愁，其实在日常生活中处处都可以收集到肥料。如牛、羊、猪、鸭、鸡的骨头及其内脏，蛋壳、鱼刺、鱼鳞，人的头发，鸡、鸭的羽毛，猪、牛、羊等动物的蹄、角，都可用来做基肥，其肥效可长达 1 年~2 年。淘米水、刷奶瓶的水经发酵后，都可做为追肥的肥料。尤其是将煎中药剩下的渣发酵后做花肥，其营养成分较全，保水性能又好，还不生蛆，是上乘花肥。沤肥时，可先放一层有机物，撒上一层土，再放一层有机物，再撒上一层土，这样一层一层地堆积起来，或者把有机物和土，基本上按 1:1 的比例混合均匀后，放入土坑内或大瓦盆中，上面撒一层较厚的土封顶,然后浇足水并保持其潮湿,经过一个夏季发酵,第二年挖出来就可使用(图 3-97)。

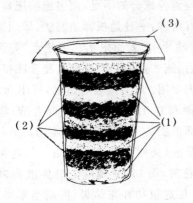

图 3-97 大盆沤肥示意图
(1)土壤 (2)有机物 (3)玻璃或水泥板

(五)光 照

有的花卉盆景爱好者,往往很注意肥、土和水对植物生长发育的影响,却忽略了不同种类的花木对阳光强弱以及光照时间长短的不同需要,以为只要把所有的花木都置于阳光下养护,就可以生长良好。其实不然,如果不根据不同花木的不同需要,掌握好光照强度和光照时间,即使浇水、施肥和土壤都适宜,花木还是养不好的。

光照是绿色植物进行光合作用的能量源泉,如没有光照或光照达不到植物要求,叶绿体就无法把二氧化碳和水转化成碳水化合物和氧气,植物就难以生长发育。但各种花木由于原产地阳光强弱不同,它们的遗传因素也有差异,因此对光照强度和照射时间有不同的要求。

根据植物的这一特性,可将花木对光照的需求情况分成四大类:

1. 阳性花木

这类花木喜强光(但也不是越强越好,一般不应超过 35℃),不耐阴,在全日光照下才能正常生长发育和开花结果。如光照不足,就会生长不良,枝叶徒长,叶色变淡,开花结果的花木则难以孕蕾、开花、结果,即使能开少量的花,花朵也比光照正常者小,香味淡、凋谢得快。若长期光照不足,还可导致严重生长不良或死亡。这类

花木有石榴、梅花、月季、玉兰等。

2. 中性花木

这类花木对阳光照度适应性强,日照需要量的可变范围较大,但在强光或蔽荫条件下都生长不好。因此,它们在春、秋要阳光充足,炎夏要略加荫蔽。这类花木如桂花、夹竹桃、腊梅等。

3. 阴性花木

这类植物在光照不足或在散射光照的条件下生长良好。一般要求荫蔽度在 50% 左右,不能经受强光照射,否则生长不良。这类植物原多产于热带雨林或高山背面及林荫下,如杜鹃、茶花、万年青等。

4. 强阴性花木

这类植物比阴性花木更不适应强光照射,荫蔽度要达到 80% 左右,才能生长良好,如兰科植物、蕨类植物。

根据各种花木开花所需每日阳光照射时间的长短不同,又可分为以下三类:

(1)长日照花木。如唐菖蒲、凤仙花等。这类花木多原产于温带、寒带,生长旺盛期在夏季,每日光照时间需要 12 小时以上,才能孕蕾开花,否则不开花。

(2)中日照花木。如石竹、仙客来、月季等。这类花木对日照长短并不敏感,不论长日照或短日照,只要温度适合,就不影响开花。

(3)短日照花木。如菊花、一品红、君子兰等。这类花木多原产于热带或亚热带,只要每日光照不超过 10 小时(以每天日照 8 小时左右为好),它们就能加快生长发育和开花,如每日光照时间长于 10 小时,则会推迟开花。

此外,还有些花木在不同的生长发育阶段,需要阳光的多少也不一样,对此因本书已在其他有关部分作了介绍,故不再赘述。

在我们掌握花木开花的这些规律之后,就可以人为地使之提前或延期开花,也就是进行花期控制。若要让一些短日照花木如叶子花、菊花、一品红等,提前到国庆开花,可提前几个月进行一次整形,加强肥水管理,促使枝条生长,使腋芽、顶芽充实饱满;同时在国庆节前 55 天左右,即开始进行短日照处理,每日只给 8 小时

左右光照,其余时间用苫布遮盖严密,不使其漏光,并停施氮肥,使盆土偏干,防止枝叶徒长,以促进孕蕾开花。经过这样的处理以后,它们在国庆节时就会花开满枝了。

在掌握光照时,还要认识到所谓花木的"阴性"、"阳性",都是相对而言的,阴性花木也不是完全不需要阳光。世界上绝大多数植物的生长都需要一定阳光照射,只是需要的多少和强弱不同而已。即使一些阳性花木,在炎热的夏季,也不能任其在阳光下暴晒(指栽于浅盆的中小型盆景植物),需要适当地荫蔽,否则对其生长也会有不利影响。

在谈到光照时,不能忽略月光对花卉盆景的奇妙作用。经科学试验,月光照射有利于花木的生长发育。月亮满圆时,其光相当于40瓦电灯相距15米处照度,月光虽然微弱,但能促使一些花木生长。栀子花在较强的月光下,香气最浓。杜鹃花在月光照射下,花开得更好。当前一些国家正在探索月光对花木生长的作用。

此外,在自然光照不足的情况下,为使花卉定期开花,也常采用人工光照(即电灯光照)给予补充,也能收到较好的效果。

(六)温　度

花木的生长发育以及开花结果,是和适宜的温度分不开的,温度的变化,对花木整个生长过程都有着重要的影响。常见的花木一般在3℃~35℃的范围内都能生长。在此范围内,花木随着环境温度的逐渐升高,生长速度也逐渐加快,当温度超过某种花草树木最适宜的温度,其生长速度就会变慢或停止生长;如环境温度低于某种花木的最低生存温度或超过某种花木的最高生存温度时,花木不但停止生长,有时甚至会导致死亡。由于各种花木原产地的温度不同,所以各种花木所需的最低温度、最适宜的温度、最高温度也各不相同。如君子兰所需的最低温度为12℃,最适宜的温度是18℃,最高温度为24℃,低于或超过这个范围,君子兰就会生长不良。

根据花木对温度不同的要求,可将花木分为以下三大类:

1. 耐寒花木

这类花木原产于温带或寒带,抗寒能力强,在我国北方地栽能露地越冬,一般能耐0℃以下的温度,有的能耐-10℃的低温,如桎柳、雏菊。但盆栽后由于盆土有限,抗寒能力降低,需要适时移入室内越冬。有的宿根花卉在严寒到来之前,地上部分虽已完全枯死,但地下的部分依然存活,翌年春天会再发芽生长开花。

2. 半耐寒花木

如月季、葡萄等。这类花木原产地大多在温带较暖和的地区,有一定的耐寒能力,在我国南方能露地越冬,在我国北方地栽,需包草或培土等加以防护,方能越冬。

3. 不耐寒花木

这类花木原产热带或亚热带,生长期间需要较高的温度。这类花木不论是地栽还是盆栽,都不能在室外越冬,冬季要移入温室内养护,如叶子花、福建茶等。有些一年生花卉,春季播种后需在较高温度环境中才能生长,在霜降前开花结籽,以种子的形态越冬。

另外,温度与湿度是密切相联的,温度越高,要求湿度越大,否则花木就会被灼伤。增加花木生长环境湿度的方法,一是向叶面喷水,二是向地面洒水,在日常管理中,经常将喷、洒同时进行。

(七)翻　盆

1. 翻盆目的

翻盆的目的主要是为了更换盆土和盆钵,并提高盆景的观赏价值。

(1)更新盆土。盆土是盆景植物赖以生存的物质基础。盆栽花木经1年~2年养育后,根系布满全盆,大量新的须根沿盆壁而生,在盆四周形成一个网状兜,它们有的吸收不到营养,有的吸收营养不足,同时土壤肥力耗尽,土壤板结,保水、保肥、排水、透气性能日趋衰退,如不及时翻盆,势必严重影响植物的正常生长。有一些成形的树木盆景,翻盆只是为了更换部分盆土,仍用原盆。更换的新土,应符合该种树木对营养成分的需要。

（2）更换盆钵。随着盆栽植物逐渐长大，使盆钵和植物的比例失调，需要更换较大一些的盆钵，并增添部分新土。对一些花果类小树木，加工造型后，养植的目的，是让其尽快长大成形，当初对盆并不讲究，有的仅用普通瓦盆或水磨石盆。经几年养植，树苗已长大，蟠扎物已拆除，树木已经成形，就要换成盆景用盆以供观赏了，所以此种换盆特别重要。新换的盆钵应兼顾观赏和植株生长两个方面，用盆不可太深，并注意盆色与花果色泽相协调。一般来说，树冠的宽度要大于盆钵的长度，否则，盆大树小，很不美观（图3-98）。

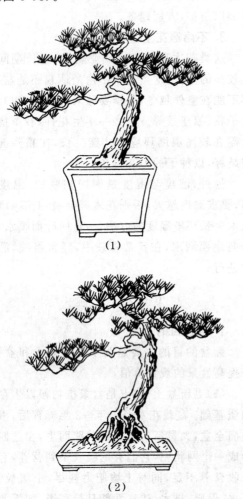

（1）

（2）

图3-98　改换盆钵样式使盆景更美观
（1）栽于深盆中的松树　（2）换成浅盆更美观

（3）提高观赏价值。根据造型的需要，或者

把深盆换成浅盆，或者改变树木种植的位置或姿势，同时进行必要的加工，使盆景变得更加美观，观赏价值更高。有的盆栽花木遭到病虫害，难以用药物治愈和除掉，也需要翻盆。

2. 翻盆年限

翻盆年限，要根据树龄、树种的不同，灵活掌握。一般幼树生长快，需要每年翻一次，换成大一号的盆，最长也不得超过两年；已成形的树木盆景两年翻一次盆即可；老树可三年翻一次盆。花果类树木最好每年翻一次盆，增添部分含磷肥较多的土壤；落叶杂木可两年翻一次盆；松柏类树木生长慢，三年翻一次盆即可。

3. 翻盆时间

（1）一般花木在春季尚未发芽前翻盆为好。但我国幅员辽阔，各地气候差异较大，应因地制宜，灵活掌握。

（2）有一些花木的翻盆时间要根据其特点而定，如佛肚竹翻盆时间在5月份或9月份为好。梅花应在花落后，结合枝条的修剪同时进行。

（3）如翻盆只是小盆换大盆，不弄破土坨，则一年四季都可进行。

4. 翻盆方法

（1）磕盆。如果是翻用深盆栽种的花木，可把盆放倒于土壤上，一边转动，一边用拳敲击盆口下方的盆身，使盆土与盆壁分离，把盆土磕出。如果是浅盆，可先把盆内周围靠盆边的土剔除，然后把盆倒扣或侧放，一手拿住树木，一手用食指或中指从盆底排水孔伸入盆内，把盆土顶出（图3-99）。

（2）去旧土。翻盆时，不论是换大一号的盆还是仍用原盆，都应把旧土除去一部分。如果小盆换大盆，旧土可少去掉一些；如果仍用原盆，旧土应多除掉一些，但最多不应超过原盆土的1/2，旧土去得过多，轻者会延长复壮时间，重者将造成植株生长不良。在除去旧土的同时，应对根系进行一次检查，剪除枯根、病根、过密根，剪短过长根。除旧土时，应用竹片、竹棍或木棍，以免把根系碰伤（图3-100）。

（3）栽种。树木要根据造型的要求，植于盆

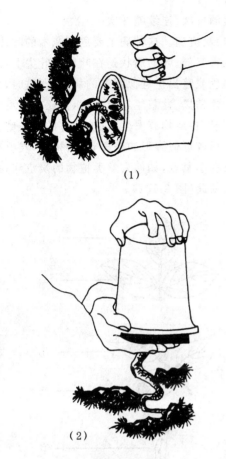

(1)

(2)

图 3-99 磕盆

(1)把盆放倒用拳击盆壁 (2)一手托
树木一手拿盆底并用手指顶出盆土

内适当的位置。如果制作提根式树木盆景,盆内底土应多放一些,使树根露出盆口。竹子翻盆,可与分株同时进行。

(4)填土。在一般情况下,填土时应边放土边蹾盆,如果盆钵太大或浅盆不便蹾盆时,应边放土边用手轻压一下,使盆土松实适度。如果盆土太松,浇水后植物容易歪斜。

(5)浇水。盆钵填好后,一般要立即浇透水。因刚换完盆,盆土较疏松,在浇水过程中有时盆土会凹陷,应及时填平,但不要用手去压或搅拌盆土,否则,盆土干后容易板结。浇透水后,先把盆景放在荫蔽处10天左右,再在半阴处放置3天~5天,就可置于阳光下养植了。

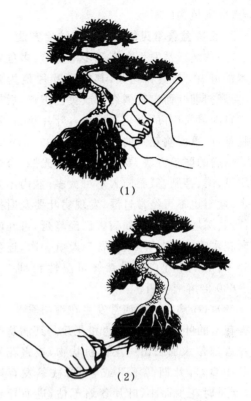

(1)

(2)

图 3-100 翻盆时去旧土及修剪根系

(1)用竹片除掉部分旧土 (2)修剪根系

(八)病虫害防治

盆景植物生长在有限的盆土中,抗病虫害的能力一般比地栽的同种植物要低,一旦发生病虫害,危害甚大。因此,对病虫害应采取"预防为主"的方针,一旦发生病虫害,应按"治早、治小、治了"的原则根治,不使其蔓延。

1. 预防病虫害的方法

(1)施肥要施"熟肥"(已发酵的肥料),不施用"生肥"。

(2)盆土使用前要在阳光下晒几天或经过消毒,以消灭病菌、虫卵及成虫。

(3)经常保持盆景放置场地及其周围的清洁。杂草、落叶上常有害虫,应及时清除。

(4)加强日常管理。浇水、施肥要适当,放置盆景场地的空气要流通,温度、湿度、光照要适宜。

(5)盆景最好放置在几架上,不要直接放在地面上。这样既有利于排水、通气,节约用地,便于管理,又可防止蚂蚁、蚯蚓从盆底排水孔钻入盆内,危害植物的根系。

2. 植物盆景常见的病害及其防治方法

(1)锈病。常发生在高温多雨季节,多危害花木的叶片、花茎和花芽,其中以叶片最为常见。发病初期叶面出现橘红色或黄色斑点,后期叶背布满黄粉(有的也呈黄褐色),叶片焦枯,提早脱落,严重影响花木的生长和发育。

锈病的防治方法。要注意通风和光照,合理施用氮、磷、钾肥,氮肥施入不可太多。盆内不要积水,盆土也不可经常过湿。发现病叶要及时摘除,将其深埋或烧掉。如病害已经蔓延,可在晴天向花木喷 1% 波尔多液,隔 7 天喷一次,连喷 2 次~3 次,或用 65% 代森锌可湿性粉剂 500 倍~600 倍溶液喷洒。

(2)白粉病。这种病常发生在梅雨季节,多危害花木的叶片、枝条、花柄和花芽。其病状是在受害部位表面长出一层白粉状物,被害花木生长不良,叶片凹凸不平或卷曲,枝条发育畸形,严重时花少而小,叶片萎缩干枯,进而导致整株死亡。

白粉病的防治方法。浇水不要过多,施氮肥要适量,通风透光要良好。要经常清除放置盆景场地周围的腐枝烂叶,将其深埋或烧掉。在易发此病的季节,向花木喷一二次波尔多液,有预防作用。当病害蔓延时,可用 70% 甲基托布津湿性粉剂 700 倍~800 倍液体向花木喷雾,或用 50% 多菌灵可湿性粉剂 500 倍~800 倍液体喷雾,并及时摘除受害枝叶,将其烧毁或深埋。

(3)黑斑病。这种病主要危害花木的叶片,发病初期,病叶常出现一种褐色放射状病斑,边缘不明显,以后随病情发展,褐斑逐渐扩大成圆形或近似圆形,其直径一般在 0.5 厘米~1.0 厘米,并由褐色变成紫褐色或黑褐色,边缘也逐渐明显。病情严重时,花木下部叶片枯黄、脱落,对花木生长非常不利。

黑斑病的防治方法。除注意通风透光外,盆土不可太湿,施肥时不要把肥水洒到叶片上,如已洒上应立即用清水冲掉。如发现病叶应及时摘除,将其深埋或烧毁,并用 65% 代森锌可湿性粉剂 500 倍溶液或 1% 波尔多液每半个月向

花木喷洒一次,连续喷 3 次~4 次。

(4)炭疽病。这种病主要危害花木的叶片,也可危害茎部。叶的病状是在叶缘或叶尖上,出现紫褐色或暗褐色近似圆形的病斑,严重时,大半个叶片枯黑。盆栽兰花炭疽病,是比较常见的一种病害,各地均有发生。危害茎部的常在茎上出现圆形或近似圆形的病斑,呈淡褐色,炭疽叶面长有小黑点,如仙人掌类植物的炭疽病,症状即是如此(图 3-101)。

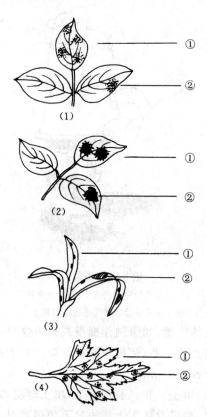

图 3-101 受病害叶片图
(1)白粉病 (2)黑斑病 (3)炭疽病
(4)锈病 ①病叶 ②病斑

炭疽病的防治方法。盆景与盆景之间要有一定的距离,不可过密,保持通风良好和花木所需的光照。发现病叶应随时剪除,将其深埋或烧毁,并喷洒 50% 多菌灵可湿性粉剂 500 倍液体或 50% 托布津可湿性粉剂 500 倍溶液,每周喷洒一次,连续喷洒 3 次~4 次。

3. 植物盆景常见的害虫及其防治方法
(1)吸食植物汁液的害虫

①介壳虫。介壳虫是小型昆虫,种类甚多,雌雄异体,大多数虫体上有蜡质分泌物。介壳虫是花卉常见的害虫,常群聚于植物的枝、叶、果上,吮吸其汁液,使被害部分枯黄,影响植株生长,严重者可造成植物死亡。

对介壳虫的防治方法。在养育花木过程中,如发现个别枝条或叶片上有介壳虫,可用软毛刷轻轻地刷除,或把被害枝叶剪除,将其深埋或烧掉,并立即喷洒药物防治,常用80%敌敌畏乳剂1000倍~1500倍液体,或40%氧化乐果乳剂1500倍液体,进行喷洒,每周喷洒一次,连续喷洒3次~4次。

②红蜘蛛。红蜘蛛又称火蜘蛛,它并不是真正的蜘蛛,而是一种螨类,属节肢动物门蛛形纲。红蜘蛛个体很小,体长不到1毫米,体形为圆形或卵圆形,呈橘黄或红褐色。红蜘蛛繁殖能力很强,尤其在高温干旱的气候条件下,繁殖迅速,危害严重。红蜘蛛分布很广,各地均有发生。它将口器刺入叶内吮吸汁液,使叶片的叶绿素受到破坏。危害严重时,叶面呈现密集的细小灰黄点或斑块,叶片逐渐枯黄甚至脱落。

对红蜘蛛的防治方法。当发现少量红蜘蛛时,应摘除受虫害的叶片,将其烧毁或挖坑深埋。如已蔓延,应及时喷药,可用40%氧化乐果加水1200倍,或80%敌敌畏乳液稀释1500倍,喷洒受害植株。

③蚜虫。蚜虫又称蜜虫、腻虫,是一种常见害虫。蚜虫又分为有翅型和无翅型两种。其个体细小、柔软,有浅绿色、绿色、黄色等不同体色,繁殖力强,对花木危害很大。蚜虫经常几十个至百余个群集在叶片、嫩枝、花蕾上,用口器刺入植物内吮吸营养,造成植株畸形生长,叶片皱缩卷曲,严重者叶片脱落,植株死亡。

对蚜虫的防治方法。当发现花木有少量蚜虫时,可用小毛刷刷掉杀死。如已蔓延,可用氧化乐果、溴氢菊酯等药物喷洒被害植株,喷洒时药物要稀释搅拌均匀。

(2)食叶害虫

常见的此类害虫有金龟子、刺蛾、夜蛾等,它们危害花木的共同特点是咬食叶片,轻者咬掉部分叶片,严重时可把叶片吃光,使植株不能进行光合作用。

对食叶害虫的防治方法。剪除并烧毁长有害虫卵的叶片,用氧化乐果、敌百虫等药物喷洒杀灭害虫。

(3)地下害虫

地下害虫是指土壤中的害虫,它们危害植物的根、茎和种子。这类害虫有几十种,其中较常见而又危害严重的有蝼蛄、小地老虎、蛴螬(金龟子的幼虫)等。

对地下害虫的防治方法。栽种花木时要清除杂草,杀灭土壤中的害虫。施肥必须用腐熟肥料,未经腐熟的生肥易诱发多种地下害虫。当发现盆土中有害虫时,可用40%氧化乐果加水1200倍,或用80%敌敌畏乳剂稀释1200倍液体,浇灌根部杀除,也可将受害茎叶下面的土壤挖开,捕杀害虫。

由于各地气候条件、植物品种、放置场地等不同,盆景花木出现的病虫害亦各不相同。因此,对植物发生的病虫害,应因地制宜,采取适当措施加以防治(图3-102)。

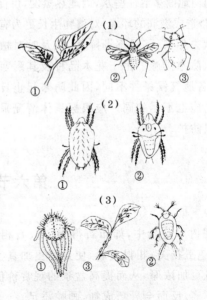

图3-102　常见害虫

(1)蚜虫　①受蚜虫危害的叶片　②有翅蚜　③无翅蚜
(2)山楂红蜘蛛　①雌成虫　②雄成虫
(3)吹绵介壳虫　①雌成虫　②若虫(幼虫)　③受雌成虫、若虫危害的叶片

(九)放置与防护

植物盆景的放置场地很有讲究,不可忽视。如放置场地不当,不但对植物生长不利,也不便于日常管理。放置场地有三条基本要求:一是要便于日常管理;二是要适于观赏;三是要有利于盆景植物生长。一般应放置在光线适宜、通风良好、四周清洁的环境中。

植物盆景放好以后,还要注意防护。夏季防护除适当荫蔽外,应特别注意防止大风及暴雨的危害。狂风骤雨,常常造成盆破枝折,特别是放在楼房阳台上的盆景,如被刮下去,还可能造成人身伤害。因此,如在阳台上放置盆景,应加护栏,以确保安全。

夏季防护还有一个降温增湿的问题。华北地区夏季常出现干旱炎热天气,气温之高有时超过华南地区,这对原产南方喜阴湿的植物极为不利。如遇这种天气,除对植物盆景适当浇水、荫蔽外,还应经常在其周围的地面洒水,以增加空气中的湿度,达到降温增湿的目的。若在日落前向地面多洒一些水,因地热蒸发,可促进夜间结露,造成滋润的环境,对植物生长更为有利。

秋去冬来,气温逐渐降低,应及时对植物盆景采取防寒措施。由于花木品种及其耐寒能力不同,各地气候条件不同,因此防寒起止日期和防寒措施也不尽相同。应根据具体情况采取措施加以防护。

华北地区常用的防寒措施主要有:

(1)对耐寒的盆栽花木,在秋末冬初浇足水,把盆埋入背风向阳的地下,盆面应低于地面,然后用土堆在盆面上。如枝干较高,可在枝干上缠绕塑料薄膜,即可安全越冬。

(2)将盆栽花木移入低温室内越冬(室温在0℃～5℃)。此法适于大多数花木。

(3)对一些不耐寒的盆栽花木应及时移入中、高温室内越冬(室温保持10℃～20℃)。

在室内越冬的植物盆景,春季不宜过早搬出室外。春季气温回升,天气逐渐变暖,但昼夜温差大、风沙多,如出室过早易受夜间冷风侵袭,将使嫩叶萎蔫,严重者可造成植株死亡。在出室前10天左右,每逢天气晴朗无风时,可打开窗户通风,或白天把盆景搬到室外背风向阳处,日落前再搬回室内。经过一段时间后(华北地区在"清明"前后,即阳历4月5日左右),方可把植物盆景搬出室外养护。一些原产南方不耐寒的花木,要到4月底或5月初才能搬出室外。这里所说的出室日期是指正常年份,因为每年"清明"时的气温也不一样,至于全国各地,气温的差异就更大,所以花木的具体出室日期,还要根据当年当时的气候情况灵活掌握。

当前电冰箱、电视机等已进入千家万户,这些电器开动时所产生的震动和射线等,对植物生长极为不利,所以在室内不要把植物盆景置于电冰箱上和电视机等电器旁。

第六节　树木盆景布石

在树木盆景中,如布石得当,树、石相互依托,可遮丑扬美,相得益彰,使景物更加真实,生活气息更加浓厚,从而提高盆景的观赏价值,如布石不当,反而会弄巧成拙,画蛇添足。

我国自古以来就有布石的树木盆景,唐朝以后,在树木盆景内布石的越来越多。就像在历代绘画艺术中所表现的,树木和山石经常形影不离。树木盆景布石所用的石料,多是硬石,如英德石、太湖石、斧劈石、龟纹石、风化石等。尤其是太湖石、龟纹石和英德石,形态奇特、纹理美观、玲珑剔透,最受广大盆景爱好者的青睐。

布石得当,会使咫尺之树,有参天之势,给盆景增添不少诗情画意和自然情趣。若在悬崖式桩景中,布置一块形态优美的山石,好似树木生长在悬崖峭壁之上,不仅能提高观赏价值,可起到平衡重心的作用,使盆景增添稳定感。

有的桩景树冠很美,但树干较细而不相称。为了弥补这一缺陷,可在树干旁边放置一块有一定姿色的山石,树桩和山石相互衬托,就会使树木盆景更加优美。但配石不应过大,其高度要根据造型需要灵活掌握。

有的在一长方形或椭圆形盆钵中,靠一端栽种一株树木,另一端空旷无物,就显得空虚而不实,整个盆景缺乏平衡感。如果在空旷处布置1块~2块具有一定形态的山石,不但会使盆景"虚实相宜",还能增加几分野趣,更显得真实自然。

制作丛林式树木盆景,多用较浅的长方形或椭圆形盆钵,因浅盆盛土少,常使树木栽植不牢,对盆树生长不利。如果在盆内多培一些土,在凸出盆面的表土上适当摆放几块纹理美观的龟纹石和英德石,这样,既可以稳固盆树,又可以遮挡凸出的盆土,还能使盆景更具山林野趣,真是一举多得。

树木盆景布石,一定要和树势相呼应。树木主干向右弯曲或向右倾斜,山石应布置在树木的右边;主干向左弯曲或向左倾斜,山石应布置在左边。在一般情况下,树木主干是直的,山石应竖立,树木倾斜,山石亦应倾斜;树矮则石矮,树高则石高,但山石要比树木适当小一些,才能衬托出树木的高大。树木盆景布石最忌"相背无情"、"各不顾盼",树石不相呼应,就会破坏构图,弄巧成拙(图3-103)。

水旱式盆景,是一种把树木盆景和山石盆景有机地融为一体的盆景形式。在水旱式盆景中,配石的极为常见,不配石的很少,其配石一般都不太厚。

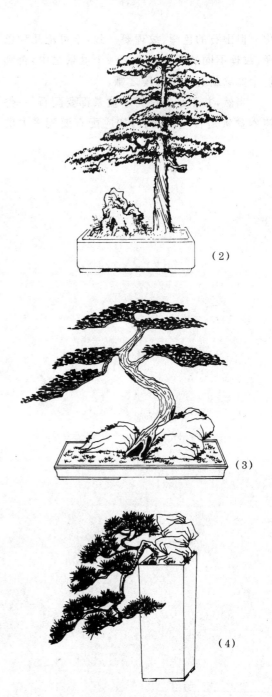

（2）

（3）

（4）

图 3-103　盆景中布石

（1）水旱式盆景布石　（2）直干式树木盆景布石　（3）曲干式树木盆景布石　（4）悬崖式树木盆景布石

（1）

盆景布石要讲究艺术效果。因山石大多数布置于盆景的主要观赏部位,要求山石的形态、纹理要美观,大小搭配适当,不可一处都用较大石块,另一处都用较小的石块,山石布局要有疏有密,有高有低,有前有后,错落有致,富于变化。但山石的色泽、纹理要一致，不可把几种色泽、纹理不同的石料布置于一个盆景之中，否则这个盆景就有东拼西凑之嫌。

当然，并不是每件树木盆景都要配石。一件树木盆景是否应该配石，如应配石要配多大的山石，其形态如何，要配多少，配在什么位置，这都要有一定的美学知识、绘画知识和对自然界树木与山石的关系，有一定的观察能力，才能使这些问题处理得恰到好处。

第四章　山水盆景

山水盆景是自然界秀山丽水、名山大川、名胜古迹的艺术再现，它是通过艺术加工来完成的。只有在艺术加工过程中去粗取精，遮丑扬美，以少胜多，小中见大，才能在咫尺盆盎塑造出千里之景。因此，山水盆景比自然山水具有更普遍、更典型的美。

我国幅员辽阔，历史悠久，地形复杂，名胜古迹、名山大川、异峰奇山遍布各地，如被誉为"甲天下"的桂林山水、"无限风光在险峰"的庐山、"山秀松奇"的黄山，以及享有"中华之魂"美誉的万里长城等，都是创作山水盆景取之不尽、用之不竭的源泉。

第一节　山形地貌名称

山水盆景是在浅口水盆中，以山石和水为主要原料，配制草木、人物和其他装饰品，模仿壮丽雄伟的自然景色，构成的立体山水画面。山水盆景移天缩地，以名山大川、名胜古迹为创作素材。为此，要创作山水盆景，就要了解山形地貌、湖光山色。为便于设计制作山水盆景，下面简要介绍一些有关山水形貌的一般概念。

(1)山水。即山和水，泛指有山有水的风景。

(2)山。由于地质变迁而在地面形成高耸的部分，就叫做山。

(3)山岳。高大的山，占地广阔，下面有很多小山簇拥，称为山岳。

(4)山坳。山间的平地。

(5)山峰。山的最高最突出的顶部称为山峰。根据高度，山峰又有主峰、次峰、配峰之分(图4-1)。

①主峰。主峰超众而立，高度为全组山峰之首。在制作山水盆景中，常以其高度、形态奇特取胜。

②次峰。其高度仅次于主峰。在制作山水盆景中，有的将次峰和主峰隔水而立，呈对峙之势，有的将次峰置于主峰旁边，其目的都是为了衬托主峰，使山势更加优美。

③配峰。在一组山峰之中，除主峰、次峰之外的山峰，统称配峰。在制作山水盆景中，常将

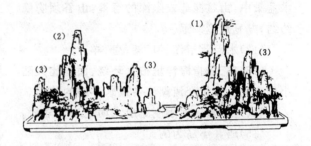

图 4-1　山峰

(1)主峰　(2)次峰　(3)配峰

配峰置于主峰、次峰周围。一件山水盆景中的配峰，以高低不齐、形态有所变化为好。

(6)山峦。连绵的山称为山峦。在山水盆景中，一般高者称为山，矮者称为峦，并有山无峰不美、峰无峦不壮、峦无起伏不真之说，故盆景的山峦应有起伏，才显真实，并衬托出山峰的雄壮(图4-2)。

(7)山洞。即山体上的洞穴。自然山洞的形成，一是由于山石溶解，二是由于地质的陷落。如桂林的山，几乎山山都有洞。山有洞便显得幽雅而意境深远，形状奇特的山洞更给人以神秘感。

(8)山岗。较低而平的山脊。

(9)巅。山峰之顶称巅。

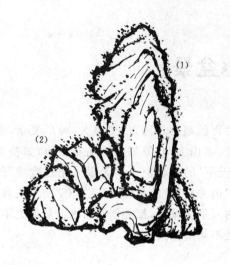

图4-2　峰峦

(1)峰　(2)峦

图4-3　山崖

(10)山崖。山的陡立的侧面(图4-3)。

(11)山谷。两山之间低凹处为山谷。在山水盆景中,山谷能造成幽深的意境,山谷须隐隐约约,方显意境深远。

(12)水。泛指江、河、湖、海、洋。

(13)岛。岛指海洋里被水环绕、面积比大陆小的陆地。也指江河湖泊中被水环绕的陆地。

(14)渚。水中间刚刚露出水面的小块陆地。

(15)屿。小岛为屿。

(16)矶。江河、湖泊边突出的小山崖。

(17)坡。由高处向下倾斜的地方。

上述山水形貌是制作山水盆景必须了解的。但光了解这些概念还不够,还必须多观察真山、真水,多观摩山水盆景和山水画,不断增加自己的感性知识。如果能在自己的头脑里"储存"大量奇峰异石之图、名山大川之景,创作山水盆景时,便会得心应手,见景生情,随机应变。大自然中的山山水水,姿态各异,气象万千。人们常用泰山之雄、华山之险、黄山之变、漓江山色来形容祖国山河之雄伟秀丽。这些名山大川的壮丽景色,是创作山水盆景很好的素材。

要想尽快创作出立意新颖、具有诗情画意的山水盆景,就要多观察、善思考、重实践,既要继承传统,又要开拓创新,做到胸有丘壑,运用自如。只有这样,才能设计制作出师法自然而又高于自然的优秀山水盆景作品。

第二节　山水盆景的地方风格

目前我国盆景的流派和地方风格主要是以树木盆景为主,各地山水盆景虽各具有一定特色,但远没树木盆景那么明显。因为山石的分布不像树木那样受到气候条件的严格限制。再者现代交通的发达和经济的发展,人们的往来及物资的交流,比过去更加方便、快捷,且山石的贮存、运输比树木要容易得多,一些不出产山石的地区,制作山水盆景的石料亦很丰富。从甲地到乙地,也不存在是否成活的问题。

我国幅员辽阔,地大物博,地质结构复杂,适合制作盆景的山石很多。宋代人对山水盆景用石已有相当的研究,如杜绾在《云林石谱》一书中写道:"石品一百一十六种"。并对各种石料的产地、形态、色泽等均有较详细的记载。盆景艺术在千余年漫长的发展中,由于受到当地风俗民情、绘画艺术、山形地貌以及盆景艺术家在创作中表现出来的艺术特色和创作个性的不同,各地逐渐形成了自己的风格。

（一）江苏山水盆景

江苏省山水盆景历史悠久，源远流长。江苏地处长江下游，又有太湖水域，河流成网，丘陵连绵，盛产制作山水盆景的石料，再加雨量充沛，气候温暖湿润。这些优越的自然条件为江苏山水盆景的发展奠定了物质基础。

江苏自古以来，经济发达，文化繁荣，是文人荟萃之地。唐代大诗人白居易做过苏州太守，他做过许多有关盆景的诗篇，如咏假山诗："烟萃三秋色，波涛万古痕。肖成青玉片，截断碧云根。风气通岩穴，苔文护洞门。三峰具体小，应是华山孙。"宋代诗人兼书画家苏东坡也是一个盆景爱好者，他在扬州获得一绿一白的两块山石，非常喜爱，还做有"双石诗"，这些文人对江苏山水盆景的发展起到了推动作用。

近些年来，江苏省山水盆景发展较快的要数靖江县了，该县具有一批制作山水盆景的高手，他们的作品多次在国内外盆景展览中获奖，1996年4月邮电部发行了我国第一套以靖江县山水盆景为题材的《山水盆景》特种邮票一套6枚。这套邮票的发行，对弘扬发展中国山水盆景艺术起到了积极作用。扬州的水旱盆景"八骏图"，1985年在首届中国盆景评比展览会展出受到专家和广大盆景爱好者的关注，被评为一等奖。此后水旱盆景在神州大地得以迅速发展，并很快传到国外。

江苏山水盆景注重对诗情画意的表现，有一些作品就是根据绘画或山水诗词而创作的。江苏山水盆景布局造型款式很多，不拘一格，盆内山石上所栽种树木一般体量较小，注意和山石比例的协调，并讲究位置和树木的姿态。江苏山水盆景表现题材广泛，不仅有当地山水风光，也有表现我国其他地区名山大川、名胜古迹景致的（图4-4）。

（二）四川山水盆景

四川省山水盆景以成都为中心，代表四川广大地区的山水盆景艺术。四川山水盆景力求用艺术的手法，再现巴山蜀水的名山古迹。自古

图4-4　江苏雪花斧劈石盆景

蜀国多仙山，巴山遍胜迹。形成了幽、秀、险、雄的艺术风格而驰名中外。四川盛产砂积石、龟纹石、芦管石，尤以川西出产的砂片石，瘦漏出奇，纵向折皱，能很好地再现巴山蜀水的自然风貌，用川石表现川貌，可谓得天独厚，情趣盎然。

四川山水盆景的造型布局比较简练，寥寥几块山石经过巧妙搭配，即表现出一幅生动活泼的画面，很好运用了"以少胜多"的造型原则。其款式多为高远式或深远式，山石重峦叠嶂，挺拔伟岸，充分体现了幽、秀、险、雄的风格。四川山水盆景注重绿化，常在山石缝隙或洞穴等处栽草种树，使景致更真实而具生活气息。四川的山水盆景中很少点缀舟、亭、塔、桥、房屋、人物、动物等配件（图4-5）。

（三）岭南山水盆景

人们习惯把大庚岭以南的广东、广西的广大地区称为"岭南"，该地区的山水盆景也就称为"岭南山水盆景"了。

广东省地势北高南低，大部分为山地丘陵，因此石料资源比较丰富，其中以英德地区出产的英德石（又称英石）最为有名。英石质地坚硬，正面体态嶙峋，纹理多变，背面较平坦。英石既可做大中型山水盆景，亦可做小型、微型盆景，也可做挂壁式以及水旱盆景，用途广泛，受到广大盆景爱好者的喜爱。广东山水盆景是以秀丽的南国风光为题材，款式多样。

图 4-5 四川砂片石山水盆景

　　广西的山水盆景主要分布于桂林、南宁、柳州等地,很多作品艺术地再现了桂林地区山青、水秀、石美、洞奇的自然景色,素来就享有"桂林山水甲天下"之誉。广西山水盆景常采用当地产的芦管石、钟乳石、砂积石、墨石等石料。其中最为出类拔萃的要数桂林地区的钟乳石盆景了,钟乳石奇特绝妙,有的似堆雪砌玉,有的似宝剑险峰,形态万千,美不胜收。用这些石料制作的山水盆景,能很好表现漓江山色和桂林风光(图4-6)。

图 4-6　广西钟乳石山水盆景

(四)上海山水盆景

　　上海市是我国最大的工业基地和海港,是水、陆、空交通中心,与外界联系密切,经济发达,是文人雅士汇集之地,文化艺术繁荣,这些条件对促进上海山水盆景发展起到积极作用。

　　上海人口众多,高楼林立,平房很少,广大盆景爱好者培育树木盆景的场所有限,所以山水盆景、微型盆景比较受欢迎。上海地处长江三角洲,近海区域地势低平,仅松江县西北一带,有少数由喷出地表的岩浆岩构成的孤立残丘,故本市制作山水盆景的石料匮乏,制作山水盆景用石基本取自外埠。所用石料不论硬质石料还是松质石料,种类齐全,但多为硬质石料。

　　上海山水盆景概括地说可分为两大类型。其一是平远式,以表现远山见长。制作这类盆景常采用易于锯截雕琢的松质石料,如浮石、海母石、砂积石、芦管石。其二是表现雄奇险峻的近景。制作此式盆景常选用斧劈石、英德石、石笋石、奇石等硬质石料。上海山水盆景不论山峰低矮平缓、坡脚伸延较长的平远式造型,还是山峰挺拔险峻、悬崖陡壁的近景造型,多数盆景中都点缀做工精湛、比例恰当、符合主题的配件,不但起到画龙点睛的作用,还使景物平添生活气息(图 4-7)。

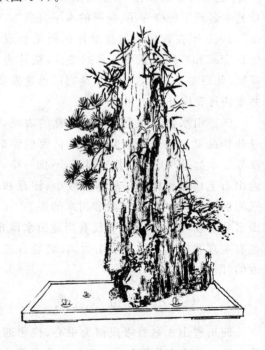

图 4-7　上海木化石山水盆景

（五）湖北山水盆景

湖北省位于长江中游，地势西高东低，西、北、东三面环山，向南敞开。山地丘陵占全省面积的大部分，境内多山，石料资源丰富，有砂积石、芦管石、龟纹石、钟乳石、风化石、黄石等几十种。丰富而优良的石料资源为湖北山水盆景的发展提供了物质基础。

湖北水系发达，以长江为主干，河流从两侧汇集形成长江水系，横贯全省。众多的湖泊分布在东南部江汉平原上，故有"千湖之省"的称号。

湖北是楚文化的发源地，是爱国诗人屈原和古代药学家"本草之父"李时珍的故乡。唐代大诗人李白在湖北居住时留有许多诗篇。这些文化遗产，对湖北山水盆景的发展亦产生很大的影响。

湖北境内秀丽的山水风光，如三峡之险、武当之奇、神农架巍峨的群山及丰富的石料资源和自古以来丰富的文化遗产，为湖北山水盆景快速发展奠定了得天独厚的基础。湖北山水盆景起步虽晚，但发展很快，1985年在首届中国盆景评比展览会上武汉的大型组合式山水盆景"群峰竞秀"获得最高分。以后历届全国盆景展览，湖北的山水盆景多次获得一等奖（图4-8）。

图4-8　湖北芦管石山水盆景

（六）北方山水盆景

北方山水盆景是指黄河流域及其以北广大地区的山水盆景。北方在我国盆景发展史上曾作出过巨大的贡献。从我国已出土的文物以及

各种盆景专著中都可以看出，从汉代至唐代近千余年的时间里，北方盆景处于全国领先地位。由于气候以及历史的变迁，近代南方经济发展较快，南方盆景发展速度超过了北方，处于领先地位。

1979年，中华人民共和国成立后的第一次全国盆景展览在北京北海公园举行，这次盆景展览非常成功，中外观众很多，反应颇佳。这次盆景展览对推动北方各地盆景尤其是山水盆景的发展起到巨大作用。

北京市历史上是六朝古都，名胜古迹，皇家园林很多。北京西北和北部山区面积占全市面积的60%以上，山区岩石结构复杂，植物、山石资源丰富。上述条件对促进北京山水盆景的发展大有益处。据《民间文库》"香山盆景"记载，《红楼梦》作者曹雪芹，从碧云寺南山取石制作山水盆景，并在山石上种植青苔、万年青等植物；曹雪芹不但能作盆景，还能制作枯树模样的盆钵。清末至民国时期北京盆景基本处于停滞状态。

近20年来，北京山水盆景发展较快，在继承传统的基础上刻意求新，博采众长，已初步形成自己的风格。北京山水盆景可概括为以下三点：雄奇险峻而不失自然，粗犷伟岸而不失细腻，幽雅传神而不失沉稳。

山东是黄河流域一个具有悠久历史的省，是中国古文化的发祥地之一，历史上在经济、文化艺术上均有着辉煌的创造。山东倚山傍海，自然条件优越，自然景观极为壮丽，山地丘陵面积多达5万平方公里，尤以五岳之首的泰山驰名中外。山东石料、植物资源丰富，既有松质石料，硬石品种更多。山东山水盆景由于受到当地传统文化、欣赏习惯和自然景观的影响，逐渐形成雄奇秀丽、挺拔浑厚的风格。

此外，河北的千层石盆景，辽宁的木化石盆景，吉林的浮石盆景都具有明显的地方特色。

第三节　制作山水盆景的材料

我国地大物博,石料资源丰富,适宜制作盆景的材料很多。品种繁多的石料,归纳起来可分为两大类:一类是质地疏松、吸水性能好、能生苔、易加工的松质石料(又称吸水石);另一类为质地坚硬、不吸水、不易加工的硬质石料。制作山水盆景的材料主要为山石,但除山石外,还有其他一些代用材料。

评论一件山水盆景的优劣,不在于用什么材料制成,也不在于它的大小,只要制作者匠心独运,师法自然,造型奇特,把自然界重峦叠嶂、波光岛影等山水画面,艺术地凝缩于小盆之中,使人产生"咫尺盆盎,可瞻万里之遥;方寸之间,乃辨千尺之峻"的观感,就是一件上乘的艺术作品。

(一)松质石料

1. 芦管石

芦管石是由泥砂和碳酸钙胶合的地表石灰质砂岩,除泥砂和碳酸钙外,还含有部分植物残体,如树木枝叶、芦苇、草等,由于有这些有机物质混在其中,从而形成这种石料粗细不同、纵横交错的管状结构。芦管石有白色、土黄色、黑土黄色等颜色,制作山水盆景用土黄色的比较好。芦管石多以粗细不同的管状纹理构成,形态自然,多奇峰异洞,有的不用雕琢、修刻,只需把底部锯平,置于浅口盆中,便成为一件有观赏价值的独峰式山水盆景。芦管石产地较广,全国很多省区都有出产。

2. 浮石(又称海浮石、水浮石)

浮石质轻,是火山爆发时喷射出的熔岩冷却而成,有白色的、灰黄色的及深灰色的。由于浮石不像芦管石那样奇形怪状,也不像龟纹石那样具有自然纹理,故用浮石制作山水盆景,其形态、纹理基本上都需要人工雕刻。浮石产于各地火山口附近,如长白山天池、黑龙江、嫩江等地。

3. 砂积石

砂积石因产地不同颜色深浅不一,有色白微黄的,也有灰褐色和棕红色的。砂积石是泥沙与碳酸钙凝聚而成的表生砂岩,质地不匀,比重不等,有松有硬,根据砂粒的大小不同,可分粗砂积石和细砂积石。制作盆景最好选用质地软硬适中的砂积石,这种石料既吸水,又不易断裂。砂积石产于四川、安徽、浙江、广西、北京等省、市、自治区(图 4-9)。

图 4-9　砂积石山水盆景

4. 海母石(又称珊瑚石)

海母石是海洋贝壳类生物遗体聚积而成,呈白色,质地疏松,吸水性能好,容易雕琢加工,适宜做中、小型山水盆景。因海母石产于海洋,含有盐分,需经多次漂洗,去掉盐分,才能植树铺苔。海母石产于东南沿海各地。

5. 鸡骨石

鸡骨石是石灰岩硫化矿物等露出地面后,经多年雨水冲刷和风化而形成的,因有的颜色、结构、纹理与鸡骨相似而得名。呈不规则孔隙,有的质地均匀,能够吸水;有的质硬,吸水性能差。鸡骨石的色泽有土黄、棕红、灰白、红褐等色,有的可作山水盆景用石,有的经过艺术加工可制成盆钵,栽种花木,别有情趣。鸡骨石产于山西、河北、安徽等省。

（二）硬质石料

1. 斧劈石

斧劈石简称劈石，是沉积岩，属页岩类。斧劈石的层理结构具有沉积岩的显著特点，层理明显，厚薄不一，上下平行重叠，断口参差不齐。因其表面纹理好像山水画中的斧劈皴而得名。

斧劈石因形成的地质条件不同，其自然色泽、层理、质地、长短也各不相同。色泽有灰白、黑色、土黄、深灰等色。质地有硬、软两种，硬者加工需用金刚砂轮锯，软者用普通小钢锯就能加工。斧劈石纹理通直，刚劲挺拔，适宜制作悬崖峭壁、剑峰千仞的高远式或深远式山水盆景。

斧劈石很多省区都有出产，但以江苏省武进县出产的斧劈石最为著名（图4-10）。

图4-10　斧劈石山水盆景

2. 钟乳石

钟乳石是石灰岩溶洞中的石块，经长期水溶而形成的，有白、黄、浅红等色，形态奇丽多姿，有些钟乳石上还闪烁着晶莹的荧光。钟乳石有独峰，也有群峰，线条一般较圆润，洞穴较少，色白者用来表现冰天雪地的北国风光最佳。上乘钟乳石是制作山水盆景和石供的珍贵石料。

钟乳石产于广东、广西、云南、浙江等地区，以广西桂林出产的最佳。

3. 木化石（又称硅化木、树化石）

木化石是古代树木因地壳运动被埋入地下深处，在地下经过高温高压，其内部有机质逐步分解而形成保留树躯原貌的化石。木化石因地壳运动露出地面后，经过风化，形成浅黄、深黄、赤铁或灰白等色。木化石的线条大都刚直有力，既有树木纹理，又有岩石的质地，有的还带有松脂痕迹。木化石质硬而脆，纹理美观，形态奇异，是制作盆景的上等材料，但其产量少，很难得到。木化石的产地主要有：辽宁省的义县、锦州、北票地区，浙江省的金华地区，四川省的永川县等，其中以辽宁省义县、锦州一带出产的木化石为最佳。此外，这种石料在各地的煤矿中也偶有发现。

4. 风化石

风化石是山上的石块经长期风吹、雨打、日晒而自然形成的一种石料。风化石千姿百态，因产地不同而颜色深浅不一，多为灰色和深灰色，有的自身具有不同纹理和洞穴，多用于庭园堆砌假山等，小者也可用来制作盆景。这种石料，全国各地均有出产。

5. 太湖石

太湖石有白色的、灰白色的和灰黑色的，以纯白者为佳。其形状玲珑剔透，纹理清晰流畅，形状奇特，小者如拳，大者两丈有余，既可制作山水盆景，也可布置庭园。在庭院、公园，常可见到把较大的太湖石单独摆放在石台上，供人欣赏。

太湖石原产于太湖地区和洞庭湖的消夏湾，因多年开采，资源越来越贫乏。现在新的产地有湖北汉阳、江苏宜兴、浙江长兴、北京西部、安徽巢湖等地区。

6. 卵 石

卵石具有独特的花纹、色泽和形态，因其质地坚硬，且多呈圆形或椭圆形，很难加工。用卵石制作盆景，大都是用自然形态，经胶合而成（有条件者亦可用金刚砂轮锯加工），因此，必须善于选石。著名的南京雨花石也属卵石。卵石在海滩和河川岸边均可拣到，在城镇也可到建筑工地的沙石堆中去挑选。雨后是寻找卵石的好时机。

7. 英石（又称英德石）

英石是石灰石经长期自然风化侵蚀而成，多为灰黑色间有白色，也有纯白和浅绿色的。其石质坚硬，纹理细腻，有大皱小皱之别，线条曲折多变，以多孔、皱透、体态嶙峋者为佳。英石主要产于广东英德地区。

8. 石笋石（又称鱼鳞石、白果石）

石笋石为青灰色或紫色中夹白色砾石，其质地坚硬，多呈笋状，宜作险峰。石笋石主要产于浙江长兴一带。

9. 宣城石（也叫宣石）

宣城石洁白如玉，棱角明显，质地坚硬，皱纹细而多变，多面结晶状，宜制作表现北国雪景的盆景，也可做树桩盆景的配石。其主要产地为安徽省宣城地区。

10. 锰矿石（又称锰石）

锰矿石多为深褐色，有的近似黑色，质坚而脆，表面多呈竖向纹理，不易雕琢。用锰矿石制作山水盆景，主要选取自然形态，经适当加工后拼接胶合而成，适宜表现挺拔雄健的山峰。其产地主要有安徽等省。

11. 千层石

千层石是沉积岩的一种，纹理呈层状结构，在层与层之间夹一层浅灰岩石，常含有砾石，石纹呈横向，外形好像久经风雨侵蚀的岩层，在山水盆景中，常用来表现远山、断崖、江岸、海岛和沙漠风光。其产地为江苏太湖地区和浙江、江西、湖南、安徽、北京、山东等省（图4-11）。

图4-11　千层石旱石盆景

12. 灵璧石

灵璧石外观与英德石相近似，但表面纹理较少。形态自然柔和，有的有孔洞。石质坚硬，叩击时发出清脆金属声。色泽有灰黑、浅灰、白色、赭绿、土红等色，属石灰岩。该石是我国传统名石，产于安徽省灵璧县馨山以及周围山地，因为开采年代已久，目前难以找到上乘佳品。

13. 昆山石（又称昆石）

该石因产于江苏省昆山一带而得名。一般蕴藏于山中石层深处，须开洞凿取。昆山石洁白晶莹，有的白中带黄，质坚而脆，形态多玲珑剔

透，具皱、透等优美形态，是我国传统观赏石种之一，也是制作盆景的好材料。

14. 龟纹石（又称龟灵石）

该石色泽深灰或褐黄色，因石面常有一些深浅不一的龟裂纹理而得名。石质坚硬，体态浑圆，不吸水。石面纹理有粗细之别，粗纹理好似刀砍斧劈，气势非凡，具有自然美。石料大多数只有一两面纹理，具有山峰状的石料较少，宜作水旱盆景或树木盆景的配石。产地主要是重庆市、安徽省淮南、湖北省咸宁等地。

15. 菊花石

菊花石是埋藏在河底的奇特之石，一般呈椭圆形，有白色、黄色、紫色、红色、黑色等，黑色中有白色晶花，形似盛开的菊花，非常可爱，故而得名。菊花石质地坚硬而脆，多作观赏石，也可制作山水盆景。主要产于广东省、湖南省浏阳等地。

16. 孔雀石

孔雀石是铜矿石的一种，产于各地铜矿区。因它具有美丽的孔雀绿和近似孔雀羽毛的花纹而得名。色泽有翠绿、粉绿、墨绿以及浅蓝等色，色彩艳丽明快，而且有光泽。质地松脆，形态奇特，常成片状、蜂巢状、钟乳状等形状。用孔雀石制作的山水盆景，选择有一定姿色石料，稍作加工，即可成为具有观赏价值的盆景。

17. 墨石

墨石因其色黑如墨而得名。该石属石灰岩。岩石表面有纵横交错凹形的纹理，有的石块其纹理外形好似龟纹石。墨石产于广西地区。

18. 燕山石

近十余年来，在北京市房山区发现一种硬质山石。其原始山石基本都是土黄色，纹理不明显，但用稀盐酸一烧，马上显现出各种优美的纹理。有的挺拔直立，有的呈弧形或椭圆形，纹理密者仅间隔2毫米～3毫米，纹理疏者间隔3厘米～4厘米。纹理多为土黄色和棕色间隔所形成。少部分为土黄色和深棕色间隔所形成。石块多为不规则的棱形，也有呈片状的。常见的石块长度在10厘米～30厘米，超过50厘米长者少见，达到100厘米以上者更是罕见。燕山石属

硬质石类,但其硬度也有差别,坚硬者和英德石一样,锯截时要用金刚砂轮才能锯开。有的硬度较低,可用钢锯慢慢锯开。从出土的燕山石比例讲,石质坚硬者居多。北京人习惯称北京西部山区为燕山,所以给该石命名为"燕山石"。燕山石可制成各种款式的盆景,形态别致。纹理美观者可作雅石陈设,情趣盎然。

　　燕山石一被发现就受到北京盆景爱好者的青睐,纷纷用此石制作山水盆景。因为燕山石坚硬,纹理美观细腻,山脚完整,特别适宜制作小型、微型山水盆景,用此石制作的平远式山水盆景独具特色。近几年来,北京盆景爱好者用燕山石制作的山水盆景,在北京以及全国盆景展览评比中曾多次获得奖牌(图4-12)。

图 4-12　燕山石山水盆景

19. 大理石

　　大理石一般是白色带有黑、灰、褐等色的花纹,有的色白如雪花,亦称雪花白或雪花石,可制作山水盆景用的盆钵。其上等的质地坚硬细腻白如玉,称为汉白玉,更是制作盆景用盆的好材料。我国有许多地方出产大理石,其中以云南大理和北京房山出产的最为驰名。

(三)其他材料

　　制作山水盆景,除山石之外,还可用树皮、炉渣、贝壳、煤石、泡沫瓦等作代用材料。这些材料中,相当一部分属于普通的废弃之物,使之变废为宝,如善于利用,经巧妙加工制作出的盆景与用山石制作的盆景相比,并不逊色。这些材料取材方便,经济实用,有广阔的发展前途。

1. 树　皮

　　由于苍老的树皮特有的色泽、纹理和结构,制作出来的山水盆景独具一格。适于制作盆景的树皮很多,取材也十分方便。选择树皮时应注意三点:一是要有一定厚度,一般应在1.5厘米以上;二是要注意纹理,以类似自然山石的纹理为好;三是应有一定韧性,制出的盆景才坚固。至于树皮的色泽则不必过多考虑,可用人工着色法,色随人意[图4-13(1)]。

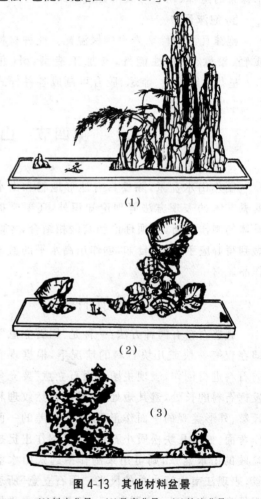

图 4-13　其他材料盆景
(1)树皮盆景　(2)贝壳盆景　(3)炉渣盆景

2. 炉　渣

　　炉渣表面凹凸不平,周身是洞,形态奇特,再经雕琢、拼接、胶合,表面撒一层土黄色的水泥粉,制成盆景别具韵味[图4-13(3)]。

3. 贝　壳

　　贝壳的纹理、色泽独具特色,形状多样,沿海地区均多可拣到。制作盆景要选用纹理明显、色泽艳丽、大小不一的贝壳,经过构思,拼接、胶合而成。这种盆景光彩夺目,妙趣横生,非常美观[图4-13(2)]。

4. 煤石

煤中掺杂的石块,人们习惯称它为"煤石",工业上称"煤矸石"。煤石质地坚硬,色黑而有光泽,有的煤石与斧劈石相似,呈片状或条状,纹理通直,刚劲有力,有的自然呈峰峦状,宜作山水盆景的险峰、峭壁与雄伟挺拔的山峰。

5. 泡沫瓦

泡沫瓦系指珍珠岩泡沫保温瓦。此种材料质轻、松软、吸水性能好,易加工造型,pH值7.7左右。经锯截、雕琢、胶合可制成各种样式的山水盆景,上面还可栽种文竹等常绿小植物。装拆暖气管道时,常有很多破碎泡沫瓦,可拣来制作盆景,既经济又方便。

6. 枯木

选用形态、纹理似山,腐败干枯甚至部分变朽的老树树干、树墩及树根,经过锯、刻、钻、挖、粘合,即可制成木假山。在人烟稀少的大山或丘陵地区,常能发现已枯死多年的树墩,有的树墩原来就盘根错节、凹凸不平,再经风吹雨打、日晒风化,自然形成奇形怪状,略经加工,即成盆景。

7. 人造石（又称塑石）

详见第六章第五节中塑石山景。

第四节　山水盆景制作技艺

制作山水盆景,除要具有地形地貌和山水盆景艺术的表现方法等理论知识外,还要掌握具体的制作技巧,必须理论和实践相结合,才能做到得心应手,运用自如,创作出高水平的盆景作品。

（一）观选石料

观选石料有两种方法:一种是"因石立意",即在仅有一块或几块石料的情况下,根据现有的石料进行创作,表现主题。"因石立意"要充分发挥石料的长处,避其短处,把具有自然纹理和丘壑、外形美观的一面作正面,形态较差的一面作背面。如有几块松质小石料,难以制作出挺拔险峻的山水盆景,则可用来制作平远式山水盆景,表现江南山清水秀的风光。"因石立意"所表现的意境常受到一定限制。一般业余盆景爱好者因石料较少,多为"因石立意",然后再进行创作。另一种是"因意选石",在石料较多的情况下,多采用此种方法。如在游览名胜古迹或名山大川之后,深为祖国壮丽河山所激发,或读一首好的诗词而受到启迪,有了创作的欲望,然后根据立意去挑选石料。例如,欲制作表现当年红军长征时爬雪山情景的山水盆景,最好选用浮石、宣城石或珍珠岩等材料,以便很好地反映冰天雪地的山峦风光。如欲制作表现陡峭石林风光的山景,应选择斧劈石或煤石等细长条状的石料。

在大堆石料中挑选山石时,首先要挑选好主峰的石料,然后再挑选与主峰形态、色泽、纹理、质地相协调的较小石料。在选石时,注意挑选具有"瘦、漏、透、皱"的山石,以便生动地表现山峰的各种形态。下面将具有这几种形状的石料及其加工方法与用途分别介绍如下:

1. 瘦。瘦型石概括地说,就是有棱角的长条状石料。瘦型石可布置成壁立当空、孤峙无倚的姿态,看去有亭亭玉立之感。瘦型石能充分显示山峰的峻秀挺拔、崔巍雄奇,臃则反之(图4-14)。

2. 漏。漏在山水景物中指倒挂于山体的部分。漏的位置一般在岩洞中或悬崖峭壁突兀处。漏可增加山水盆景的美感。在松质石料上,可用锯截和雕琢的方法做倒挂。锯截前,先观察好石料,确定是否宜做倒挂和做倒挂的位置,如果适合做倒挂,在下锯前先按预定位置划出锯截线,依线下锯。锯后如有不理想处,可用钢锯条、小刻刀或小锉再进行加工。加工时动作要轻,并把

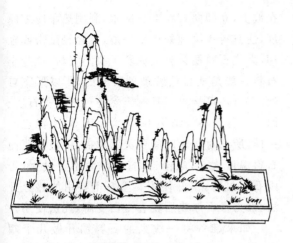

图 4-14　瘦型石旱石盆景

倒挂部分向上，否则倒挂部分易断。

　　用硬质石料做倒挂，多在悬崖峭壁处用水泥胶合上一块瘦型石，胶合上去的石料形态必须和峰峦协调，否则不美。胶合处水泥外露部分的痕迹，可撒一层山石粉末遮盖(图 4-15)。

图 4-15　漏型石山水盆景

　　3. 透。透是要求石料上有洞穴，可以透过视线。透，除能使山水盆景更加美观外，还能起到调整重心的作用。如山石一侧过实，使主体重心不稳时，可在过实部分凿洞，以达到平衡，同时也做到实中有虚，解决了虚与实之间的矛盾，使虚实结合恰到好处。

　　4. 皱。皱是指山石上的纹理。它如同衣服

上的皱褶，皱而有律，繁而不乱。现置于杭州花圃的《皱云峰》，就是表现这种形式的代表作。

　　山水盆景常用的皱法有以下五种：

　　(1)斧劈皱。这种皱法大都用来表现高耸的山峰，适合于较硬的石料，其形状好像是斧劈刀砍后留下的痕迹，有的纵横交错，形似乱柴。

　　(2)披麻皱。这种皱常用来表现不太高的山峦。最好选用质地疏松的石料。

　　(3)卷云皱。这种皱宜表现苍老的山峦，以松质石料为宜。

　　(4)荷叶皱。这种皱似经雨水冲刷，石沟深陷，犹如荷叶的筋络，四下垂流。

　　(5)折带皱。这种皱主要表现水成岩山岳，特别是崩断的斜面，其转折的地方很自然，就像折带一样。有的石料，如斧劈石、千层石断端自身便具有天然的折带皱形态(图 4-16)。

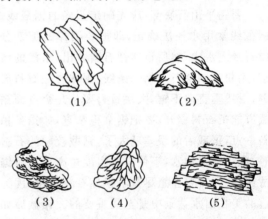

图 4-16　山石五种皱法
(1)斧劈皱　(2)披麻皱　(3)卷云皱　(4)荷叶皱　(5)折带皱

　　到商店购买石料时，如能找到瘦、漏、透、皱俱全的石料当然最理想，但通常难以找到，具备其中 1 项～2 项也就可以了。一般来讲，长条状石料比圆形石料更便于造型，加工时浪费石料也少。在选购吸水石如芦管石时，最好选择其质地属中等硬度又能吸水的石料，石质过软过硬都不好。石料软，吸水性能虽好，但质地不坚韧，在加工和搬动时容易破碎；石料过硬，吸水性能差，做成山水盆景，下部湿而上部干，也不美观。同时还要考虑加工问题，硬质石料因其质地坚硬难以加工。一件盆景的优劣，同选石的形态、

质量有很大关系。如果石料选择得好，不但加工省时省力，石料浪费少，而且自然情趣浓厚，有时甚至不用雕琢，只把底部锯平，再配几个小山峦，就成为一件优秀的盆景作品。

（二）锯截雕琢

在制作山水盆景时，是先锯截后雕琢，还是先雕琢后锯截，各人的习惯不一样。一般来说，如果先锯截后雕琢，就要求制作者必须有较高的技术和对石料结构有充分的了解，否则一旦雕坏，就难以补救。如果先雕琢后锯截，一旦雕琢失误，还可随机应变予以补救。

1. 锯 截

一块或数块石料不经锯截就能制作山水盆景，那是非常罕见的，所以锯截是制作山水盆景的基本功之一。

要锯平山石底部，应先确定正确的锯截线。锯截线常用水浸法确定，即把要锯掉的那部分山石浸入水中，然后迅速把石料拿出，水浸的痕迹，用粉笔围绕石料划一条线。锯截时把石料放倒，沿线垂直向下锯，大块石料要从几个方面锯截方能把石料锯开。要把锯拿稳拿直，如锯条稍斜一点，锯截后的误差就大了。锯截较硬的石料时，应边锯边加水，不使锯条温度过高而减慢锯截速度。同时要注意尽量不损坏石料边角，因为边的美在山水盆景中是至关重要的。锯截后如底部不太平，可用砂轮磨平或在水泥地面磨平，一般不要再锯，因为再锯峰峦将变矮，也不一定能锯平（图4-17）。

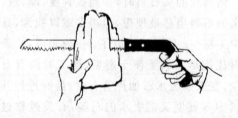

图4-17　锯截小块松质石料

有些质地坚硬的石料，特别是大块硬质石料，锯截比较困难，可用加热法分开。加热法是将石料放在火上烧烤到一定温度，迅速离火，放

在地上，立即向石料上浇冷水，利用热胀冷缩原理，使石料在纹理处产生裂痕，再轻轻敲击或轻摔，大块石料便会分裂成若干块小石料。这些小石料一般是从自然纹理处裂开的，所以形态自然，有时还可能出现具有天然姿色的优美石块。因为各种石料的结构不同，大小不等，火源也不一样，所以对烧烤时间要灵活掌握，一般不要使石料温度太高，敲击、摔打时用力不要过大，否则石料过碎，不好使用。墨石不要用加热分开法，因为墨石加热后就会变白变酥，无法使用。

如果准备将一块大的石料锯开做几个峰峦，应首先考虑主峰。因为主峰是一件盆景的主体，主峰的好坏是盆景成败的关键，所以要把最精华的那部分用做主峰。当然，次峰、配峰也是盆景的组成部分，不可忽略，次峰、配峰处理得好，可以更好地衬托主峰，但要注意不可喧宾夺主，要客随主行。

关于石料锯截，下面举两个具体实例加以说明。

例一：如果手头有一块基本呈椭圆形而姿色比较优美的石料，可按体量2：8锯开，把大块石料略经加工，做成独峰式山水盆景，将小块石料锯成2块～3块，作为山脚下的小石，这样就制成一件美丽的山水盆景了（图4-18）。

图4-18　一块石料做一件盆景

例二:如果手头有一块基本呈圆形而没有什么姿色的浮石,可把它锯截成大小不等、粗细不一、高矮不齐的数块石料素材来制作盆景。在锯截前,要仔细观察石料,先找出比较优美的部分做主峰,再找出做次峰的部分,有的边角自上而下呈高低不一的小山峦状,应注意保留。然后确定锯截线,把大块石料锯成数块石料素材,根据构图,把这些石料素材加以雕琢,再把底部锯平,制成浮石盆景。但也有的不把浮石锯开,而用雕刻方法使浮石成景,只把底部锯平(图4-19)。

图 4-19 浮石盆景

锯截所用的工具,如锯松质石料或硬质石料中的较软者,均可用普通钢锯锯开。坚硬石料如木化石、卵石,则要用金刚砂轮锯锯截。

2. 雕琢

在山水盆景创作时,不论是"因意选石"或是"因石立意",一般来讲,石料都不会完全符合创作意图,总会有不理想之处,这就需要雕琢。

(1)整体形态的雕琢

雕琢石料时,应先用小山子的刀状一端,雕琢出峰峦丘壑的大体轮廓。这一步很重要,因为它将影响到整个山景的外形。唐代王维在其所著的《画学秘诀》中说:"山分八面,石有三方。"这句话的含义是:山是多棱面的锥形体,所以画山时要画出其几个棱面,即八面玲珑之意;石有三方,也可说是石分三面,即顶面、正面、侧面,画出这三个方面才有立体感。雕琢山石也和中国画的画石一样,至少也要雕琢三面,雕琢出它的大体轮廓,才是一件上乘山景的雏形。

如果欲将盆景置于厅堂中间,四面都可观赏,那么背面的美也不可忽视。

山形的构图切忌设计成笔架山或等腰三角形的峰峦。

雕琢时要先浅后深,先雕琢出一个雏形,满意后再细致加工。先雕琢主峰,再雕琢次峰、配峰,纹理亦应客随主行。

(2)山形纹理的雕琢

雕琢山石时,既要考虑到造型的需要,又要尽量保留石料上原有的丘壑、纹理,力求在自然纹理和气势的基础上加工。因此,在动手雕琢前,要反复推敲,周密思考,构思成熟后方可动手。雕琢时,对近处峰要精雕细刻,纹理要刻得深一些;远山则不宜过细雕琢,只大刀阔斧,雕琢出外形,纹理以较为模糊、粗犷圆润为妙。古人荆浩在《画山水赋》中说:"远山无石,隐隐如眉。"就是说,画远山不画石脉,把石的形状画得像淡淡的眉毛即可。这一画理同样适用于对盆景远山的雕琢。

雕琢山石纹理时,要把小山子拿稳,琢点要准,用力适当,不要一次琢得太深。元代画家黄公望在《写山水诀》中说:"画石之法,先从淡墨起,可改可救,渐用浓墨为上。"雕琢山石纹理也要这样,由浅入深(图4-20)。

图 4-20 用小山子雕琢纹理

用小山子雕琢山石纹理,有时落点不准,尤其是初学者,有时用力大小掌握不好,常把峰峦琢坏。为了解决这个问题,可用小锤、小钢棍(锤的大小和钢棍粗细要根据纹理的粗细而定)雕琢纹理。钢棍两端都用原来截断的平面,不要再加工。凿纹理时,左手拿钢棍,其下端和山石呈一定角度(一般为45°角),右手拿锤子,敲击钢棍上端。这种方法落点准,用力大小也好掌握(图4-21)。

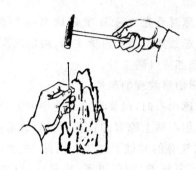

图 4-21　用小锤钢棍在山石上雕纹理

有一些较软的材料,还可用钢锯条断端刻画纹理。如江苏省丹阳县发现一种石料,为深灰色,大都呈长条状,除质地较软外,其他方面和斧劈石相似。在这种石料上,可用一段钢锯条的尖端划纹理,划时应有一定曲折,有的地方用力大,有的地方用力小,使划出的纹理弯曲深浅有所变化,显得自然美观(图 4-22)。

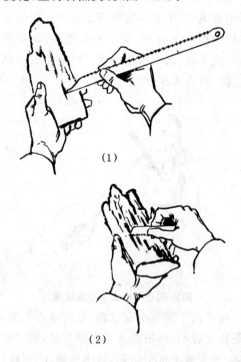

(1)

(2)

图 4-22　用钢锯条刻画纹理

(1)用钢锯条断端刻画纹理
(2)用一段钢锯条在山石上划纹理

雕琢山石坡脚和关键部位的纹理时,除注意用力要轻外,还要注意方法。雕琢坡脚处的纹理,应把峰峦倒过来,顶部向下,底面向上,由底

部向顶部雕琢,否则坡脚处的石料容易被成块琢卜,会破坏坡脚的美观(图 4-23)。

图 4-23　用小山子雕琢坡脚处纹理

对于保留有天然皱褶的石料,在加工时务使新雕琢的皱褶与天然皱褶一致,如果一块山石上出现几种皱褶,就既不自然也不美观了。倒挂部分的皱褶,最好在倒挂锯截前雕琢,如在倒挂制成后再加工,则不要采用琢的办法,宜用刻刀轻轻雕刻或用钢锯条拉划,否则石料容易断裂,而前功尽弃。

(3)山石洞穴的雕琢

山石上的人工洞穴也是采用雕琢完成的。在山石上琢洞,如位置适宜,形态多变(不要呈圆形或方形),除可增添山石的美感外,还可调整重心,并使虚实相宜。但山石上的洞穴不可琢得太多,太多就会使山峰显得支离破碎,缺乏整体感。洞穴最好呈不规则形,并有一定曲折,使人看了产生深远莫测之感,加深山水盆景的意境。至于在何处凿洞适宜,则要根据整个盆景峰峦的形态布局,灵活掌握(图 4-24)。

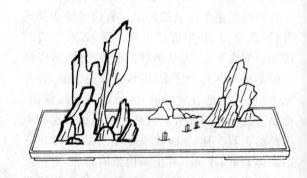

图 4-24　山石琢洞位置与形态

（4）因势利导，据形授意

有些松质石料，其内部结构并不全是松质，而是有松有硬，松质好比人体肌肉，硬质好比人体筋骨，雕琢时应首先雕松软部分，有时只要把松软部分去掉，就显露出"筋骨"优美的自然姿色，可能比原设计的图案还美。在加工硬度较大的"筋骨"部分时，则要注意因势利导，据形授意，如果不顾其石质、形态，一味追求"奇、透、险"的构图，一旦使"筋骨"部分受损，那么很可能在未加工完时，峰峦就断了，即使当时不断，以后在搬运中也易折断。因此，对于一块松质石料，准备将其雕琢成什么形态，不能完全按人的主观意愿行事，还要取决于石料的具体情况。

在雕琢时，万一把石料凿断，处理方法有二：一是根据石料断裂后的特点重新立意；二是把断裂的石料再巧妙地胶合在一起。但也有时由于不慎琢掉一块石料，却偶然出现奇峰，可谓"歪打正着"。

（5）消除加工痕迹的方法

山石雕琢之后，常常留有加工的痕迹，影响山石的美观，应加以消除。消除的方法有以下几种：

①松质石料加工完毕之后，可用铁刷子从上向下或从下向上地刷几遍，使纹理保持一致，显得比较自然。

②吸水石盆景制作好以后，应使石面生出一层青苔，既能掩盖雕琢痕迹，又能增加美感。但这种方法需要较长的时间，如欲速成，可采用另外一种办法即烟熏法：就是把山石在点着的柴草烟雾中熏一下，但必须注意熏的时间不要太长，颜色不能太深，否则不美观也不自然。如果不生苔、不烟熏，只要经常保持盆内有水，几个月后，空气中的尘土吸附于山石表面，锯截雕琢的痕迹也会自然消失。

③在景物制成后，可向山石表面均匀地涂一遍淡墨来消除加工痕迹。涂时要宁淡勿深，一遍不成再涂一遍。

④对墨色或深灰色硬质石料，可用自行车上光蜡，略加一点黑色鞋油，将二者混合均匀后，用小毛刷或布块把它涂在山石加工痕迹处。

涂时应注意不要涂得太厚，薄薄一层即可。然后用干布擦几遍，加工痕迹即可消除。

（三）拼接胶合

1. 拼接胶合的必要性

制作山水盆景，不经拼接胶合，只用锯截、雕琢即告完成的情况是极少的，可以说绝大多数的山水盆景都是加工后由数块山石巧妙地拼接胶合而制成的（图4-25）。

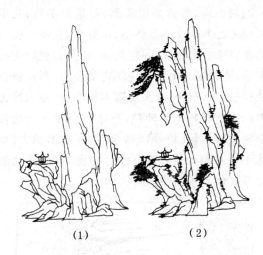

图4-25　加工拼接
(1)初步加工的山景
(2)拼接绿化后的山景

拼接胶合通常用于以下几种情况：

（1）石料短缺，而且较零碎，或者仅有一些片状石料，要制作大一些的盆景，就要把这些石料拼接胶合后使用。

（2）加工过程中，不慎损坏石料，又无其他材料可代替，这就要把损坏的部分再胶合上去。

（3）山石经过加工，仍感某些部位不够满意，这时就要拼接胶合上一块至几块小山石，弥补缺欠。

（4）山石布局造型完成后，凡需连接在一起的峰峦及坡脚小石，都要用水泥砂浆或化学黏合剂进行胶合。

2. 同类石料的拼接胶合

在对同类石料进行拼接胶合时，一定要注意两块石料在纹理、结构及气势上相仿，如果它们各不相同，应先加工，使之相同后再进行拼接胶合。否则,制成的盆景不能浑然一体,给人以东拼西凑的感觉。

3. 长形石料的胶合

胶合长条状石料时(如斧劈石、砂积石),因底部面积较小,不易立稳,有时还可能把石料摔断。为此,可采用先卧后立的两次胶合法:即在一块木板上,先铺一层牛皮纸,在纸上撒一层加工石料时锯下来的石末或砂子,按设计构图,把位置选定的石料放平垫稳,然后把要胶合上的一两块石料,放适当位置上,看是否平稳,凡不平稳之处都应放小石垫稳.试好后,在需要胶合的地方抹上水泥浆,并把底部对齐,必要时用线缠绕,使拼接的山石保持既定的姿势,再在胶合处撒一层原石粉。等水泥基本粘牢后,用水冲去未粘牢的石粉末或砂粒,把已粘合在一起的峰峦竖立好(因几块峰峦粘合后,底部面积大,立稳不成问题),然后按原设计构图,再把其他的山石胶合上(图4-26)。

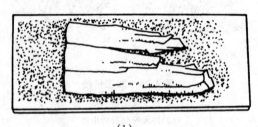

(1)

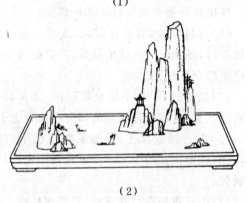

(2)

图 4-26 先卧后立胶合法
(1)先卧着胶合 (2)把主次峰立起后再胶合配峰

4. 巧接吸水石

要把两块吸水石上下拼接胶合在一起,既不影响吸水,又不显露胶合的水泥,也无明显的拼接痕迹,这对初学者来说确有一定难度,但如

能掌握要领,还是可以做好的。在拼接前,先把两块石料吻合部进行雕琢。为扩大接触面,使之胶合牢固,最好把两块石料吻合部雕琢成犬牙交错状。为了使水能上吸和便于固定,下面的石料应比上面的大一些。雕琢好以后,用水冲去石料上的粉末,在吻合部大部分接触面上,涂一层有一定黏性的泥土拌成的泥浆(切忌用沙性很大的泥土拌浆,因沙性土吸水性能差),在少分接触面上抹一层水泥浆(一般抹在石料左右两端),然后适当加压,使两块石料接触紧密。

两块较大的山石上下拼接胶合时,需用一两块小补石(质地较硬又能吸水的细长条状小石),在补石两端抹水泥浆,中间涂泥浆。补石涂泥浆处要和上下山石拼接涂的泥浆相连,这样经由下部山石吸上来的水,不但能上升到上部山石上,还可以通过泥浆渗透到补石上。补石摆放的位置,要根据整个山水盆景的形态、大小和峰峦多少而定。亦可用次峰或配峰作补石。

两块较大的石料上下拼接后,为防止定型前松动走形,应在适当部位放两块木条或竹片,用松紧带或线绳将其同山石紧紧缠绕在一起,一周左右方可拆除木条,再过3天～5天山石才能搬动。

山石胶合后,凡有水泥外露的地方,都要用毛笔蘸水刷掉,并在所有胶合处撒一层原石料粉末。如拼接的技术掌握得好,运用得当,就可达到"虽为人作,宛如天成"的地步(图4-27)。

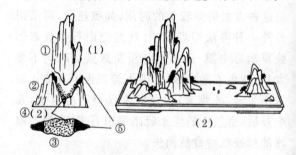

图 4-27 巧接吸水石
(1)拼接胶合吸水石 ①上部山石呈凸形 ②下部山石呈凹形 ③补石呈长椭圆形 ④泥浆 ⑤水泥浆
(2)成型山水盆景

5. 胶合材料

胶合山石的材料有水泥、沙子、化学黏合剂

及染料等,其中最常用并且用量最大的是水泥。

(1)水泥

目前各地生产的水泥有灰色、土黄色、白色等;其强度有"250"、"300"、"400"、"500"、"600"等不同标号。标号越大,抗压强度越高。

在一般情况下,水泥抗压强度的延伸发展规律是,前7天发展最快,胶合后第3天抗压强度可达最大强度的1/3左右,7天时可达强度的1/2,到第28天时强度接近最大值。

水泥强度的发展,需要一定的温度和湿度。山石用水泥胶合后,如温度低、湿度不够,就达不到上述强度。当温度低于0℃时,胶合山石的水泥将硬化,不但停止发展,而且可能因部分水分结冰膨胀使水泥强度降低,甚至在胶合的地方出现裂纹。如湿度不够,也会影响胶合水泥强度的增长,还可能出现干缩裂纹现象,所以用水泥胶合后,要经常向山石上喷水。

胶合山石时,最好选择和山石颜色相同的水泥。但目前尚未见有黑色水泥,如要胶合墨石等黑色石料,可在水泥浆中加入适量煤末或墨汁,使之变成黑色。

胶合小型、微型山水盆景时,把水泥加水调成糊状即可使用,不必加沙子。胶合大、中型山水盆景时,应在水泥浆中加入适量沙子(再加适量水调成糊状),以增加强度。所用水泥标号应在400号以上,低标号的强度差,胶合后不牢固。

还有一点不能忽视,即水泥强度的高低,除和标号有关外,还和水泥与沙子搅和的状况有直接的关系。搅拌时间短,水泥和沙子没有充分混合,水泥强度将受到很大影响,故在制作胶合山石的水泥沙浆时,应充分搅拌使之混合均匀。

用水泥胶合山石后,应立即在山石上均匀地撒上原石料粉末,干燥后胶合的山石就浑然一体了。

在胶合峰峦底部时,为防止水泥和盆钵粘在一起,应在盆钵底部放一张比盆钵略大的牛皮纸,并加少许水,把纸浸湿,然后将峰峦及小石放在纸上进行胶合。胶合后的山水盆景,应待其定型牢固后再移动。微型、小型盆景一般在3天~4天后即可搬动;大、中型盆景要10天左右方可挪动;巨型山水盆景需要20天左右才能移动。有一些初学者急于观赏,胶合后很快就去搬动,常发生山石断裂现象。

(2)化学黏合剂

为了增加水泥浆或水泥沙浆的胶合力,在调和水泥时常加入一定量的化学黏合剂。化学黏合剂和水的比例一般在1∶3左右。常用的化学黏合剂有"107胶"和"4115胶"等。如果制作微型或小型山水盆景,两块山石的吻合部接触又比较紧密,可用胶合力强的"万能胶"等一些耐水胶直接把两块山石胶合在一起(不加入水泥浆),胶合后两块山石要给接触面一定压力,可用粗细适宜的绳子把两块山石捆绑在一起,12小时之后就能粘牢,再把绳子去掉。

第五节　山水盆景款式及制作

山水盆景经过漫长岁月的发展,因创作者在制作盆景时表现的艺术特色和创作个性的不同,所以作品形态和款式繁多,所用材料加工艺以及造型布局也存在着各种差异。科学而统一的分型、分类以及分式,给盆景的制作、观赏、评比、科研、交流和销售工作都带来很多方便。

山水盆景根据用材、造型特色、表现内容、制作和培育方法的不同,分为水盆盆景、旱盆盆景、水旱盆景三大类。关于三大类盆景的款式将在下面介绍。

（一）水盆盆景

水盆盆景,是山水盆景中最常见的一种形式。它以山石为主,盆内盛水无土,常在山石上栽种小草木,在盆面或山石上摆放配件,以表现有山有水的景致。水盆盆景根据造型布局的不同又分为独峰式、偏重式、倾斜式、峡谷式、悬崖式、深远式、高远式、平远式、组合式、附石式。

1. 独峰式

独峰式又称孤峰式、独秀式。盆内一般只放一块经艺术加工形态优美、体态高大的山石。如感到较高的一块山石单调，可用几块矮小的山石，放置在盆内适当位置上，加以衬托。但衬石和独峰大小相差要悬殊。独峰盆景常用正圆形、椭圆形盆钵。山石不要置于盆中央，不偏左就偏右，但也不要让山石紧贴盆边。

制作独峰式盆景，既可用软石，也可用硬石，一般要求山峰挺拔险峻、构图简洁、外形轮廓多变为好。如能挑选到形态好的一块山石，只要把底部锯平，衬托一两块矮小山石，经胶合、种植、点缀就成为一件具有较高观赏价值的独峰式盆景。在石料较少的情况下，也可用数块山石，经精心设计，巧妙加工，制成一件独峰式山水盆景，虽为人作，宛若天成。

制作独峰式盆景，要掌握好山峰高与盆长的比例，一般峰高是盆长的80%左右，有的峰高大于盆长(图4-28)。

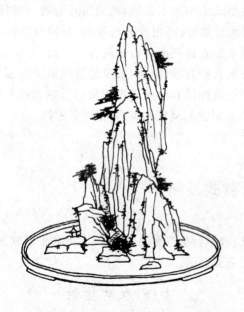

图 4-28 独峰式（峰高大于盆长）

2. 偏重式

偏重式山水盆景的布石，一般分为两组，一组比较高大，是盆景的主体，另一组较矮小，是客体，主要用来衬托主体。两组峰峦的形态应富有变化，切忌高低、大小相似。如按重量来说，主、客二组差别较大，所以人们习惯上称其为偏重式盆景。偏重式在山水盆景中是最常见的形式。

偏重式按主景与客景体量的差别，在盆钵中的位置、山石占盆面的多少以及所表现景物深度的不同，又分以下两种形式：

第一种，主景、客景体量差别较小，主景于盆钵一端稍微靠后，客景置于盆钵另一端适当靠近盆钵前沿，两组峰峦占盆钵面积的50%左右，所表现景深度属近（主景）中（客景）景形式。这种形式的盆景，客景组的最高峰，不要超过主景组最高峰的80%（以60%～70%为好），因为客景是用来衬托主景的，如主、客的高度、体量都差不多，会有平分秋色之嫌，这是山水盆景造型中最忌讳的(图4-29)。

图 4-29 偏重式近中景

第二种，主景和客景体量差别较大，主景置于盆钵一端适当靠前，客景置于盆钵另一端靠盆的后沿，两组峰峦山石占盆面的40%左右。所表现的景物深度是中（主景）远（客景）景的形式。中远景形式中客景高度一般是主景高度的40%左右，客景只有适当小一些，才能给人以遥远之感(图4-30)。

偏重式山水盆景适宜用长方形或椭圆形盆钵，一般采用5：2(即50厘米长、20厘米宽)的盆钵。瘦长形水盆，水面广阔，客体适当小些，显得意境深邃，犹如水天相连。在广阔的水面上点缀小舟数只，盆面并不感到空旷过虚。关于盆钵的深浅亦有讲究，古代山水盆景用盆比较深，观赏不到山脚的曲线美，不能取得"一勺则江湖万

图 4-30　偏重式中远景

里"的艺术效果。近几十年,山水盆景用盆逐渐向浅盆发展,目前一些盆景爱好者和专业工作者,使用 50 厘米长的盆钵,深度仅 0.8 厘米左右;1 米长的盆钵,深度也不过 1.3 厘米左右。

偏重式山水盆景的盆长和主峰的高度,应形成恰当的比例关系。

偏重式雄壮型山水盆景,盆与峰的比例变化是很大的,但多数主峰高度是盆长的 45%,主峰较高者,可达盆长的 70% 左右,主峰较矮者,仅是盆长的 30% 左右,在常见的偏重式雄壮型山水盆景中,以前一种较多,后两种较少(图 4-31)。

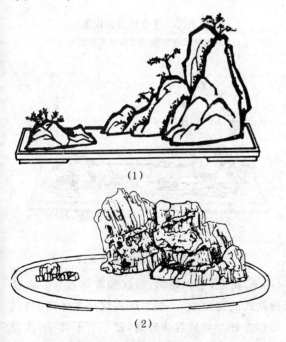

(1)

(2)

图 4-31　偏重式雄壮型盆峰比例

(1)主峰高是盆长 45% 左右　(2)主峰高是盆长 30% 左右

偏重式瘦高型山水盆景,盆长和主峰的比例,一般为主峰高度是盆长的 65% 左右,主峰较高者是盆长的 85% 左右,主峰较矮者是盆长的 50% 左右,在常见的盆景中,以前者较多,后两种较少(图 4-32)。

图 4-32　瘦高型山水盆景主峰较高者

有一些盆景的形态,介于"雄壮型"与"瘦高型"之间,可称"清秀型",其盆与峰的比例也是介于"雄壮型"和"瘦高型"之间,不再赘述。

下面再谈谈山水盆景山峰坡脚的制作。

南北朝时期画家肖绎在《山水松石格》一书中说:"设奇巧之体势,写山水之纵横。素屏连隅,山脉溅潤(hōng),首尾相映,项腹相迎。"就是说,一幅山水画大体布局要有气势,纵横奇巧,山与水呈交错状态,山体相连绵延不断,山脉起伏如同大海的波涛,远近相映,高下呼应。这段画论,有很大一部分是讲山水画中坡脚与山峰的关系的。这也是创作山水盆景时应遵循的原则。

山无峰不美,峰无峦不壮,峦无起伏不真。山的坡形,实际上就是小山峦向纵横的延伸。向纵的延伸,就是要求山峦前后、上下有层次感,前矮后高,高低错落,参差不齐;向横的延伸,就是峰峦起伏如同大海的波涛,要有高有低,远近相映,山与水呈交叉状态。山坡入水,水围山转,山有曲折,水有漤洄。像这样创作出来的山水盆景自然美观,意境深邃(图 4-33)。

在主、次峰确定之后,有时会感到峰峦缺乏层次,山脚线也过于平直,可在主、次峰旁边配置几块小石作山峦,以弥补上述的不足。但小山石摆放的位置要恰当,如 3 块小山石的摆放,顺

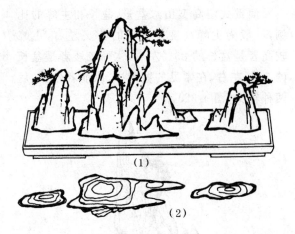

图 4-33 山水呈交叉状
(1)山水呈交叉状盆景 (2)俯视图

3. 倾斜式

倾斜式山水盆景的造型,其共同的特点,主峰都有一定程度的倾斜,方称得上倾斜式。倾斜式造型又分为两种款式:

其一,盆中所有山峰都朝同一个方向倾斜,具有较强的动势。常见的倾斜式盆景,多由两组山石组成,其布局造型与偏重式造型原理相同,只是山峰都有明显的倾斜性。制作倾斜式盆景时,一是要注意各个山峰倾斜度要基本一致,而且倾斜的角度不可过大或过小。若倾斜过度给人欲倒而不稳感;若倾斜度过小,其动感效果差,没有倾斜式的特征。一般地讲,主峰的中心线和盆面夹角以 55°左右为好。二是山石纹理要和山峰倾斜的方向相一致,方显自然美观(图

序排列,就显得呆板,也不美观,应把中块山石放在大块山石前偏左或偏右处,使两块山石有小部分重叠,小块山石摆放在大、中两块山石之间的缝隙,从外表看不通到底部,小石又较突出。如此布局不但有层次感,山脚也有曲线美(图 4-34)。

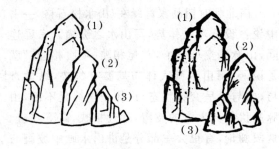

图 4-34 山脚 3 块小石摆放位置对比
左侧图 3 块山石摆放错误　右侧图 3 块山石摆放正确

有时如在峰峦的适当部位,设置几块低矮的平台,好似台阶,能增加山景的生活气息。平台的高低、大小应各不相同,摆放位置也不能按其大小顺序一字排列(图 4-35)。

同时还要注意设计和安排好坡脚与水面构图的关系。主体山石如只有一块坡地延伸入水,会感到单调,若有两三块大小不一、长短不齐的坡地伸入水面,形成山坡入水、水凹入山,山水之间呈交错状态,其景象自然就美观多了。如从主体延伸出两块坡地,那么靠盆钵后沿的那块坡地的高度和长度都应大于靠近前边的那块坡地(图 4-36)。

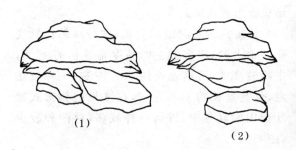

图 4-35　平台的摆放位置
(1)3 块平台摆放正确　(2)3 块平台摆放错误

图 4-36　山的坡脚延伸入水

4-37)。其二,主体倾斜,隔江的客体直立。在这种款式的造型中,一般客体高仅是主体高的1/4左右为好。如果客体较高,就不伦不类了,这种盆景也就失去了观赏价值。

制作倾斜式盆景常用长方形或椭圆形大理石浅口盆。其所用石料不拘一格,软石、硬石、代

图 4-37　倾斜式山水盆景

用品均可。

4. 峡谷式

峡谷式盆景用来表现自然界江河经过深而狭窄的山谷时两旁的峭壁景色,如长江三峡,两旁山势峭壁耸崎,挺拔险峻,江水气势磅礴,有一泻千里之势。

制作峡谷式盆景常用长方形较宽一些的盆钵,也可用卵圆形或正圆形浅口盆。用石选用斧劈石、龟纹石、木化石等硬质石料。常采用两组山峰相峙中间夹一江河的布局。两组山峰奇峰突起、高峻雄伟,分别置盆钵两侧,中间形成峡谷;两组山峰之间距离适当近一些为宜,相距太远,就无峡谷气势了。当然也不是越窄越好,两山之间峡谷水道太窄,就缺乏江水汹涌奔流之气魄。两组山峰要有主次之分,外形变化不要太大,客体山峰为主体山峰的 3/5 或 4/5 高为好,客体山峰太矮,两山就不能形成峡谷。接近盆前沿的山峰和山石的远端都要适当矮一些方显自然。

峡谷水道要有一定弯曲、迂回,水道笔直缺乏含蓄之意,也难以引起人们的遐想。若在水道之中点缀几只小舟,有隐有现,静中有动,无声胜有声。峡谷之间水道要近宽远窄,弯曲无尽头,才符合透视原理,盆景意境更加深邃。

布局造型时,注意在山峰适当位置造洞,使洞底通到盆面,在洞底放一块小大适宜的瓦片,因为瓦片能吸水。在峡谷式盆景中栽种树木,一定掌握树木和山峰的比例,树木过大显得山石就小,有喧宾夺主之嫌。在山石上栽种树木以直立树木为好(图 4-38)。

图 4-38　峡谷式山水盆景

5. 悬崖式

悬崖式山水盆景是表现自然界悬崖绝壁、挺拔险峻、峭壁耸崎之景色。在盆景创作过程中又把自然景色加以概括、提炼、升华得比自然景观更优美、更理想,用盆景形式表现出来。

悬崖式常用长方形或椭圆形大理石浅盆。制作悬崖式盆景既可用软石,也可用硬石。两种石料各有优缺点,软石易于加工,其形态纹理基本可达到设计要求。吸水石上栽种草木易于成活,但软石坚固度比硬石差,其神韵也不如硬石好。用硬石制作悬崖式盆景,难以找到理想材料,有的材料加工造型比软石困难得多,在硬石上造洞栽种植物也比软石困难。因硬石纹理自然美观,韵味浓厚,人们一般还是偏爱硬石制作的悬崖式盆景。

悬崖式盆景是最富动势的造型之一,主峰上部要伸悬出中下部中心线外相当大的一部分,才能呈现出悬崖的风韵,这就造成了重心的不稳。如果过于求稳,则没有挺拔险峻之景色。所以要稳中求险,险中求稳。稳而不险没有悬崖的韵味,险而不稳山石就会倒下。悬崖式主峰,不但要有一定的倾斜度,而且常是上部大下部小。险中求稳常用的方法有二:其一,加长和主峰弯曲或倾斜同方向的山脚,形成不规则的"C"形;其二,加强倾斜主峰背后次峰的重量。

悬崖式盆景既可用两组山石组成,也可用三组或四组山石组成。这主要看创作者要表现的景致而定。和其他款式盆景一样,客体组山石的形态和主体组山石要有差别,其高度一般不超过主峰高度的1/3。只有客体组山石适当矮一些,才能衬托出主峰山石的险峻雄奇(图4-39)。

图4-39　悬崖式山水盆景

6. 深远式

深远式又称全景式。它把近、中、远三景浑然一体地布置于一盆之中,所表现景致规模宏大,气势磅礴,层次丰富,意境深远。宋代著名画家郭熙曰:"自山前而窥山后,谓之深远。""深远之意重叠。"深远式又称开合式,一般把近景、中景各置盆钵两端,在盆钵后沿前放置一组远山,远山山峰虽不高,但相当长,山石常横用。从远处望去,中景、近景中间空白水面被远山连接起来,所以称开合式。三组山石在盆中的位置切忌呈等边三角形,远山不靠近近景组山石,就靠近中景组山石,若在近景、中景山石之间就显得呆板。

深远式常用长方形大理石浅口盆钵,与偏重式不同之处是宽度比偏重式用盆要宽一些,只有比较宽的盆钵才能使山峰前后拉开一些距离,增加层次。盆的长与宽的比例多为2:1。

制作深远式盆景,取材广泛,硬石、软石、代用品均可选用。制作时要注意山石和水占盆面的比例,一般地讲,山石和水各占盆面的1/2左右为好(图4-40)。

7. 平远式

我国山水画论云:"自近山而望远山,谓之

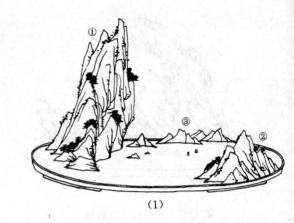

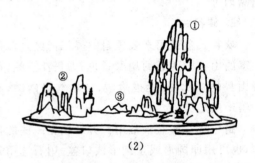

图4-40　深远式山水盆景
(1)①近景　②中景　③远景
(2)①近景　②中景　③远景

平远。""平远之意冲融,而飘飘渺渺"。平远式山水盆景的山峰都不太高,主峰高一般是盆长的1/5左右,有了主峰大概的高度其他山峰就易于掌握了。平远式常用来表现水域辽阔的江南风光、鱼米之乡之景致。它是常见的山水盆景款式之一。

制作平远式山水盆景,既可用软石,也可用硬石。如果以易于加工制作来讲,软石比硬石要容易得多。锯截雕琢石料时,要特别注意山石底部的山脚不要损坏,因为山脚的完美对于平远式山水盆景尤为重要。布局造型时要注意,山石和水在盆面所占的比例,一般地讲,山石只占盆面的1/3左右,水面占2/3左右。山石太多就难呈现出水天相连,一望无际的气势。

因为平远式山水盆景山峰低矮,在其上以种植木本植物,常用树形草本植物半枝莲来绿化山景。如果用的是浮石、芦管石等软石,让山石上生出青苔也很有情趣。但青苔不可过多、过高,把山石纹理都遮挡住了,反而不美。

平远式山水盆景的点缀配件最常用的要数小舟了。在广阔的水面上摆放上几只小舟，不但使景物虚实相宜，而且也平添生活气息，更有流水潺潺，江清见底，白帆点点的画意诗情。在点缀小舟时，一是要掌握好近大远小的透视原理，近处和远处的小舟不能等大；二是要掌握好小舟之间的距离。如果点缀5只小舟，要有先有后，两个一伙，三个一群；如果点缀3只小舟，中间1只小舟，不靠前就靠后，3只小舟不可等距离（图4-41）。

图 4-41 平远式山水盆景

8. 高远式

古代画论中说："自山下而仰山巅，谓之高远"，"高远之势突兀"。高远式山水盆景常用来表现崇山峻岭、悬崖陡壁、群山巍峨的名山大川之风光，是一种常见的山水盆景款式。

制作高远式山水盆景，常选用刚直有力的瘦型石，如斧劈石、木化石、锰矿石等硬质石料。如能挑选到黑白相间的雪花斧劈石，表现"飞瀑千仞"之景致那是再好不过了。制作时要注意同一件作品中的山石色泽、纹理、结构要基本统一。不可五花八门，否则有东拼西凑之嫌，而无统一和谐的美感。

高远式盆景常用椭圆形或长方形盆钵。主峰高可达盆长的4/5左右，山石可占盆面3/5左右，水占盆面2/5左右。高远式山水盆景为形成上下呼应，常在山峰下部制造平台，在平台上安置亭、塔、茅屋等配件。为了日后栽种树木，造型、胶合时留出大小不一的几个洞穴。高远式盆景呈现的景致为近景，山石上的树木可适当地大一些，山石纹理清晰可辨（图4-42）。

9. 组合式

组合式山水盆景，因其峰峦较多，所用盆钵巨大，又称群峰式和巨型式。1985年在全国盆景评比展览时，获山水盆景最高分的湖北山水

图 4-42 高远式山水盆景

盆景《群峰竞秀》，盆长320厘米，是由35组峰峦组合而成的。这种多组峰峦组成的大型盆景，不但搬动方便，而且可以经常变换样式，表现多种景致，给人以新鲜感。湖北省的这件大型盆景，除表现"群峰竞秀"之外，还可组合表现"三峡之险"、"武当之奇"等多种形式的风光佳境。

组合式山水盆景，峰峦层次较多，使人有山重水复、重峦叠嶂之感。组合式盆景峰峦虽多，但亦应分出主峰、次峰和配峰，特别是主峰，必须突出，一件盆景不论型号多大，峰峦有多少，主峰只能有一个，正如过去封建社会人们所说的"一国不可有二君"一样。只有主峰高大，方显气势磅礴；主次不分，就显得群龙无首，杂乱无章。组合式山水盆景可用大、中型盆钵制作。

组合式盆景中的几组山石，由于主、次、配峰三者在盆中位置的不同，可组合成多种款式的山水盆景，常给人以新鲜感（图4-43）。

10. 散置式

散置式盆景的造型比偏重、深远等款式的造型要随意，样式各异。常见的散置式盆景有两种。

其一，在深远式盆景的基础上，在近、中景山石的前面及左右再放置一些不高的山峦即成散置式盆景。但原深远式盆景的中景山石不要太高，其高度只是近景山石高度的1/3左右为好。

其二，用2块～3块有一定姿色和高度的山石组成主景，主景山石的高度一般是盆长的1/3左右为好。在主景山石的前后、左右摆放一些不太高的小石即可。

散置式盆景可用长方形盆，也可用椭圆形

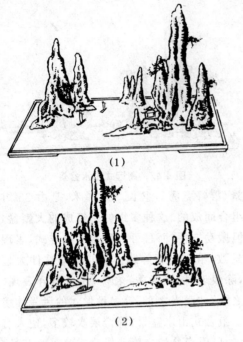

(1)

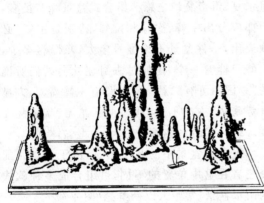

(2)

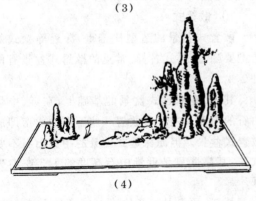

(3)

图 4-44　散置式山水盆景

图 4-43　组合式山水盆景

(1)开合式　(2)近中景式　(3)散置式　(4)中远景式

盆,亦可用正圆形盆。盆的色泽和山石协调为好(图 4-44)。

在山水盆景制作过程中要特别注意掌握山石自然纹理的利用及硬石盆景的制作技艺。

第一,山石自然纹理的利用

用来制作山水盆景的天然山石,绝大部分都有深浅不一、形态各异的纹理,如何利用好这些天然纹理是至关重要的,这也是盆景制作的一项重要技艺。山石上的自然纹理以竖向最为多见,若用人工雕琢,也是竖向纹理最易加工成形。

根据盆景造型立意的不同,竖向纹理有以下三种使用方法:

其一,竖向纹理仍然竖用。竖向纹理上下垂直,刚劲有力,常用来表现雄伟挺拔的崇山峻岭、名山大川、石林风光等景象。具有竖向纹理的常见石料有斧劈石、木化石、锰石等。锯截石料时,一定要注意使石料纹理和锯条呈 90°角,不要锯斜(图 4-45)。

其二,竖向纹理斜用。有些盆景创作者,为了使景物动势更加强烈,构图更加活泼,或者为了表现水流湍急、一泻千里的气势,常把竖向纹理斜用。在锯截此类纹理的石料时,要注意竖向纹理和锯条的夹角应小于 90°,是 80°、70°还是 60°,这要根据立意而定(图 4-46)。

其三,竖向纹理横用。用斧劈石或千层石等竖向纹理石料制作盆景后,往往剩下一些不成材的片状小石。为充分利用这些废料,经过构思,可把这些石料横用,重叠粘合在一起。只要立意新颖,技艺高超,用废料亦能制作出意境深邃的盆景。横向纹理的山水盆景,能给人以平稳踏实、奋发向上的感觉(图 4-47)。

第二,硬石盆景的制作

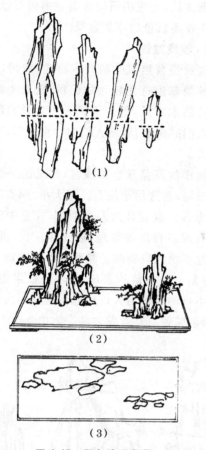

图4-45　竖向纹理竖用
(1)石料锯截　(2)成形盆景　(3)俯视图

用硬质石料制作山水盆景，造型的基本原则和胶合方法等与松质石料相同，除此之外，还有其特殊的方面。共同之处不再赘述，不同之处有以下几点：

一是硬质石料因质地坚硬，难以锯截加工和用人工雕刻纹理，即便雕刻出来也显得不自然。所以，在挑选石料时，对其形态、色泽、纹理、神韵等方面的要求，比松质石料更严格。

二是在用硬质石料制成的盆景上栽草植树，比在松质石料上难度大。古人云："石本顽，树活则灵。"这句话的意思是，硬质石料上难以生长青苔等物，显得单调呆板，如果有草木点缀，就会有灵气，有生机和活力。因此，如用条状硬石制作盆景，可巧妙地、大小不一地在三四块硬石之间造洞，盛土栽种草木（图4-48）。

三是硬质石料的胶合要注意牢固。同样的两块石料，硬质比松质的重得多，所以在胶合硬

质石料时，要多放一些水泥浆，固定的时间也要长一些。但是，硬质石料也有可以任意胶合的优点。因为硬石不吸水，胶合牢固后又不易断裂，所以只要石料的质地、色泽、纹理一致，几块平淡无奇的山石，经过盆景艺术家的巧妙构思，利用每块山石的特点，就能创作出秀美奇特、巧夺天工的盆景作品（图4-49）。

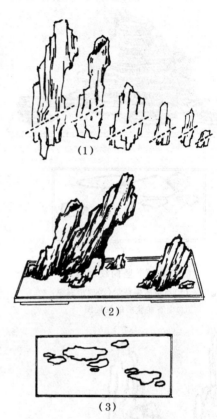

图4-46　竖向纹理斜用
(1)石料锯截　(2)胶合后的盆景　(3)俯视图

四是对硬质石料的加工造型要有耐心。因为硬质石料难以锯截雕琢，应充分发挥每块石料的特点和个性。造型构思，一时未想好，先放着，不要急于加工，等有时间，再拿出来，远眺近看，上下颠倒、左右变位、前后互换，反复推敲，找出最佳方案，再加工造型。经过这样耐心观察和细致琢磨，有时看似平常的几块石料，略经加工和巧妙组合，就成了一件有观赏价值的山水盆景。

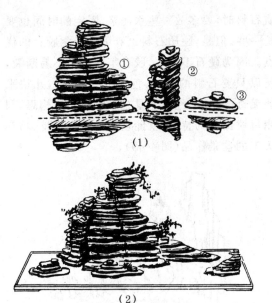

图 4-47　竖向纹理横用

(1)石料的锯截　(2)成形盆景

(3)山石在盆面的位置图

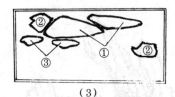

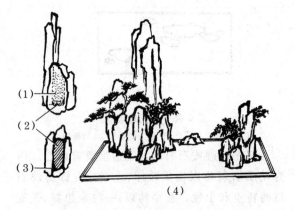

图 4-48　在硬石盆景制作过程中造洞

(1)培养土　(2)瓦片　(3)水泥沙浆　(4)成形盆景

(二)旱盆盆景

将山石、草木置于浅口盆中,盆中有土无水,表现无水的自然山景,称为旱盆盆景。旱盆盆景又称旱石盆景。旱盆盆景根据立意、构图、用材和制作方法等的不同,又有表现沙漠风光

的沙漠盆景,表现山石树木姿态的树石盆景,表现草原牧场景色的草原盆景。

1. 沙漠盆景

盆景是自然风光的艺术再现,我国以及世界上沙漠都占有比较大的面积,盆景爱好者经过深思熟虑之后,把沙漠风光用盆景的形式呈现在人们的面前,激励人们向沙漠进军,变沙漠为良田。

制作沙漠盆景宜用浅盆,常见的造型是偏重式布局,常选用千层石。把大小、形态不同的两组山石分置盆钵内左右两侧,在盆中间主客体山石间进行地貌处理,搞成沙丘状,再近大、远小地点缀几只骆驼。骆驼是沙漠中最大的动物,也是一种力量的表现,它不畏任重而道远,坚忍不拔的精神给人以启迪。这样的盆景常题为"沙漠驼铃"或"丝绸之路"等(图 4-50)。

图 4-49　硬石盆景的胶合

(1)上下胶合　(2)斜向胶合　(3)左右胶合

图 4-50　沙漠驼铃旱盆盆景

沙漠盆景还有另一种造型。在盆钵的一端摆放一组较大的千层石为近景,在盆钵中间及另一端近大、远小制成两三个沙丘,在盆钵中间靠远端的一侧,制成一个"湖泊"(用一块大小适宜长方形玻璃,在玻璃上涂一层浅绿色调和漆,把油漆面向下,埋入沙丘之间以为"湖泊"),四周插上绿色麻丝为草地,在草地上疏密不等地

摆放一些白色小石米,远处望去好似沙漠绿洲之景,白色小石米好似羊群。这种"沙漠绿洲"的造型也是别有一番情趣的。

2. 山林风光盆景

旱盆盆景中还有一种表现山石树木景致的盆景。制作此式盆景,常用长方形或椭圆形比水盆式山水盆景用盆要深一些的盆钵,先在盆钵中摆放山峰挺拔、大小不一的几组山石,再在山石旁适当位置栽种两三棵大小不一的树木,盆面置培养土,在盆土上铺一层青苔或栽种小草,成为山林之一角的风光。该种款式不是石大树小,就是树大石小,两者不能等量齐观,否则主次不分,意境欠佳(图4-51)。

图 4-51 山林风光盆景

3. 草原风光盆景

在旱盆盆景中,还有一种表现草原风光的盆景。制作该式盆景,常用长方形或椭圆形一般山水盆景用的浅盆,采用散置式造型方式,在盆内摆放两三组大小不一、形态有别、相距远近不等的山石。山石不要太密,山峰也不要太锐利,在盆内放一层潮湿的培养土,在盆上铺一层青苔,好似一望无际的大草原。再根据远小、近大的透视原理在盆面上点缀羊群、马匹、人物等小配件。点缀这些配件除注意近大、远小之外,还要注意有疏有密方显自然,如果是等距离就显得呆板而无生机。

该式盆景展现了北国草原雄奇风光以及草丰畜肥的壮丽画面,不由得使人想起北国民歌"天苍苍,野茫茫,风吹草低见牛羊"流传千古的名句(图4-52)。

图 4-52 草原风光盆景

(三)水旱盆景

水旱盆景是把山水盆景和树木盆景有机地融为一体的一种盆景。其特点是盆面既有土,也有水,在同一盆中,既堆山砌石,又栽种树木。水旱盆景表现题材广泛,从名山大川到小桥流水,从山林野趣到海岛风光,只要你制作技术熟练均可表现出来。水旱盆景内容丰富,形式多样。从用材、布局、造型的不同,水旱盆景又分为江河式、畔水式、岛屿式、湖海式、综合式等。

1. 江河式

一条大江或一条小河从盆中流过,把盆面分成大小不等的两块旱地。江河水道要近宽远窄、蜿蜒曲折而看不到尽头为好。水道两侧的堤岸不可笔直,要有一定弯曲变化,只有堤岸山石伸入水中,才有水的潆洄。该式盆景水道所占盆面较小,两块旱地所占盆面较多,在两块旱地上栽种丛林式树木。大块旱地上栽种树木要适当大些、密些,小块旱地上栽种树木适当小些、疏些。该式盆景用来表现江河两岸山林风光(图4-53)。

2. 畔水式

根据立意构思,用堤岸山石把盆面分为大小不等的两块,一块是旱地,一块是水面,一般水面占盆的面积较小,约1/4到2/5,旱地面积较大。堤岸线要有一定的弯曲。可根据立意在旱地盆面点缀茅屋、亭、人物、动物等配件。在旱地部分栽种几株树木,在水面点缀小石或摆放小船。该式盆景用来表现水边树木之景致(图4-54)。

图 4-53　江河式水旱盆景

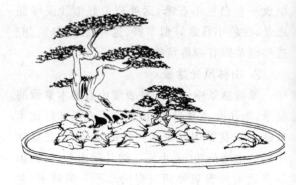

图 4-55　岛屿式水旱盆景

图 4-56　湖海式水旱盆景

5. 综合式

综合式水旱盆景,它是把两种以上款式的水旱盆景有机地融于一盆之中,如下图(图4-57)综合式水旱盆景《小桥流水人家》,是中国盆景艺术大师赵庆泉先生所创作。把岛屿式和畔水式两种款式的盆景巧妙地融入一盆之中,盆内景物更丰富,情趣更浓,其欣赏价值和经济价值更高。

图 4-54　畔水式水旱盆景

3. 岛屿式

中小岛屿式水旱盆景只有一块旱地(即岛屿),大型的可有两三块旱地。有的岛四面环水,有的岛三面环水,后面与盆的后沿相接。岛上一般栽种一两株树木,旱地和水面都可摆放大小形态适宜的小山石。该式盆景表现自然界江、河、湖、海中岛屿风光(图4-55)。

4. 湖海式

该式盆景水占盆面比地占盆面要大,水把旱地分成大小不等的两三块,在旱地上可栽种小树木或以草代木。在水中可点缀小船,也可摆放小山石,使景物虚中有实,虚实相宜。只有广阔的水面才能表现湖海水天相连之景色(图4-56)。

图 4-57　小桥流水人家综合式水旱盆景

水旱盆景制作方法,既有和一般山水盆景相同之点,也有不同之处,现把不同之处加以介绍:

(1)盆钵的选择。水旱盆景多选用大理石浅口盆,也有选用釉陶盆的。特大型水旱盆景常用白色水泥、白色石米自己制作盆钵。因为特大大理石盆不但难以找到,而且就是有,其价格也贵。盆钵色泽要根据盆景所表现的景致而定:如表现北国严冬雪后景致要挑选白色盆钵;如表现湖旁山林风光则以淡绿色盆钵为好;如表现夜景如"枫桥夜泊"用黑色大理石盆更能突出其意境。

(2)石料的挑选。不论制作水旱盆景的堤岸还是做旱地和水面的点石,都是以硬质石料为好。常用的硬石有龟纹石、英德石、宣城石、燕山石、白云石等。

(3)树种及款式。水旱盆景大都表现自然景色,所以水旱盆景中所用树木以直干式、斜干式、垂枝式、丛林式最多,有时也用弯曲度不大的曲干式。所用树种以叶小、耐修剪、大树形的为好,如金钱松、柽柳、地柏、榔榆、雀梅、朴树、六月雪等。树木在盆内培育两年左右,使根系发达而且有一定形态,不能用刚从地里挖出的树木,因为刚挖出的根系受到很大损伤,马上栽种浅盆中,影响成活率,即使活也生长不良。

(4)配件的挑选。根据立意以及树木、盆钵的大小,为使制作出来的盆景更具生活气息,情趣更浓,经常挑选大小适宜的陶质草屋、渔翁等作为配件。

(5)首先要试作。根据立意构思,对所选的盆钵、石料、树木,在正式定型胶合之前,要先进行试作,试作时在体现立意的前提下,根据树木款式、根系、形态等还要灵活掌握。如我们要制作的这件水旱盆景(图 4-58),用三株垂枝式柽柳,在正圆形浅口白色大理石盆中布局造型。

首先把三株柽柳从盆中扣出,根据立意把三株柽柳放置盆面左侧适当位置上。该景是三株树木栽于一盆之中,一定要处理好树木之间的主次、疏密、高低、露藏、呼应以及近大、远小的透视关系。在树木根部放适量培养土,一是保护根系,二是能起固定作用。

把树木位置确定后,用大小、厚薄、形态适宜的山石堆砌堤岸,堤岸把盆面分为水面和旱地。畔水式只做一条弯曲的堤岸线,做堤岸的山石近处适当高些、宽些,远处适当低些、矮些,整个堤岸要有弯曲、高低等变化,方显自然美观。

然后,把旱地盆土做地貌处理,有高、有低,有厚、有薄,在盆土适当位置上摆放几块大小不一、形态相同的山石,并与做堤岸的山石相呼应。在水面也应摆放几块大小不一的小山石,水面的小石能衬托出堤岸线山石变化更丰富多彩,还能达到虚(指水)中有实(指山石)的艺术效果。

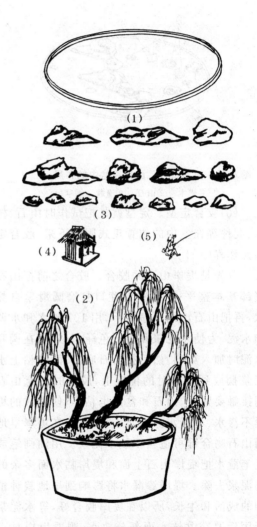

图 4-58 挑选的材料
(1)盆钵　(2)树木　(3)山石　(4)草屋　(5)渔翁

布石完成后,在旱地点缀配件,诸如草屋、人物等。旱地配件最好置于山石上,如果置于盆土上,向盆内浇水之后常造成配件歪斜。

上述程序完成后,要近看远瞧,观看其整体效果及其韵味如何。对不满意的山石或树木做必要地反复调整或更换,以尽如人意为止。

经过试作,把布局造型确定下来之后,在堤岸临水盆面用铅笔沿堤岸在盆面画一条线,把堤岸山石也编上号码,以免在定型胶合时把山石位置搞错。然后把盆面所有的山石、树木,配件统统拿掉,把盆钵洗干净,但所画堤岸线及山石号码要保留(图4-59)。

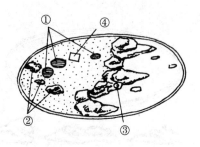

图 4-59　树木、山石、配件在盆中的布局

①树木　②山石　③渔翁　④草屋

(6)胶合定型。定型就是把试作时山石、树木、配件等在盆中的位置正式固定下来。胶合定型操作程序如下:

首先是堤岸山石的胶合。胶合之前把山石底部基本整平,把破损的茬口打磨圆滑呈自然状,再把山石洗刷干净晾干。用107胶水和水调和水泥。为使水泥浆和山石色泽相似,可在调和水泥时加入染料。然后把山石底部、两端粘上水泥浆摆放到试作时的位置上,胶合时注意山石间接触要紧密。山石和盆面也粘牢,使做成的堤岸不渗水、不漏水。为防止渗漏水,在堤岸旱地面山石吻合部可适当多放水泥浆。用油画笔或毛笔蘸水把堤岸山石上面和堤岸临水面多余的水泥浆去除。堤岸渗漏水将影响到旱地栽种植物的成活和生长,所以在堤岸胶合好,等水泥浆凝固后要在盆钵水面部分放水,观看堤岸是否渗漏水,如有渗漏水处应用水泥浆补好。如急于制作完毕,可在旱地面山石吻合部多放些水泥浆,以防堤岸渗漏水。

其次,把树木栽种到试作时盆面的位置上。在栽种前应在盆面放一薄层培养土,如果盆钵底部有排水孔,要在排水孔上面放两层塑料纱窗以防培养土掉下。把树木根部土适当去掉一些,因盆钵较浅,要把直立根部剪除或剪短,对造型不需要的枝叶也要剪除。树木栽种好之后把事先筛好的中粒土壤填入根系之间缝隙中,可用竹片把土和树根贴得实些。在树木之间放些培养土,使旱地部分呈高低不平的自然状。

再次是布石,把树木栽种好之后,把旱地部分和水面部分的山石放到试作时位置上。旱地部分的山石必须埋入土壤中一部分。如果一放了事,山石底面常出现悬空状,既不美观也不牢固。旱地布石除起装饰地貌作用外,对将树木固定在浅盆中亦有一定作用。布石完成后,在盆面旱地部分撒一层已筛过的颗粒较细的土壤。

最后是整理。上述程序完成后,远看近瞧从整体全局出发,观看树木之间、树木与山石之间、山石与山石之间是否协调呼应,对尚不尽如人意之处再作最后一次调整。

在盆土上喷水后铺一层青苔,青苔不但能保护盆土,还能使景物更自然优美。上述操作完成之后,向山石、树木、青苔上喷一遍清水,把盆钵擦洗干净,把草屋、人物放回原山石的位置之上,用胶水或水泥浆加以固定。这时一件别有韵味的水旱盆景就呈现在人们的面前了(图4-60)。

图 4-60　制作完成后的水旱盆景

第六节 山水盆景的绿化

自然界中的山石总离不开草木，山水盆景中同样不能没有植物。清代画家汤贻汾在《画鉴析览》一书中写道："山之体，石为骨，树木为衣，草为毛发，水为血脉……寺观、村落、桥梁为装饰也。"这种形象的比喻，生动说明了绘画中的山水与草木点缀之间的有机联系。

（一）种植绿化的作用

1. 弥补外形缺陷

山水盆景远看其形，近看其神，神形兼备才算得上一件好的作品。所以要求山水盆景各个部分（不论主体还是客体）的外形轮廓，不能出现过长的直线、等边三角形、长方形和半圆形等规则的线条。当然，也不是越曲折越好，要曲折有律，繁而不乱。因此，一件山水盆景的外形，一般应具有几个较大而简练的曲折。可是在制作盆景时，一些石料，如斧劈石、砂积石等，常呈现一些较长的直线，采用胶合小石的办法来改变直线又嫌不美，为此，常采用种植树木的办法，借伸出山石外的树木枝叶，来造成新的曲线，使外形轮廓更加丰富完美。

2. 延伸盆景意境

山石上种植绿化得当，犹如锦上添花，使盆景作品更加生动自然，成为神形兼备的艺术品。所以，种植绿化是山水盆景扬长避短、遮丑扬美、增添诗情画意的重要手段。同时，山水盆景种植绿化，还有调整重心、分隔层次、增强真实感完美感的作用（图 4-61）。

（二）草木和山石的比例

画论中有"丈山尺树"之说。这一绘画理论对创作盆景也有指导意义，值得我们借鉴。如果树石大小比例失调，则盆景形象不美（图 4-62）。在山石上种植树木，要选择体态矮、有一定弯曲、叶片小、须根多而且适应性强的树种。根据山石的大小，一般栽种 2 株～3 株经过造型

的树木。因为造型对树木生长不利，如果移植、造型同时进行，成活率将受到影响。

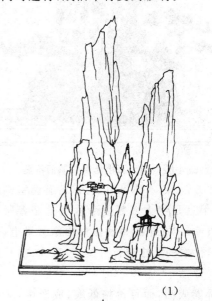

(1)

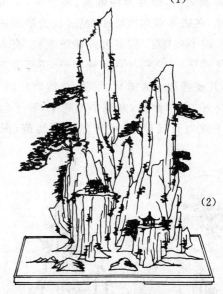

(2)

图 4-61 绿化使盆景变得更美
(1)绿化前的山水盆景
(2)绿化后的山水盆景

中小型山水盆景，一般山石都不太高，若要在这不大的山石上栽种树木，而且要和山石形成适当的比例，确实比较困难，尤其是在气候干

图 4-62 树大石小比例失调而不美

燥的北方,小树木更难以成活(若有温室则便于养育,但这是绝大多数业余盆景爱好者所不具备的条件)。在中小型和微型山水盆景上,可采用以草代木的办法进行种植。一般来说,草本植物容易成活,不论植于山石小洞或嵌入山石缝隙中都能成活,而且价格低廉,成形快,又可自然繁殖。在诸多草本植物中,笔者认为最理想的就是香港半枝莲了(因其叶片像芝麻粒,有人又叫它芝麻草)。它的叶片呈椭圆形,还不及芝麻粒大,其枝茎却呈大树状,耐阴,喜湿润环境,如养护得好,青翠欲滴,开很小的花朵,种子落于土壤中或山石缝隙中,可自然生出幼苗(图4-63)。

图 4-63 以草代木绿化山水盆景

除半枝莲外,亦可将文竹小苗植于中小型

盆景的山石上。文竹叶片青翠呈云片状,形态比较美观。在山石上栽种文竹,因土壤少,生长速度比盆栽要慢一些,文竹长大同山石失去比例时,要进行修剪。还有一种铁线草(茎褐色,细如线),叶片呈扇状,也是绿化山水盆景常用的植物之一。

宋代画家饶自然在《绘宗十二忌》中说:"近则坡石树木当大,屋宇人物称之。远则峰峦树木当小,屋宇人物称之。"所以在一件山水盆景中,近处的树木应该大一些,远处的树木应该小一些。山景高处植物宜小,低处宜大。这是近大远小透视原理在盆景植物种植上的应用。

(三)树种、树形与位置

在峰峦的不同位置种植树木,树的品种和形态一定要符合自然生长规律,否则就会失去真实感。如在高山巅部植树,宜种植株矮小结顶、枝干弯曲并耐旱的树种,切忌栽种单干挺拔、喜湿润的树种。因自然界的山顶风大、土壤较干燥瘠薄,挺拔喜湿润的树木难以在山顶成活。在高峻山体的腰部,宜栽种悬崖式耐旱树种。山脚水边应选择喜湿性树种,不要种植通直无姿、形态与山石分离的树木。主峰是一件山水

图 4-64 在主峰山腰植树应植于主峰背面

盆景的核心部分,其形态、纹理都比较美观,若在主峰正面植树,就会把纹理遮挡住了。所以,在主峰种树,一般都种在其背面或侧面,这也是露与藏在盆景植树上的应用。常见的适宜树种有五针松、小叶罗汉松、雀梅、瓜子黄杨等,可种

植于山顶或山的腰部；六月雪、地柏、柽柳等，可种植在山脚水边（图 4-64）。

（四）山石植树法

在山石上种植树木，因石质不同，方法各异。现将松质石料和硬质石料的植树方法分别介绍如下：

1. 松质石料植树法

松质石料吸水性能好，可在适当部位凿洞（洞口小腰部大）植树。植树后，洞口铺青苔，土不外露，好像树木自然生长在山石上一样。刚种植的树木，根部吸水能力差，应放置荫蔽背风处，每日向树木上喷清水 1 次～2 次，半个月左右根部恢复正常吸水能力，即可停止喷水，并逐渐增加光照时间（图 4-65）。

2. 硬石盆景植树法

在硬石上植树，一般采用附着法和洞栽法。

（1）附着法。就是用纱布或塑料窗纱放上适量营养土把树根部包裹起来，用铅丝将其绑缚在山石背面，使枝叶和部分树干显露出来（图 4-66）。

（2）洞栽法。就是在硬石造型胶合时，设法造洞植树。如两块相邻的石块中间有一定空隙，可在其底部放一块瓦片，两侧放小条状石，用水泥胶合成洞，洞内放置培养土或山土，水通过瓦片输送到土壤中，栽种的草木可以成活。采用此法，制作巧妙，花草、树木如同生长在山石缝隙中一样。

如洞穴不能通到山石底部，可在洞穴下部留一小口，用脱脂棉拧成较松弛的棉绳，上通洞内，下接底部（棉绳粗细要根据洞的大小和与水面的距离而定）。这样，盆钵内的水就能通过棉绳吸到洞内，供给植物生长需要。如在棉绳外部胶合上薄石片，呈管状，就更好了。若无法胶合石片，将棉绳装入塑料管内也可。但是，如果山石上的洞穴较高，棉绳吸水上不去，那就只有加强管理，经常浇水，洞内栽种的植物才能成活（图 4-67）。

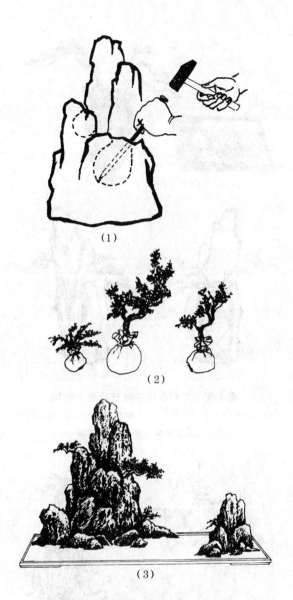

图 4-65　在松质石料上凿洞植树法
(1) 在石料上凿洞　(2) 树木素材　(3) 成形盆景

（五）吸水石生苔法

让盆景中的山石长满青苔，可增强山水盆景的苍茫感和真实感，所以一些盆景爱好者在制作山水盆景时，都千方百计地使吸水石上生苔。在吸水石上生苔的方法很多，常用的有以下五种方法：

1. 嵌苔法

青苔一般生长在潮湿略见阳光的地方。在山水盆景上嵌青苔，不宜选用生长旺盛较厚的青苔，应选择墙的背阴处幼小的薄苔，用利铲

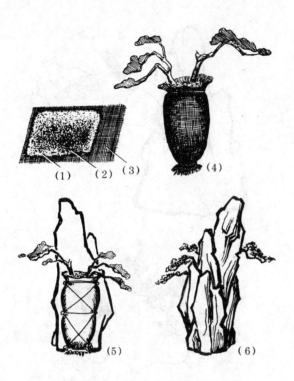

图 4-66　用附着法在硬石盆景上植树

（1）纱布　（2）培养土　（3）塑料窗纱　（4）包好树木

（5）山石背面　（6）山石正面

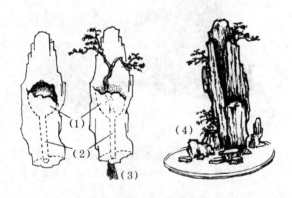

图 4-67　硬石盆景山腰造洞植树

（1）洞穴　（2）通道　（3）脱脂棉绳　（4）成形图

轻轻铲下薄薄一层，贴在山石凹陷处（欲贴青苔处，应先刷薄薄一层泥浆），先放在背阴的地方，每日用小喷壶向上喷水 1 次～2 次，喷壶距青苔不要太近，数日后便可成活。然后再将其置于早晚可见一小时左右阳光的地方，只要环境潮湿，又不在风口处，青苔便可正常生长，并逐渐向四面延伸。

嵌苔时，山石底部及背阴面可适当多植一些，而山石的向阳处、山顶、山路旁应植疏一些，这样方与自然现象符合。

2．涂苔法

将青苔取来，用清水冲洗掉杂质，加入适量稀泥浆，轻轻捣碎呈浆汁状，用毛笔涂抹在山石上。然后将其置于荫蔽处，保持潮湿，不要见阳光，并防止雨淋，不久涂抹处即可长青苔。

3．液肥生苔法

每周向吸水石上浇或喷两次稀薄液肥水，用玻璃罩（瓶）或透明塑料袋罩好，盆内放雨水（若用自来水，须放置几天后再用）。夏天放在可见散射光的潮湿处，不久可自生青苔。

4．淀粉生苔法

将吸水石放在雨水中浸泡 4 天～5 天，中间换一次水，然后在山石表面撒上薄薄一层淀粉，用草包上捆好，夏季置于潮湿处，保持草的湿润，一周左右可生青苔（严格地说，生出的不是普通青苔，而是一种很小的绿色蕨类植物）。

5．自然生苔法

用吸水石制成的盆景，只要保持环境潮湿，既有一定湿度，又能见到一定的阳光，日久天长，不用采取任何措施，它自然会长出青苔（图 4-68）。

图 4-68　长满青苔的山水盆景

第七节　山水盆景的养护与管理

要使山水盆景山清水秀，植物青翠，终年常绿，就要根据气候的变化，采取适当的养护措施。有的山水盆景上种植了树木，这些树木的施肥、修剪等养护管理基本同一般树木盆景，只是更细一些，在此不再赘述。下面简要地谈谈山水盆景浇水和防寒的问题。

（一）浇　水

山水盆景的盆钵比较浅，盛水少，尤其在炎热的夏季，水分蒸发快，更要经常浇水，保持盆内不断水，使吸水石湿润，以利青苔和草木的生长。

有的山峰顶部，常出现"白霜"状附着物，使盆景减色。为防止其出现，每次浇水时，应使水从山顶缓慢顺山峰流入盆中，直到盆内水满为止。除浇水外，还要经常向山景上喷水，这样才能保持青苔嫩绿，使整个景物显得苍润清秀。

山水盆景盆内长期蓄水，会产生污垢，引起盆水浑浊，既不卫生，又有碍观瞻。所以要定期擦洗盆钵，保持清洁，盆景才会显得更秀丽美观。

（二）防　寒

山水盆景上的树木根浅而少，抗寒能力比盆栽花木低。因此，在秋末，应比盆栽同种花木提前十余天移入室内。在北京地区，即使未种树木的吸水石盆景，冬季也应搬入室内，以防把山石冻裂。我国南方广大地区，冬季气温大都在0℃以上，山水盆景一般在室外背风向阳处就可越冬。我国幅员辽阔，各地气候条件不同，即使在同一地区，城区与郊区、山区与平原、山上与山下，气温都有差别，所以在采取防寒措施时，要灵活掌握。

第五章　中国石文化与赏石

第一节　中国石文化发展简史

　　自古以来,人类与岩石有着千丝万缕的联系。早在50余万年前旧石器时代,人类的祖先就利用天然石块为工具、当武器来打击野兽。新石器时期的人类用天然石块制作石器,如石斧、石皿、石球、网坠和饰物,这就是石文化的开篇。

　　赏石是石文化的一个分支。4000多年前,人类开始对玉和石的欣赏。据有关史料记载,黄帝乃我国之"首用玉者"。由于玉产量太少,又很珍贵,故以"美石"代之。舜把一块天然墨玉制成"玄圭"给禹,禹规定贡品设怪石一项。周武王伐纣时曾"得旧宝石万四千,佩玉亿有万八"。由此可以看出,中国赏石是从赏玉开始的。《说文》中载:"玉,石之美者",也就是把玉视为美石的集中体现。

　　随着历史的前进、经济的发展,赏石文化在造园中得到较快的发展。秦始皇在建造"阿房宫"时点缀很多景石。在三国及魏晋南北朝时期,一些皇亲、高官和巨富的深宅大院都很注重布石造景,观赏自然山石的美(图5-1)。

　　唐、宋时期,由于经济和文化艺术的发展,赏石文化日趋昌盛,众多文人雅士爱石、藏石,将小而奇巧之石作为案头清供,并以诗文颂之,从而使天然奇石的观赏更具有浓厚的人文色彩,开创了赏石文化的新时代。唐代著名诗人白居易著有很多赏石诗文,他的《太湖石记》更是反映唐代赏石盛况和文化水准的代表作之一。我国首部赏石专著《云林石谱》由宋人杜绾编著,该书记载山石116种,把每种山石的形态特点、产地以及开采方法都有详细叙述。宋代大文学家苏轼(号东坡)、书画家米芾都是我国历史上著名的藏石家,他们爱石、写石、咏石、评石,

图5-1　大型赏石

给后人留下很多奇闻轶事。米芾爱石成癖,把他的爱石称为"石兄",对石下拜,被人们称为"米癫",他在品石方面还创造了一套理论即"瘦、漏、透、皱"四字诀,长期为后人所沿用,至今仍有参考价值。宋代涉及赏石的重大事件要数"花石纲"了。宋徽宗为了建造"寿山艮岳"园林,观赏奇花异石,就下令到民间搜取,属下为了讨皇帝欢心,如数弄到奇石珍玩,竟搞到随处破屋拆墙的地步,给人民财产造成严重损失,成了方腊起义的导火索。当时由于皇帝爱赏石,皇亲国戚、达官巨富、文人墨客也争相效尤,一方面人民的财产受到掠夺,一面也在一定程度上促使爱石藏石之风空前高涨。

元代的统治者重武轻文,经济、文化不如唐宋发达,因而赏石艺术亦处于低迷状态。但元代也有赏石名人,名气最大者就是书画家赵孟頫,他有诗曰:"人间奇物不易得,一见大呼争摩娑。米公平生好奇者,大书深刻无差讹。"

明、清两个朝代,是中国石文化从恢复到发展的全盛时期。朝野爱石、藏石蔚然成风。明代王象晋的《群芳谱》、文震亨的《长物志》相继问世,他们对园林堆山叠石的原则有独到之处。《长物志》有云:"一峰则太华千寻,一勺则江湖万里",是"以小见大,以简胜繁"的精辟论述。明神宗年间公元 1573 年,林有麟编著的《素园石谱》更是对明代赏石理论和实践的高度概括,他把赏石的意境从自然景观和形象美的高度升华到具有内涵更为丰富的人生哲理高度,其影响较为深远。

清代,尤其是前中期,社会比较稳定,经济、文化发展较快,故赏石文化也得到较大发展,其显著标志就是比前几个朝代有更多的赏石专著问世。如乾隆年间自号"孤石翁"的沈心著有《怪石录》,胡朴安著有《奇石记》,梁九图著有《谈石》,等等。这些专著把中国赏石文化提到一个更 新的高度。而长篇小说《石头记》《红楼梦》则借奇石给我们演绎出一个过目难忘的动人故事。该书成为一部古籍名著。

北京的皇家园林很多,如圆明园、颐和园、北海公园、景山公园和天坛等的建造,从一定意义上说是赏石文化在当时社会生活和造园实践中的生动反映。北京皇室收藏的大型奇石和园林建筑融合在一起,得以长期保存下来供人们观赏。

清末至民国时期,政局不稳,经济衰退,赏石文化处于低落时期,但少数赏石家仍有专著问世。如章鸿钊编著的《雅石》等。

中华人民共和国建国后特别是在 1979 年改革开放以来,搞活了经济,人民的物质文化生活水平不断提高,给赏石文化的发展打下了坚实的基础。中国内地赏石首先从石资源丰富的广西柳州开始发展起来。早在 20 世纪 70 年代初期,柳州把当地产的一些石料加工、配座制成"石玩"参加广交会,因连创佳绩而轰动一时。柳州市园林部门因势利导,在本市多次组织石展和评比,市民的赏石活动逐渐高涨起来,终于在 20 世纪 80 年代走向全国,并到日本、泰国、新加坡等国举办石展。在柳州的带动下,许多地区成立赏石组织,到山区采集石头,举办石展。赏石店、馆以及集贸市场的赏石摊位像雨后春笋般地出现在神州大地。

赏石文化艺术的大发展,又促使赏石专著、画册、报刊的大量发行。如袁奎荣等编著的《中国观赏石》,刘翔编著的《石玩艺术》,赵有德等编著的《中国第二届赏石展精粹》,王文正等编著的《中国石玩石谱》等书先后问世。中国目前发行量最大、影响最广的两个月刊即《中国花卉盆景》、《花木盆景》都设有赏石专栏。有关赏石的文章和信息经常见诸报纸、电视等媒体。而赏石专著大量出版,报刊、电视媒体的频繁报道,反过来又促进了赏石文化的普及和提高。

赏石文化的迅速发展除有较高观赏价值外,又有较丰厚的经济收益。赏石和树木盆景相比较,管理方便,不用施肥,不用浇水,不用防治病虫害,更没有死亡之忧,而且进出口比树木盆景也方便。上乘赏石的价格也在看涨,一块上乘赏石能卖到几千元甚至上万元人民币。

赏石是雅俗共赏的艺术品,经济富裕者可出高价购买到自己喜爱的赏石。工薪阶层可利用到山区或江、河、湖、海游玩之时拣一些具有观赏价值的石块,有人甚至可拾到上品石块,然后进行加工。赏石的加工虽与山水盆景不同,但自古以来,人们习惯把它归入盆景艺术范畴。1993 年在中国盆景艺术家第二次代表大会学术研讨会中,绝大部分与会代表同意把赏石仍然纳入盆景艺术的范畴。

第二节 赏石的一般知识

(一)赏石的概念

赏石的名称很多,又称供石、怪石、奇石、雅石、玩石、案石、寿石、趣石、石玩、观赏石、欣赏石,等等。

赏石顾名思义,它是供人们观赏的岩石,不同于建筑用石。赏石又有广义和狭义之分。广义赏石,凡具有观赏、玩味、装饰价值的一切自然岩石,不分大小、形式、产地都在其中。狭义赏石,也就是本章所要介绍的,只是广义赏石的一部分,它要具有以下几个特征:

1. 天然性

一定是在自然界经"鬼斧神工"形成的自然岩石,而且基本保持自然状态,但不排除对赏石少量加工,如打磨、上蜡、轻度酸蚀、配座等。如加工较多,已成为工艺品,那就不属于赏石范畴了。

2. 可动性

这一点要求赏石不能太大,人们在不用机械的情况下,可以搬动,可置于室内欣赏。自然界很多美石以及公园的景石因体积太大,也不在我们所说赏石范畴之内。

3. 奇特性

赏石要在形、色、质、纹四个方面(一件赏石如四个方面要求都具备当然更好,如果不能求全,具备两个要求也可以),表现出独具的特性和趣味性,如果像建筑用自然岩石那样,千石一面,其观赏性就要大减了。人们观看上乘赏石能产生一种美感,并引起遐想和激情,陶冶情操,给人以美的享受。

以上三点是赏石的基本要求,偏离上述要求的山石,则不属赏石范畴。

(二)赏石的分类

赏石分类对赏石艺术的发展具有重要意义。科学而统一的分类,给赏石的科研、交流评比、欣赏与销售将带来诸多方便。到目前为止,全国尚无得到权威部门以及广大赏石工作者和爱好者认同的赏石分类标准。

有些人常用以下几种方法给赏石分类:

(1)以产地分类,如黄河石、灵璧石、三峡石等。

(2)以成因分类,如水成岩、火成岩、变质岩等。

(3)以色彩分类,如黄蜡石、墨石、彩霞石等。

(4)以质地分类,如硬石、软石等。

上述分类方法,虽形象表述了不同石种的形态特征,但也有一些不足之处,如同一地区产有多个石种,另一方面一种石有多地出产等,遇到类似情况就不便按上述方法分类了。

从目前已出版的赏石书籍中,笔者认为以赵有德等人编著的《中国第二届赏石展精粹》一书中的分类方法较好。该书按观赏要素构成的特殊观赏性分为四大类群:

1. 山川形胜类

专门收入那些整体形态表现山川、名胜和奇特地形、地貌的宏观景象者(图 5-2)。

图 5-2 山川形胜类赏石

2. 象形状物类

专指那些整体形态能表现人物、动物、植物、器物具体形象或神态、情趣者(图 5-3)。

3. 抽象奇巧类

包括所有整体或局部形态美好,奇特(含罕

图5-3 象形状物类赏石

见),却又难以确切认定指其为何物、何景、何意的抽象形态之石(图5-4)。

图5-4 抽象奇巧类赏石

4.表面图纹类

专指那些通体或局部表面具有自然形成但能表现一定内容、意境、韵律的图像、纹理、色块、皱褶等观赏主景者(图5-5)。

这种分类方法比较粗放,不够细,但可作为赏石分类方案之一,加以改进,使其更加完美。

在赏石分类上,可以说是仁者见仁,智者见

图5-5 表面图纹类赏石

智,各有一定道理,但随着赏石艺术的发展,学术交流逐渐增多,科学而统一的分类将会产生。

(三)赏石的几座

几座是赏石艺术的重要组成部分,几座不但使赏石立稳,而且使赏石充分展示自然美。没有几座的赏石,难入大雅之堂。

1.立稳赏石

赏石艺术,要求赏石形态奇特,又要求赏石尽量保持原始状态,还要求赏石处于最佳观赏角度。要达到上述目的,正确途径是用几座加以解决。如赏石底部的一凸出处赏石立不稳,可在几座上凿一个和凸出部吻合紧密的凹形坑(而不是把赏石凸出处锯平),使赏石立稳,而且处于最佳观赏角度。

2.烘衬主题

一个好的几座,除达到上述要求外还要能增强赏石形象和动态,使赏石的意境更深邃。如给题名为《乘风破浪》船形赏石配座,要配有似水波浪的硬木几座,使赏石更突出乘长风破万里浪,不畏艰险勇往直前的主题思想。

3.遮丑扬美

有的赏石绝大部分很美,只是下部某一部位平淡无奇。在配几座时,应在几座上下些功夫,以弥补赏石不足。如一个像猴头似的赏石,下部配一个似"猴蹲座"式的根艺几座,这个猴就活了起来。

4. 色泽协调

几座和赏石的色泽要协调,一般地讲,几座色泽要适当的深些,显得赏石稳重古朴。具体到每件赏石,还要灵活掌握,如一个有黑白色图案似卧式熊猫的赏石,再配色泽较深的几座就不美了,配一个黄绿色似横置竹棍造型的几座就很好。

(四)赏石的品评

赏石是在自然界中经过千百万年甚至数亿年,在多种因素的作用下才形成的,有人说是自然界"鬼斧神工"造就的赏石,也是有一定道理的。赏石的品评,主要欣赏其自然美(当然不排除上蜡、配座、命名等艺术高低对赏石价值的影响)。古人品石讲究"瘦、漏、透、皱"四方面,前三个字主要讲的是赏石的形态,"皱"讲赏石表面凹凸以及纹理。这不够全面,当代人品石主要是从"形、色、质、纹"四方面品评。

1. 形体美

赏石的形概括地说应是"千姿百态"。赏石也讲究以形传神,形神兼备,外形越优美它所蕴含的"神韵"也就越浓厚。形是物质基础,没有形的存在,神也就无从谈起。但不同类别的赏石,其外形变化有较大差异,外形变化最大的要数"抽象奇巧类",其次是"象形状物类"。这两类赏石外形复杂奇特,怪拙顽丑,千态万状,常给人一种秀美或灵气袭人的感受。外形变化最小的是"表面图纹类"赏石,这类赏石大多呈椭圆形或圆形,其美主要表现在纹理上。

2. 色彩美

色彩是品评赏石优劣的重要指标之一。人们在品评一件赏石时,形体与色彩基本上是同时映入人们眼帘的。赏石的色彩是由其所含的色素离子、致色元素、带色矿物质的不同种类和状态及其含量多少而决定的。如含铁离子较多的赏石,呈暗红色、棕黄色、褐黑色等;含碳离子多的赏石呈黑灰色或纯黑色;含铜离子多的赏石呈现绿色或蓝色,等等。

中国人在品评赏石时常带有一定情感,对不同色彩赋予不同的含意。黑色象征稳重、典雅、壮美、庄严而威武;红色象征喜庆、隆重、热情、幸福与美好;灰色象征朴实、安稳、朦胧、轻盈与闲适……

赏石色彩有单色(如轩辕石、黄蜡石)和复色(菊花石、黄河石)、基色(主色)和配色(辅色)之分。石的色彩如果和形体配合得当(所在的部位大小、形态),则锦上添花,否则复色不如单色。

3. 质地美

赏石的质地主要取决于岩石形成时物质构成(化学成分及矿物成分)和岩石的结构构造,及其露出地表后的风化程度。主要表现石质的粗细、光泽、软硬等特征。由于石种的不同,质地也不一样,但石质坚硬、细腻、光滑、润泽者为佳品。

4. 纹理美

赏石上的纹理是指赏石体表上的层理、脉络、花纹、裂缝、溶痕、蚀迹等的总称。赏石纹理的成因相当复杂,有的是单一成因造成,但大多赏石纹理是多成因叠加造成。

石上的纹理有凸有凹,有直有曲,有明有暗,有素有彩,有宽有窄,真是千变万化。赏石纹理形成千姿百态的图案,有的似人物,有的似动物,有的似名山大川,有的似林海晨曦,有的似苍山劲松,有的似国画,美不胜收,使人赞叹不已。赏石纹理美,神似胜过形似,爱石藏石者更注重它所表现出的内涵和意境。

以上品评赏石美的"四要素",是指我国及东方大多数赏石爱好者及有关人士品评赏石的标准。但欧美受西方文化的影响,他们喜爱和推崇、收藏、经营历史较久的是矿物晶体和生物化石。我国在这方面起步较晚,采集、经营、收藏矿物晶体和生物化石至今也不过十余年的历史。

第六章 其他盆景形式

第一节 微型盆景

近十余年,盆景艺术似呈"两极分化"之势。1987年在北京举办的全国首届花卉博览会上,展出的《长江万里图》枯木组合式巨型盆景,长达50米,是作者用了几年的时间才制作而成的,可谓巨型盆景之最。而另一种小型化的盆景,诸如掌上盆景和向超微型发展的指上盆景,其盆直径最小者仅为1.1厘米。目前,人们在习惯上把盆钵直径5厘米以上、15厘米以下者划归微型盆景范畴,5厘米以下者划归超微型盆景之列。

当前,对盆景艺术作品类型的两极分化现象,人们看法不一。但笔者认为,只有在"百花齐放,百家争鸣"的方针指引下,盆景艺术才能得到发展,而不应根据某些人的好恶来取舍。既然有人愿意制作,又有人欣赏,就应让其发展,如果喜欢的人越来越多,也许它还可能发展成为一种新的形式呢,如果没人欣赏,它也就自然被淘汰了。

(一)微型盆景的兴起

我国现代微型盆景最初出现于何时何地,从有文字记载并出现在展览会上算起,最早要数上海市了。1962年元旦,在上海市虹口公园举办的盆景展览会上,就有两盆微型盆景展出,以后又在上海人民公园、淮海公园等处盆景展览会上相继出现,受到广大参观者的赞扬。

1979年,在北京北海公园举办的建国以来首届全国盆景展览会上,上海盆景界把微型盆景置于博古架上参展,受到国内外观众的一致好评,很多观众在博古架前留连忘返,赞不绝口。1985年,中国花卉盆景协会在上海虹口公园举办首届中国盆景评比展览,评委会把微型盆景单列一项进行评比。至此,微型盆景在我国盆景界才被公认是一种新形式的盆景(但是到目前为止,仍有少数人对微型盆景不感兴趣,认为它的造型太简单了,反映不出自然界山水林木之风貌)。在这次盆景评比展览会上,不少省市都有微型盆景参展,有的还把博古架挂在墙壁上,这标志着微型盆景又有了新的发展。

(二)微型盆景的优点

随着我国经济建设的发展和人们住房条件的改善,居住高楼的家庭日益增多。因用于楼房内养植花木的地方有限,为了在有限的空间能欣赏到大自然的美景,人们越来越喜爱小巧玲珑的小型、微型植物盆景和山水盆景了。如今微型盆景已成为国际上盛行的盆景款式之一。

微型盆景的最大优点是占地少。在能放置1件~2件大型盆景的地方,可以放置十多盆甚至更多的微型盆景。若把微型盆景置于博古架内挂在墙壁上,则既不占地面,又不占桌面,在我国目前一般家庭住房尚不宽裕的情况下,是非常适宜的。

微型盆景成形快,价格便宜,这是它的又一优点。培育一盆大型树木盆景,需要几年甚至十几年的时间,价格昂贵,对于业余盆景爱好者和一般家庭来说,是较难培育和承受的。而微型树木盆景,只要利用嫁接、扦插、压条等方法取得植株,或到野外掘取野生小树木,略经加工造型,养护管理,一般翌年即可成形,上盆观赏。

微型盆景体积小、分量轻,易于搬动,这对老年人和慢性病患者来讲,也是非常适宜的。

此外，放置微型盆景的博古架，小格较多，可在不宜放置盆景的小格内，放置一些和盆景意境相协调的小工艺品，如做工精细、造型新颖的小花瓶、小动物等，使博古架琳琅满目、丰富多彩，生活气息更加浓厚（图6-1）。

(1)

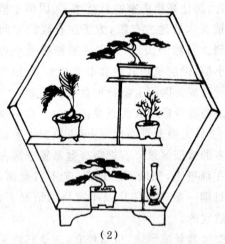

(2)

(3)

图6-1 微型盆景置于博古架内

(1)用钢棍制成的博古架

(2)用铜板制成的博古架

(3)用木材制成的博古架

（三）微型盆景的用材

微型盆景与普通盆景一样，也分植物盆景和山水盆景两大类。但目前的微型盆景大多数为植物类，尤以木本植物最为常见。因为微型盆景的盆钵小，植株不超过15厘米（以植物出土部分计算），所以选材时选用叶片小、干粗短、生命力强、上盆易活的植物为好，尤以花果类和常绿树种更佳，如五针松、地柏、龙柏、小叶罗汉松、雀舌黄杨、小石榴、小凤尾竹、金雀、六月雪、榔榆、雀梅、黑松、小苏铁、小榕树、小菊、矮干文竹等。

微型盆景的山石，以纹理优美、形态自然、颜色润泽、呈长条状有棱角的为佳，如山石上有洞穴，就更好了。常用的石种有斧劈石、木化石、英德石、芦管石、浮石等。

（四）微型盆景的用盆

微型盆景的配盆原则与普通盆景相同，但微型盆景用盆较小，签筒盆口径一般应为4厘米～5厘米,圆形盆口径在5厘米左右,浅口长方形或椭圆形盆口径一般在10厘米左右。

盆钵应形状古雅、色彩协调,忌用大红大绿、色彩艳丽的盆钵。很多盆景艺术家喜用宜兴出产的紫砂小盆和汉白玉浅口盆。也可用生活器皿作盆,如鸟食罐、烟灰缸等(底部无孔的需钻孔,以利排水,否则易烂根),只要匹配得当,也会别有一番情趣。

(五)微型盆景的制作

微型盆景所用植物均较矮小,造型时弯曲一二个弯即可,枝条留二三根为好。总之,其造型宜简不宜繁,要用大写意的手法,注重其神态的表现。造型时把树木从盆中扣出,剪去主根,留下侧根及须根,并对枝条进行一次修剪,然后进行蟠扎。上盆后的管理基本同树木盆景,只是比一般树木盆景管理得更细致一些。

微型山水盆景常用椭圆形汉白玉小盆,一般采用偏重式中的近中景款式,盆钵虽小,亦应注意盆与山峰的比例及其意境美。微型山水盆景因用石较小,搬动时丢失不好找,造型完成后,最好用耐水胶把山石粘在盆面上。

近几年,天津市的盆景爱好者在直径6厘米左右的圆形盆内,放置各种形态的上水石,在石上种植小草,摆放配件,两头用玻璃片封好,底部放一托架,展览时也置于博古架上,每件都有命名,颇具韵味,可谓独树一帜。

(六)微型盆景的养护

微型盆景的养护和一般盆景基本相同,但更要细心和耐心,尤其是微型植物盆景,既要其正常生长,包括花果类的开花结果,又不让它徒长破坏造型。同时,微型盆景盆小土少,水多易涝,水少易干枯;无肥生长不良,肥大容易"烧死"。因此,对它的养护比大、中型盆景要求更严,要更细心。没有一定的条件和充裕的时间,是养护不好微型盆景的。

微型盆景花木的耐寒、抗风、抗病虫害的能力都不如普通盆栽花木。因此,在养护微型盆景时要特别注意。有的辛辛苦苦养植几年的微型树木盆景,可能就因偶尔粗心大意,忘记管理,而导致部分枝叶死亡,甚至整株死亡,真是后悔莫及!

第二节　挂壁式盆景

挂壁式盆景是把盆景艺术、工艺美术和国画形式巧妙地融为一体,可挂于墙上的一种盆景。挂壁式盆景又分山水挂壁式和树木挂壁式两种。

(一)山水挂壁式盆景

早期的挂壁式盆景是从山水挂壁式盆景开始的,在大理石浅盆或瓷质浅盘上粘贴山石,在山石的洞孔或缝隙间栽种小草,以草代木。其后,盆景艺术工作者和盆景爱好者们在大理石浅盆或瓷盆上打洞,将树木的根穿过洞孔扎入贴在背面盆土中,成为树木挂壁式盆景。

制作山水挂壁式盆景又有"因意选材"和"因材立意"两种情况,前者表现题材比后者要

广泛得多。但家庭制作挂壁式山水盆景,因材料不多,常采用"因材立意"的方式进行创作。这就要求制作者发挥自己的聪明才智,把不多的材料扬长避短,巧妙构思,制作出具有较高观赏价值的盆景来。

制作山水挂壁式盆景,一般是先挑选大小样式适宜的汉白玉、大理石浅盆,也可用汉白玉、大理石已抛光的石板或瓷盘、塑料板。先在盆的背面用钨钢钻打洞(洞不要把盆或石板穿通),洞口要小,里面要大一些,用万能胶调和高标号(400号以上)水泥,把用粗细适宜的铜丝制成的大小适宜的挂钩固定于洞内,以便制作完毕后把盆钵挂在墙上。大理石浅盆或石板上,如果有天然似云朵或流水状纹理,那就更好了,

将给盆景增添光彩。

挂壁式山水盆景的造型原理基本和普通山水盆景相同。不同之处，普通山水盆景的山峰底面立于盆面，而挂壁式山水盆景的山峰背面粘贴在盆面上。为了粘贴得牢固，挂壁式盆景山峰要适当薄些，一定要用胶合力强的胶水进行胶合。山水挂壁式盆景的布局常用偏重式、平远式或散置式。制作用石料既可用松质石料，如芦管石、水浮石，也可用硬质石料，如斧劈石、英德石、砂片石。为日后在山石上栽种草木，在粘贴前山石上要有洞孔和裂隙。硬质石料难以加工，所以在选材时比松质石料要求更高，除考虑山石大小、色泽、厚薄之外，山石上有自然洞孔、缝隙凹坑更好。根据立意要表现的主题思想，在构思时就要想好山石的布局、草木的栽种、配件的点缀、题名、落款、加盖印章各在盆面的位置。

松质石料质软，对不理想之处可进行适当的加工，然后根据构思，把山石粘贴到盆面的相应部位，如水泥色泽和山石的色泽不同，在调和水泥时加入和山石色泽相同的染料。粘贴山石前，把要粘山石处的盆面用砂纸打磨几次，再用清洁抹布把打磨下的石粉擦除，这样山石和盆面就粘贴得牢固了。

山石粘贴完毕，根据构思在盆面适当部位，用墨色调和漆题名、落款，用红色调和漆画出印章。如果盆面上小船难以粘牢，也可用黑色调和漆在盆面适当部位绘上几只小船，几只小船要近大远小，有疏有密，间距不等，方显自然。

最后在山石上栽种草木。如果是比较大的挂壁式盆景，可在山石上栽种小树木。如果是中小型挂壁式盆景，为使植物大小与山峰高度比例协调，应在山石上栽种有大树型的半枝莲（又称芝麻草），以草代木，在山石缝隙或凹陷处再铺以青苔起到绿化山石的作用。经过上述加工之后，一幅活的山水画就呈现在人们的面前了（图6-2）。

（二）树木挂壁式盆景

制作树木挂壁式盆景方法的要点是：首先根据放置树木挂壁式盆景的位置大小，挑选一

图6-2　山水挂壁式盆景

个枝密叶小、生长比较缓慢、适应性较强的悬崖式树木盆景，如松柏类、榔榆等。再根据树木大小、款式，用木方子和三合板制作一个如图6-3（2）那样的框架，把三合板固定到框架之上。在框架面左上侧适当位置挖一个刚好能把盆钵1/3嵌入板面内的洞孔，在框架背面把盆钵固定好。但在浇水、施肥等养护管理时又能把盆钵和树木一起拿下来。

根据立意和要表现的主题思想，把框架及板面涂以油漆，在板面适当位置用黑色调和漆题名、落款，用红调和漆绘画出印章。等油漆干透后，把树木盆景嵌入板面洞孔内1/3，并固定牢，再把框架以及盆景一起置于墙上挂好，一件具有较高欣赏价值的活的艺术品就完成了（图6-3）。

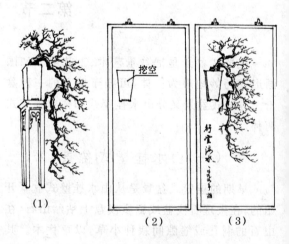

图6-3　树木挂壁式盆景

（1）挑选已造好型悬崖式树木盆景　（2）根据立意在板面左上侧挖一个能把盆钵1/3嵌入板面的洞孔　（3）已制作完成的树木挂壁式盆景

第三节　立屏式盆景

立屏式盆景又称立式盆景。它是把浅口盆、石板、塑料板竖立起来，放在特制的几架上，在盆面粘贴山石，栽种草木，成为一件立体的有生命力的国画。小型立屏式盆景可置桌面，作为卧室、书房等装饰之用。大型立屏式盆景可作客厅装饰之用，别具韵味。如把立屏式盆景置于大小比例恰当的根艺几架上，景物和几架相互衬托，相得益彰，饶有风趣。

立屏式盆景的造型，有树木立屏式盆景和山水立屏式盆景两种。不论那种立屏式盆景，对下部几架的要求都很严格，它不但要与景物大小协调、款式优美，而且使景物立得稳妥。

（一）树木立屏式盆景

1. 材料的选择

选用的大理石浅口盆的大小与选用的树木大小比例要恰当，另外再选一个大小适宜的小瓦盆，几块小山石和适量的培养土。

2. 制作过程

（1）根据立意构图，在浅口大理石盆左上角钻一个能把树根通过的孔洞。

（2）把瓦盆从中间锯开，把半个盆粘合到大理石盆背面孔洞的下方。

（3）把树木从盆中扣出，去掉根部大部分土泥，用绳子把树根缠绕后穿过孔洞，拆除根部缠绕物，把树木根部栽种在瓦盆中。

（4）为了使景物更优美，在观赏面把孔洞四周粘贴几块山石，使树木好似从山石缝隙中长出。

（5）在盆面空白处适当部位题名、落款、加盖印章。

（6）把已制作好的景物，放置在根艺几架上，作品即告完成（图6-4）。

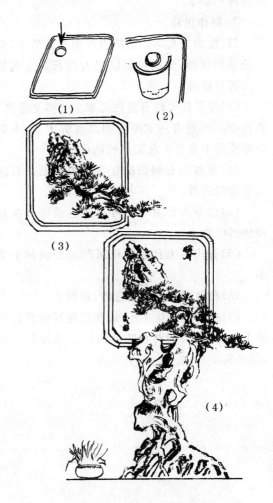

图 6-4　树木立屏式盆景的制作过程
(1)大理石盆上钻孔　(2)把半个瓦盆粘合在孔洞下方
(3)把树木栽种瓦盆中　(4)把盆景置于根艺几架上

（二）山水立屏式盆景

1. 材料的选择

（1）挑选一个蛋圆形浅口大理石盆。

（2）根据大理石盆的大小，再选择一个与大理石盆大小匹配，优美而不太高的根艺几架。

（3）石料的选择，既可用硬质石料，也可用松质石料。因为硬质石料，质地坚硬难以加工，选材时要选大小适宜，纹理美观，具有凸凹或孔洞的山石，以备日后栽种小草木用。松质石料，加工较易,只要石的种类好,有一定姿色,石上有孔洞更好,没有孔洞也能雕琢出来。

(4)根据立意和盆的大小,挑选几株有一定形态的小草木。

2.制作过程

(1)在根艺几架上面适当靠前些位置上,凿一长条状沟槽,宽窄长短以把大理石盆立起放入一部分即可。

(2)为了使大理石盆在几架上立得更稳些,在沟槽后固定有一定厚度和高度的木条,木条高度要低于盆立于几架上的高度。

(3)在盆的右侧根据立意构图粘贴山石成为景物的近景。

(4)远景山峦及小舟可用黑色油漆画在盆面适当位置上。

(5)在山石上孔洞及较深凹陷处栽种小草木。

(6)在盆面适当位置题名、落款。

(7)把大理石盆立起,放在已做好的根艺几架上,一件具有较高观赏价值的作品即告完成(图6-5)。

(1)

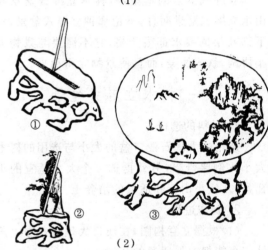

(2)

图6-5 山水立屏式盆景

(1) ①根艺几架 ②粘贴好山石的盆钵

(2) ①有沟槽及靠板的几架 ②侧面图 ③正面图

第四节 云雾山水盆景

云雾山水盆景是把现代化的电子技术,与古老的山水盆景艺术融为一体的一种艺术形式。

云雾山水盆景,除有观赏价值之外,还有实用性。加水通电之后,山峰被云雾缭绕,将千姿百态的山水盆景变成扑朔迷离神话般的仙境,使人神游其间,使静态的盆景增加了动态之美。云雾中的水分子散布在空气中,起到了加湿作用。室内摆放一盆云雾山水盆景,既可观赏,又有实用价值,一举两得。

云雾山水盆景的制作,云雾山水盆景的造型原则和一般山水盆景基本相同,制作时应注意以下几点。

（一）用盆要有适当的深度

现代山水盆景用盆比较浅,50厘米长的盆

钵深度在 1 厘米左右。云雾山水盆景用盆比较深，50 厘米长的盆钵深度在 5 厘米左右。只有盆钵有一定深度，盆内盛的水才能被雾化，使山峰处呈现雾色朦胧状态，给盆景增加美感。

（二）山峰要适当的粗大

因为要把雾化装置掩藏在山峰内，山峰太瘦，雾化装置就无藏身之处。小型云雾山水盆景，常用独峰式造型，若感独峰单调，可在山峰旁增添一个配峰。云雾山水盆景不用平远式造型。在日常生活中以及绘画艺术中，都是高山之上或半山腰云雾濛濛。

（三）制作云雾山水盆景的石料

既可用松质石料，也可用硬质石料，只要造洞能把雾化装置掩藏好又不漏电就可以了。

云雾山水盆景目前处于初期阶段，以后定会逐步提高和完善，进入寻常百姓家（图 6-6）。

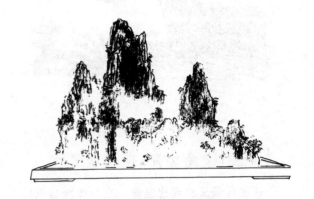

图 6-6　云雾山水盆景

第五节　探索创新盆景

盆景艺术与其他艺术一样，随着时代的前进和人们欣赏情趣的不断变化，要求在继承传统艺术的基础上不断提高和创新，墨守成规一成不变是没有出路的。

我国传统的盆景有树木盆景和山水盆景两大类。其后又出现了水旱盆景和微型盆景（元朝出现了"些子景"，有人讲"些子景"就是微型盆景，有人对此持有不同意见）。

1979 年在北京举办中华人民共和国首届全国盆景展览会。上海盆景界把微型盆景置于博古架上参展，受到众多观赏者的好评。但也有一部分人认为微型盆景只有 10 厘米左右，难以表现出盆景的意境。在此后的几年里，两种意见争论不休。就在此期间，微型盆景发展很快，越来越多的人喜爱上了微型盆景。1985 年中国首届盆景评比展览会在上海举办（因 1979 年在北京举办首届全国盆景展览时，没有进行评比），把微型盆景设一个评比项目参展，此后反对意见才逐渐减少，微型盆景越来越受到中外广大

盆景爱好者的喜爱。

从以上叙述中，可见盆景创新之艰难。以下介绍几种正在探索中的创新盆景及山景，其名称也是暂定的，是否恰当有待于和从事盆景工作的同行们及广大盆景爱好者共同商讨。

（一）贴壁式山景

近些年来出现山石贴壁式造型的山景，就是把有一定姿色的山石大小不等，有疏有密，疏密得当地固定到墙壁之上，在山石之上栽种一些植株较小，有一定耐阴性的小草木，在墙壁基部地面上栽种一些常绿小树木。实际上，贴壁式山景是一种立体的美化和绿化。它是由山水盆景以及挂壁式盆景发展演变而成的（图 6-7）。

图6-7　贴壁式山景

图6-8　长城风光盆景

（二）速成盆景（现代盆景）

速成盆景又称现代盆景。它与传统盆景的区别主要是在盆钵上，传统盆钵是一个盆钵可栽种多种款式的树木盆景，如一个中等深度的长方盆，可栽曲干式、斜干式、垂枝式、风吹式等多种款式的树木盆景。也就是说盆钵对盆景所要表现的意境约束力小。速成盆景用的盆钵，是盆钵制作者根据其初步构思而设计制作的。用这种盆钵制作盆景，表现什么主题已经基本确定，盆景制作者只是考虑怎样去表现更好的问题。如是仿长城的盆钵，这套盆钵只能表现长城风光，至于盆内栽什么款式的树木，在景致中是否放配件以及配件类别大小，都由盆景制作者自己考虑（图6-8）。

再如《街头风光》（图6-9），在盆钵中栽种高低不一的三株袖珍椰子，在盆内铺上一层小草好似绿地，再在盆内适当位置摆放一个陶质靠背椅，一幅生动优美的南国夏季风光街景呈现在人们的眼前。

这种盆景特别适合家庭，尤其是初学者，即使没有高深的盆景理论，用这种盆钵也能制作出具有一定观赏价值的盆景来。这种速成盆景符合现代人们生活的快节奏。

（三）塑石山景

塑石又称人工塑石、人造石。它是以可塑性

图6-9　街头风光（夏）盆景

材料为原料，以天然石为蓝本，经艺术提炼加工雕塑成型的仿天然石山景。

人工塑石并非始于当代，古已有之。古人多用油灰塑造或用陶土塑造烧制而成。囿于当时科技落后，实用意义不大，不能形成规模。历史发展到今天，由于科学技术的发达，新兴材料的不断涌现，为塑石山景的制作提供了良好物质基础。随着居住条件的改善，人们希望回归自然的意识越来越浓，有的设想在阳台、屋顶营造山景喷泉，但因楼房载重条件的限制不能用天然石，而人造石则能弥补天然石太重的不足，把梦想变成现实。

居室阳台、屋顶花园、娱乐场所室内的山景所用人造石,必须具备四个要素,即形、质、色、纹皆美。形指人造石的形态要美,体量和环境要协调;质指质要密实,坚固耐用;色指色泽优美润泽,与环境和谐;纹指石的纹理清晰,脉络有致。也就是要求人造石在形、质、色、纹方面和天然石相比越逼真越好。

目前制作塑石山景主要材料有两种,一种是用水泥塑制,另一种用合成树脂制作。下面介绍以水泥制作塑石山景的要点。

1. 根据设计要求,用粗细适宜的钢材焊制龙骨架。

2. 在龙骨架上绑扎密度适宜的铁丝网,绑扎出皱褶、凹凸以及孔洞,为日后在山景上栽种草木和安装喷泉机械打好基础。

3. 抹水泥沙浆。要数次才能达到要求,在此过程中要运用雕、刻、塑、剔等方法制出纹理、脉络。

4. 喷涂美化。在已造好的山景上喷涂上特殊油漆,要求色彩和谐,与天然山石相似为好。

5. 栽种草木,为了追求自然山林情趣,必须根据设计在山景适当部位栽种适应性好,有一定耐阴性、姿态优美的草木。

塑石山景是由山水盆景和造园点石演化而来,其造型原则基本同山水盆景。因是一个新的事物,仍在不断发展完善之中。

第七章　盆景用盆

盆景，即盆中之景。可见盆钵是盆景艺术的重要组成部分，它不仅是盆景景物的容器，也是具有观赏价值的艺术品。

我国盆景艺术的发展、繁荣、昌盛，和制盆技术的发展是分不开的。早在明朝时期，就出现了不少制作盆钵的名家。清代制作的盆钵质地细腻，式样繁多，盆面开始表现书法、绘画艺术。我国历代制陶艺人，都曾制作出大量闻名遐迩的陶瓷盆景盆钵，工艺精湛，造型奇巧，色彩斑斓，风格古雅，别具一格，对我国盆景艺术的发展作了很大贡献。

不论是山水盆景还是植物盆景，用盆都很重要，所谓"一景二盆三架四名"之说，就是对盆景用盆在盆景艺术中的重要地位的高度概括。一件制作上乘的盆景，如果所用盆钵不精美、不协调，将降低盆景的观赏价值。

第一节　盆钵的种类

盆景所用盆钵的种类很多，按制作材料的不同可分为紫砂陶盆、釉陶盆、瓷盆、石盆、云盆、水磨石盆、素烧盆、塑料盆等。其中以江苏省宜兴出产的紫砂陶盆最为著名。

（一）紫砂陶盆

紫砂陶盆人们习惯称为紫砂盆。它自宋代问世以来，就以其独特的艺术风格受到花卉盆景爱好者的青睐，从明代开始即风行全国。

紫砂盆是采用宜兴特有的一种黏土为原料（这种特殊粘土称为"泥中泥"，深藏于岩石层下），经过开采、精选、提炼，制成陶胎，不着釉彩，再经过 1000℃～1150℃ 的高温烧制而成的。紫砂盆质地细密、坚韧，并有肉眼看不到的气孔，但既不渗漏，又有一定的透气吸水性能，适宜植物生长发育。因入窑时间长短不一，窑内温度高低不同，盆色亦有深浅、浓淡之别。紫砂盆不上釉，均为泥土本色，朴素雅致，古色古香，富有民族特色。

紫砂盆的色泽多达几十种，主要有紫红、大红、海棠红、枣红、朱砂紫、青蓝、墨绿、铁青、紫铜、葡萄紫、栗色、白砂、豆青、葵黄、淡灰等色。有的还在泥里掺入少量粗泥砂或钢砂，制成的盆钵则颗粒隐现，给人以特殊的美感。

据文献记载，在明清时代我国就出现了不少制盆高手，其中佼佼者有徐友泉、陈文卿、钱炳文、杨彭年、萧绍明、葛明祥等。

在烧制紫砂盆时，从明代开始在盆底部落款。明清时代的落款多为制作者的姓名或别号，如上面提到的一些制盆高手的姓名；民国以后多为生产厂家的名称，如"永安公司"、"永泰公司"、"义昌堂"、"京华堂"等；新中国成立以后，改用"中国宜兴"方形章，有的同时刻有制作者的姓名。

紫砂盆按不同形态分，有圆形、椭圆形、方形、长方形、腰圆形、六角形、八角形、荷花盆、扇形盆、菱形盆等；盆有深的也有浅的；盆口造型也是多种多样的，有直口、窝口、飘口、蒲口等。

紫砂盆的产地除宜兴之外，浙江嵊（shèng 胜）县、四川荣昌等地区亦有出产，但目前其质量尚不及宜兴紫砂盆好。

紫砂盆主要用于植物盆景，但也有用于小型山水盆景的。

（二）釉陶盆

釉陶盆是用可塑性好的黏土先制成陶胎，

在表面涂上低温釉彩,再入窑经900℃～1200℃的高温烧制而成的。

釉陶盆大多数质地比较疏松,如栽种花木用,应选内壁和底部无釉彩的,并在底部留排水孔,以利透气、吸水。如作山水盆景用,则可选四周及内壁均涂以釉彩的,底部也可不留排水孔。

我国有许多地方出产釉陶盆,但以广东石湾地区的产品最有名气。远在明代中叶,当地就出现了釉陶盆。石湾所产的釉陶盆,色彩淡雅,造型多种多样,价格比紫砂盆低,因此是比较常用的盆钵。

釉陶盆的色泽有蓝色、淡蓝色、绿色、黄色、白色、紫色、红色等,在烧制过程中,由于温度不同而有色深、色浅之别。釉陶盆如多年放在室外,经过日晒、雨淋等自然侵蚀,原来的色泽会逐渐变浅,年代越久,色彩越淡,越发显得质朴古雅,也就越贵重。

釉陶盆多用于植物盆景。浅口、底部无孔的釉陶盆是山水盆景用盆。

(三)瓷　盆

瓷盆是采用精选的高岭土,经过1300℃～1400℃的高温烧制而成的。瓷盆质地细腻、坚硬、美观,但不透气,透水性能差,一般不直接栽种花木,多作套盆之用。

瓷盆色彩艳丽,有白瓷、青瓷、青花白地瓷、紫瓷、五彩瓷盆等,并有釉下彩与釉上彩之分。瓷盆上多绘有山水、人物、花鸟以及其它各种图案,有的还写有诗词等。由于瓷盆色彩缤纷,不易与景物协调,所以一般盆景不选用这种盆钵。

瓷盆主要产于江西景德镇、湖南醴陵、山东淄博、河北唐山等地,其中以景德镇的瓷盆最为著名。

(四)石　盆

石盆是采用天然石料经锯截、琢磨加工而成的。常用的石料有大理石、汉白玉、花岗石等,颜色多为白色,也有白色当中夹有浅灰等色纹理的,还有色黑如墨的,这种墨玉盆更是极为少见的精品。石盆色泽淡雅,形状比较简单,常见

的有长方形、椭圆形、圆形浅口盆。近年来又出现一种边缘呈不规则形的浅口盆。石盆多用于山水盆景,也有把大块石料加工成大型或特大型石盆,用于树木盆景的。

石盆主要产于云南大理、四川灌县、广东肇庆、山东青岛、江苏镇江、北京和上海等地。

(五)云　盆

云盆是石灰岩洞中的岩浆滴落地面凝集而成的,因其边缘曲折多变,好像云彩,故称"云盆"。有的云盆像灵芝,所以又有"灵芝盆"之称。云盆多为灰褐色,边缘不太高,多呈直立状。云盆富有自然情趣,其石料须历经千百万年才能形成,故产量极少,是石质盆钵中不可多得的珍品。云盆多用于树木盆景。用云盆制成的丛林式树木盆景,别具韵味。云盆一般不太大,多为中、小型盆钵。桂林有不少著名的岩洞,该地出产的云盆最佳。

(六)水磨石盆

水磨石盆是用400号以上的高标号水泥,加适量大小、颜色适宜的石米,用水调和成水泥石米浆,灌入事先制好的模内制成的。这种盆钵虽不够美观,但制作方便,造价低廉,其大小、形态、色泽可根据需要和个人爱好而定,这些特点又是其他盆钵难以具备的。

(七)素烧盆

素烧盆又叫泥盆、瓦盆,是用黏土烧制而成的。其质地粗糙,外形不够美观,但透气、吸水性能良好,有利于植物生长,而且价格便宜,是制作盆景的常用盆之一。在养植树木幼苗或桩景"养胚"时,多用这种盆钵。

(八)塑料盆

塑料盆是用塑料制成的,色彩艳丽,价格便宜,但不吸水,不透气,而且易老化,不宜作植物盆景用盆。市场上有时能见到一种用白塑料仿汉白玉浅盆制成的塑料盆钵,这种盆钵做工精细,达到了以假乱真的程度,且物美价廉,因而

受到盆景爱好者的欢迎。可惜产量太少,市场上 不易买到。这种盆钵可用于制作山水盆景。

第二节　山水盆景用盆

　　山水盆景最常用的盆钵为长方形和椭圆形盆钵。长方形盆钵显得大方,常用于表现山峰雄伟挺拔的山水盆景。椭圆形盆钵线条柔和优美,常用于表现景色秀丽开阔的山水盆景。椭圆形盆钵中又分为卵圆形和长椭圆形两种。此外还有圆形、长八角形、扇形等多种式样的盆钵,可根据山水景物的特点适当选用。

　　选择山水盆景用盆时,除考虑盆景立意造型的需要外,还要照顾到个人的经济条件。如汉白玉浅盆是上等用盆,适用于多种山水盆景,并能加深盆景的意境,但其价格较贵。

　　古代山水盆景用盆一般比较深,现代逐渐向浅盆发展。较深的盆钵不能展现"浅濑平流,烟波茫茫,云浪浩浩"的景观。

　　山水盆景用盆的色泽一般都比较浅,常见的有白色、淡蓝色、淡黄色等。究竟用什么色泽的盆钵适宜,应根据山景的颜色而定,一般山石和盆钵的色泽不宜相似。如用灰色、黑色、土黄色石料做成的山景,最好选用白色浅盆,才能使山景和盆钵在色泽上互相协调(图7-1)。

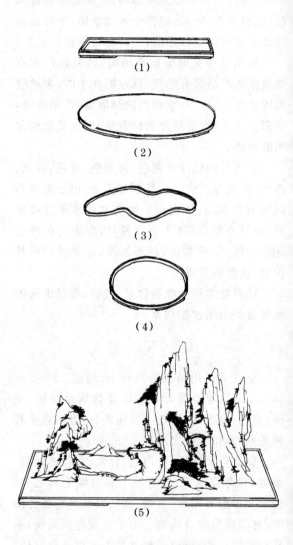

(1)

(2)

(3)

(4)

(5)

图7-1　山水盆景用盆
(1)长方形浅盆　(2)椭圆形浅盆　(3)不规则形浅盆　(4)圆形浅盆　(5)山景放置汉白玉浅盆中显得更加优美

第三节　植物盆景用盆

　　选择植物盆景的用盆应注意以下两点:
　　首先,要注意盆的大小和深浅是否恰当。如果树大盆小,不但有头重脚轻之嫌,不美观,意境差,而且因盆小盛土少,肥料与水分都不能满足植株的需要,会使其生长发育不良。相反,如果树小盆大,会显得比例失调,从而降低观赏价值。

　　一般而言,树木盆景用盆的直径要比树冠

略小一些。也就是说,树木枝叶要伸出盆外,至于伸出多少为好,那要按具体情况作具体分析了。盆钵的式样、深浅要根据盆景的形式而定,悬崖式盆景宜用签筒盆;丛林式盆景宜用浅口盆;斜干式、曲干式、提根式、连根式等盆景一般用中等深度的盆钵。

其次,要看盆的形状及盆的颜色和树木是否协调。如丛林式、提根式、斜干式、曲干式等盆景,宜用长方形或椭圆形中等深度的紫砂盆钵。树木盆景用盆除注意形态外,还要注意使盆与树叶、花、果的颜色相和谐。一般来说,花、果色深者宜用浅色盆,花、果色浅者要用深色盆,绿色枝叶植物不要用绿色盆。总之,植物盆景盆钵的颜色,主要应以花、果、叶的色泽为主,挑选其颜色适宜与之搭配的盆钵(图7-2)。

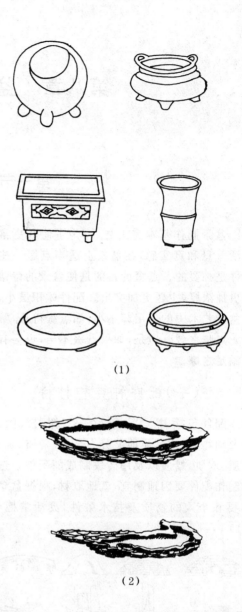

(1)

(2)

图 7-2　植物盆景用盆

(1)紫砂盆　(2)云盆

第八章　盆景的点缀与命名

第一节　盆景的点缀

盆景制作基本完工之后,为了使其更富有生活气息和真实感,在盆景上适当点缀一些小配件是必要的。点缀的目的是使盆景的诗情画意更加浓厚,主题更加突出。配件体积虽小,但在盆景艺术中的作用却不小,如点缀得法,常获画龙点睛之效。但是,如果点缀不当,也会有画蛇添足之嫌。

(一)配件种类和材料

配件包括:桥、塔、舟、舍、亭、榭、楼、阁、人物及动物等。按其质地又分为金属、陶质、瓷质、石质、木质、蜡质以及用砖块制成的配件。选购或制作配件要因地制宜,就地取材,根据盆景的需要和个人的物质及技术条件,灵活掌握(图8-1)。

图 8-1　盆景小配件

1. 金属配件

这种配件一般以熔点低、着水不生锈的铅、锡等金属灌铸而成,外涂调和漆。其优点是价格低、耐用、不易损坏,并可成批生产。不足之处是色泽不易和景物协调,涂漆不牢固,日久容易脱落。近些年,北京地区出售的小配件,以金属制品居多。

2. 陶及釉陶配件

用陶土烧制配件,不上釉者为陶质配件,上釉者为釉陶配件。陶及釉陶配件以广东石湾出产的最为有名。尤其是该地生产的陶质配件,制作技术精湛,呈泥土本色,古朴优雅,造型生动,人物姿态各异,面部表情真实,栩栩如生。

3. 石质配件

石质配件多用青田石雕刻而成,色泽有淡绿、灰黄、白色等。其优点是容易和山景色泽相协调。不足之处是多数石质配件制作粗糙,不如陶质或金属配件那样精巧,还容易损坏。

4. 其他材料配件

用木、蜡、砖等材料制作配件,材料来源方便,可就地取材,只要制作技艺熟练,亦能制成上等配件。如用灰色旧砖块制作长城配件,放在山景上,就显得古朴庄重,富有真实感。

(二)山水盆景的点缀

在给山水盆景点缀配件时,应注意以下几点:

1. 意　境

配件的点缀要和景物所表现的意境相一致,才能提高盆景的观赏价值,否则会事与愿违,给人以画蛇添足的感觉。配件的点缀还要和盆景所表现地区的风土人情相一致,使艺术性和真实性有机地结合起来。如制作表现北国风光的山水盆景,盆内不能点缀漓江的竹排;表现沙漠风光的盆景,只有点缀骆驼和羊群才恰当。

2. 数量

一件盆景,点缀的配件不可过多,过多会显得杂乱无章。一般中、小型盆景,点缀2件～3件就可以了。微型盆景一件即可。大型、巨型盆景可根据需要适当增加。

3. 大小

配件点缀得当,除具有画龙点睛的效果之外,还能起到比例尺的作用,配件适当小些,就能衬托出景物的高大雄伟,反之亦然。山虽小如拳,但若人小如豆,便能相对地显示出山的高大。古代画家荆浩在《画山水赋》中说:"丈山、尺树、寸马、分人。"古代画论中关于景物绘画大小尺度的这一标准,同样适用于山水盆景中山峰、树木与人、马配件大小的比例(图8-2)。

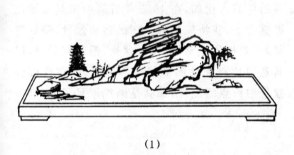

(1)

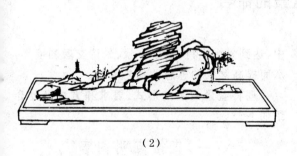

(2)

图8-2　配件与山石的比例
(1)配件过大山景显得小
(2)适当的小配件能衬托出山景高大

4. 色泽

景物、盆钵、配件三者的色泽要协调。如三者的颜色很接近,这并不协调,也不美观。小配件的色泽,应有别于景物和盆钵的色泽,才能增添整个盆景的美感,但也不可过于紊乱,五颜六色,反而影响了美观。

5. 位置

配件在景物上摆放的位置很重要。一般来讲,塔不宜置于主峰顶部,而应放在次峰或配峰之上;亭一般置于山腰;桥放置在水面两块礁石之间,也可放在山峰中部两石之间;水榭应置于山脚的水边;小舟特别是人物划桨的小船,应置于距岸边不远处,呈竞发之势,如停靠于岸边,意境较前者就差。

6. 时代特征

山水盆景点缀的配件,有表明时代背景的作用。如借用古代建筑和古装人物的配件,以显示盆景古老的意境。在表现现代题材的盆景中,则可放置汽车、火车、电站、楼房等配件,以显示当今经济建设欣欣向荣的景象。

（三）植物盆景的点缀

植物盆景常用的配件有人物、禽兽、房舍等。植物盆景的配件,比山水盆景的配件要大一些,以便突出主题,加深意境。如图8-3中的《对弈》,表现两位老者在柳树下聚精会神地下棋,枝条纤细下垂,随风飘荡,婀娜多姿,更衬托出弈者悠闲自在的情趣,同时,人物的体量又衬托出树木的高大,树木和人物相互衬托,相映成趣,从而使盆景的意境更加深远。

在植物盆景中点缀配件时,应掌握近大远小的透视原理。在同一盆景中点缀两件以上配件时,近者应大,远者应小,应掌握好各种配件在自然界中的位置及其和树木的比例。

在植物盆景中点缀配件,由于盆土疏松,浇水时配件容易歪斜,很不雅观。因此,应在配件下面放一块小山石或砖块、瓦片等,起固定作用。图8-4《丰收在望》,表现一位老农坐在苍劲古朴的老柳树下休息的情景。他怡然自得,左手扶着放在膝旁的草帽,右手端着茶碗,面露微笑,目视前方的大地。画面上虽无庄稼,却能使人联想到无际的田野里,麦浪滚滚、丰收在望时老农的喜悦心情。这件作品盆中有景,景外有情,情景交融,极富感染力。在树木盆景配件点

图 8-3　对弈

图 8-4　丰收在望

缀中,这是很成功的一件作品。

　　上面谈了配件在树木盆景中的重要作用,并列举了成功的范例,但这并不是说,每件树木盆景都必须放置配件。一件树木盆景的优劣,关键是制作者在制作时要从内涵到外形更贴切地表现主题。至于配件,适配则配,绝不能勉强凑

合。有一些树木盆景,并没有点缀配件,却是优秀的作品。比如,在 1985 年首届中国盆景评比展览会上,获特等奖的《风舞》榕树盆景,获一等奖的《刘松年笔意》五针松盆景,都没有配件,但其意境比有配件的盆景毫不逊色,若在这两件盆景中再点缀配件,那就是画蛇添足了。

第二节　盆景的命名

　　给盆景命名,古已有之。据《太平清话》一书记载,宋代诗人范成大曾给他喜爱的山石题写"天柱峰"、"小峨嵋"、"烟江叠嶂"等名称。这说明远在宋代就有人给盆景命名了。盆景艺术发展到今天,命名已成为盆景艺术创作不可缺少的一部分。一件优秀的盆景作品,如果只有优美的造型,没有饶有趣味而又和谐贴切的命名,那么它的美则是不完整的,自然会降低作品的欣赏价值。但是,如果命名不当,也会产生相反的效果。因此,给盆景命名一定要慎重,需要经过反复推敲,方能确定。

　　盆景的命名,必须具有诗情画意,引人遐想,以扩大对盆景意境的想象。好的命名恰如画龙点睛,它能吸引观者,将其带入景物的意境之

中,达到景中寓诗、诗中有景、景诗交融的境界,从而提高盆景的思想性和艺术性。

　　现将盆景命名的形式、要求和方法简要介绍如下。

(一)直接点明内容

　　给盆景命名,可以用直接点明盆景的内容的方法。如在一个盆钵内植竹砌石,可给这件盆景命名《竹石图》。给表现沙漠风光的盆景命名为《沙漠驼铃》或《沙漠绿洲》。再如给一盆老松树盆景命名为《古松》。这种命名比较容易,也好学,使观赏者一目了然。但不够含蓄,也难以引起人们遐想,对扩展盆景的意境作用不大,当然也不失为命名的一种方法(图 8-5)。

图 8-5 古松

（二）以配件来命名

这种命名就是以盆景中的配件来命名的。如给在一长椭圆形盆钵中，有疏有密，有高有低的栽种数株竹子，在竹林中点缀几只可爱的熊猫釉陶配件，就将其命名为《竹林深处是我家》。这件盆景的命名是很有风趣的。在一件山水盆景中，点缀一个划桨老翁的配件，老翁慢慢划动船桨若有所思，再命名为《桨声轻轻》更突出盆景所表现的意境。再如在一件偏重式山水盆景跨越两岸的大桥上，放置一个大步行走的人物配件，给该件盆景命名为《走遍千山》来形容游览过许多名山大川（图 8-6）。如到过很多地方，见多识广"成竹在胸"，再创作起来那就得心应手。以配件命名的盆景要数江苏扬州的《八骏图》，它是用数株六月雪和不同姿态的八匹陶质马配件制成的水旱盆景，创作者给这件盆景命名为《八骏图》，作品 1985 年在全国盆景展评会一出现就受到广大观众和专家们一致好评，被评为一等奖，驰名中外。

以配件给盆景命名，也比较简单易学，只要运用得当，景名贴切，就能收到很好的效果。

（三）用拟人化方法命名

采用拟人化的方法来给盆景命名，有时能得到意想不到的效果。如给有高低两座山峰组

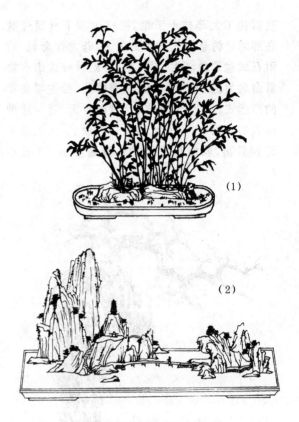

图 8-6　以配件给盆景命名
(1)《竹林深处是我家》　(2)《走遍千山》

成的山水盆景命名为《母女峰》，会使人浮想联翩。又如一棵双干式古松，其中一根树干已经枯死，另一根树干却枝繁叶茂，用《生死恋》来给这件盆景命名，可使人联想起在旧社会有多少青年男女，为了崇高而纯洁的爱情所遭遇的不幸，从而激发人们更加热爱新生活。再如给一件双干式树木盆景命名为《手足情》或《兄弟本是一母生》，有的观赏者看到这件盆景和命名时，就会浮想联翩，回忆起一幕幕往事，特别是在人生道路上受过挫折的人们，更容易产生思想共鸣。有的人还可能想起在异地生活的亲人，盼望早日得以团聚。

用拟人化的方法给盆景命名，人情味很浓，运用得当，常受到观赏者的青睐。

（四）根据外形命名

有的盆景是根据景物的外部形态来命名的。如给一件树干离开盆土不高即向一侧倾斜，

然后树木大部枝干下垂,树枝远端下垂超过盆底部的松树悬崖式盆景命名为《苍龙探海》。给附石式盆景命名为《树石情》。给独峰式山水盆景命名为《孤峰独秀》或《独秀峰》。给主峰高耸的高远式山水盆景命名为《刺破青天》等。这种命名的盆景,当你一听到盆景的命名,虽然还未见到景物,就能想象出它大概的形态了(图8-7)。

图8-7 树石情

(五)以树龄来命名

以树木的年龄长短给盆景命名,也是树木盆景命名的方法之一。如给一株树龄不长、生长健壮茂盛充满生机的盆景命名为《风华正茂》,给一树龄较长、树干部分木质部出现腐蚀斑驳,但枝叶仍然繁茂的树木盆景命名为《枯荣与共》。用这种方法命名的盆景,当你听到盆景的命名时,虽然没有见到盆景,就知道树木的大概树龄了。

(六)把树名融入命名

把树木名称巧妙地融入命名中,别有一番情趣。如给正在开花的九里香盆景命名为《香飘九里》,给花朵怒放的迎春盆景命名为《笑迎春归》,给一株树干部分腐朽的老桑树盆景命名为《历尽沧桑》等等。

(七)用成语来命名

成语是人们经过千百年锤炼的习惯用语,是简洁精辟的定型词组成短句。用成语来给盆景命名,言简意赅,说起来顺口压韵,是人们喜闻乐见的用语,只要运用得当,命名能充分表达该件作品的主题思想,能得到观众好评。如有的在野外生长的老树,经长期风吹、日晒、雨淋、人工砍伐以及病虫害等因素的影响,树木主干木质部大部分腐烂剥脱,成中空状,但部分树皮仍然活着,在树干上部又长出青枝绿叶,生机欲神不死。给这样的树木盆景命名为《虚怀若谷》或《枯木逢春》都可以(图8-8)。

图8-8 虚怀若谷

(八)以名胜来命名

如用《漓江晓趣》、《妙峰钟声》、《黄山松韵》、《九寨风光》、《长城万里》等名胜古迹给盆景命名,已游览过该名胜的人会回忆起那美好景致,未游览过该名胜的人,看到该景和命名,也会有美妙的遐想。

(九)以时间来命名

就是用不同的季节给盆景命名。如春季给初春开花的迎春盆景命名为《京城春来早》，或给吹风式柽柳盆景命名为《春风得意》；夏季给山青、树叶苍翠的盆景命名为《夏日雨霁》，或给开满白色小花的六月雪盆景命名为《六月忘暑》；秋季给红果满树的山楂盆景命名为《秋实》，或给硕果累累的石榴盆景命名为《春华秋实》；冬季给表现北国雪景的山水盆景命名为《寒江雪》或《寒江独钓》。另外给表现早晨景致的丛林式树木盆景命名为《密林晨曦》，给表现夜间景致的水旱盆景命名为《枫桥夜泊》等等，效果都比较好。

(十)以名句来命名

以名句来给盆景命名，多是用古代文人的诗词名句给盆景命名。如给一件用雪花斧劈石制作、用来表现瀑布景致的山水盆景命名为《飞流直下三千尺》。当人们看到这个题名时，就会想起唐代大诗人李白《望庐山瀑布》诗句"飞流直下三千尺，疑是银河落九天"的千古绝唱。水从高峭挺拔的雄伟大山飞流直下，描写了瀑布奔腾倾泻的壮观景象(图8-9)。

用古代文人诗词名句给盆景命名，必须深刻领会整首诗词的意思，使景物和诗句两者相符贴切才行。如给鸭子造型的水仙花盆景命名为《春江水暖》，具有一定文学修养的人，看到此景和命名，就会想起宋代著名大诗人苏东坡的"竹外桃花三两枝，春江水暖鸭先知"著名诗句，从而把人们带入诗情画意之中。如果对诗词一知半解，反而弄巧成拙，不如不用。

(十一)笼统命名法

一件盆景无明显特色，若急于参加盆景展览，没有更长时间推敲，可暂时给盆景题一个景名，但该景名绝不能和景物所表现的内容相悖。这种命名虽无明显特定性，对表现盆景的意境作用不大，但比没有命名还是要好一些，如《湖光山色》、《江山多娇》、《锦绣山河》等等，便于给

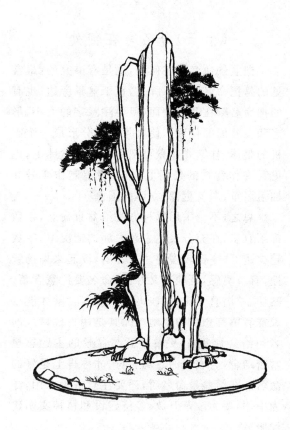

图 8-9 飞流直下三千尺

观赏者留下较深印象。

(十二)命名格调高雅

给盆景命名不但要含蓄、贴切，而且要格调高雅，清新脱俗。关于给盆景命名，还有这样一个故事：有人曾制作了一件树木盆景，不久一根树干枯死，大杀风韵，他便从这棵树原有枝干上引来一根树枝附在枯干上，几年之后树枝长大，树干长势良好，盆景又恢复了原来幽雅秀丽的身姿。他对这一招津津乐道，就给该盆景命名为《借尸还魂》。后来一长者见此名不雅，便给盆景更名为《力挽春归》。同是一件作品先后两个命名，前者显得低俗，让人听起来很不舒服，没有美感；后者则格调高雅，比较含蓄，能给人以美好的想象。这个故事值得玩味，它说明，给盆景命名，格调必须高雅优美，切忌粗俗，更不能有封建迷信色彩。

(十三)命名写在何处

把盆景命名写在何处,也是有讲究的。最常见的是把命名写在标牌上,置于盆景旁边。也有的把命名刻在盆钵上面(但要注意字的大小、形态和在盆面的位置),使盆景各部分形成一个有机的整体。挂壁式盆景可把命名写在盆钵上,也可写在作背衬的条幅上,如再写上制作年号并加盖名章,那就更像"立体的国画"了。

总之,不论采用哪种方法给盆景命名,字数都不宜多,在充分表达主题内涵的情况下,字数越少越好。字数较多要注意音韵,读起来抑扬顿挫,有节奏感,既顺口又好记。命名要注意含蓄、贴切。"语直无味,意浅无趣",命名含蓄才能给观赏者留有想象的余地。尤其是用古代诗人的名句给盆景命名,更要注意与盆景的主题思想紧密结合,与表现的意境相符,才称得上是好的命名。在给盆景命名时,还要注意古为今用,洋为中用,要为改革开放、经济建设和精神文明建设服务。

现将一些盆景的命名按字数多少为序列在下面,供初学者参考。

1个字命名:《根》、《春》、《秋》、《冬》,等等。

2个字命名:《嶙峋》、《鹤舞》、《扬帆》、《叠翠》、《远望》、《听涛》、《巧云》、《迎宾》,等等。

3个字命名:《竹石图》、《渔家乐》、《古域行》、《寒江雪》、《盼郎归》、《蜀道难》、《漓江行》、《八骏图》、《惊回首》、《大漠行》,等等。

4个字命名:《巍巍群峰》、《妙峰金秋》、《长城万里》、《寿比南山》、《巴蜀山庄》、《巴山蜀水》、《一峰擎天》、《刺破青天》、《枯木逢春》、《鬼斧神工》、《秀岭轻舟》、《燕山深处》、《锦绣山河》、《碧水青峰》、《大江东去》、《波光岛影》、《江山多娇》、《春江水暖》、《乘风破浪》、《水阁渔家》、《沙漠驼铃》、《沙漠绿洲》、《寒江独钓》、《群峰竞秀》、《两岸猿声》、《西风古道》、《走遍千山》,等等。

5个字命名:《瑞雪兆丰年》、《一览众山小》、《蝉鸣林更幽》、《江上石头城》,等等。

6个字命名:《有仙不在山高》、《阅尽人间春色》,等等。

7个字命名:《流水不尽春又至》、《无限风光在险峰》、《黄河之水天上来》、《飞流直下三千尺》、《奇峰倒影绿波中》、《山高松古两峥嵘》、《万里江山聚盆中》、《拔地指天称独秀》、《万水千山总是情》、《千里江陵一日还》、《高山奇洞小舟行》、《危崖古刹钟声远》,等等。

在盆景的命名中,1个字和7个字的少见,3个字、4个字的最为常见。

第九章 几架与陈设

第一节 几 架

几架并不是可有可无的盆景附属品,而是整个盆景艺术的组成部分。盆景放在优美的几架上,相互衬托,相映成趣,更显别致。精美的几架本身也是具有欣赏价值的艺术品。评价一件盆景艺术作品的优劣,盆架的样式是否匹配、制作是否精良,也是一个重要因素。

(一)制作几架的材料

制作几架的材料有木材、竹子、金属、化工产品、陶瓷、石料、水泥、树根等。

1. 木材几架

盆景所用几架,多由木材加工而成,其中以红木、楠木、紫檀等硬质木材制作的几架最为名贵。但其价格昂贵,非一般盆景爱好者力所能及,可用普通木材仿制,然后涂以深棕色油漆,外观同硬木几架相似。

2. 竹制几架

用竹子加工制成几架,自然纯朴,色调淡雅,架身轻巧,搬动方便,是我国南方常用的几架之一。北方因空气干燥,竹子几架容易松动,放盆景后不稳当,所以不常使用。

3. 金属几架

金属几架用钢铁棍、三角铁、铁管、铁板、铜板以及铝合金板管等金属材料,经过焊接、铆合等加工而成。焊接铆合后,用砂纸除去铁锈,涂上防锈漆,打好腻子,最后刷上棕红色油漆,便成为美观的仿古几架了。只要设计样式新颖,加工细致,制出的几架坚固耐用,美观大方。

4. 陶瓷几架

我国陶瓷工业发达,用陶瓷制作盆景几架由来已久。有一种模仿树根造型的陶瓷几架,别致古朴,色泽各异,是很好的观赏艺术品。陶瓷几架有小型桌上式的,也有大型落地式的。陶瓷几架可放置室外陈设盆景,不怕风吹、雨淋、日晒,这是它的一大优点。

5. 石料几架

用石料雕琢而成的几架多是落地式的,根据设计可制成多种样式,别有情趣。在1985年中国盆景评比展览会上,苏州参展的一件《秦汉遗韵》古柏盆景荣获特等奖。树桩是有500年树龄的圆柏,苍劲健茂,栽于明代出产的莲花古盆中,几架是元代制作的青石古墩,图案由九只狮子组成,故名"九狮墩"。古桩、古盆、古墩,搭配协调,互相衬托,既是一件完美的高级艺术品,又是一套珍贵的文物,真称得上是一件不可多得的"国宝"。

6. 树根几架

树根几架是用自然树墩以及树的根部,经过加工制作而成的。因为树根的自然形态奇特,所以用树根制成的几架自然古朴,把艺术性和实用性融为一体,是一种高雅的艺术品。

(二)几架的样式

盆景用的几架样式繁多,根据放置的位置,可分为落地式、桌上式和壁挂式三类。

1. 落地式

因这类几架较大,需放置地上,所以叫落地式。如长条桌、方桌、两头翘起的书案、方高架、圆高架、茶几、高低一体的双连架、圆桌等。

明清时代流传下来的一些硬木几架,结构精巧,线条多变,色泽较深,造型古朴典雅,有的几架上还进行了雕刻和镶嵌,是不可多得的艺术珍品(图 9-1)。

图 9-1　落地式几架

2. 桌上式

这类几架较小,需置于桌案上面,才能摆放盆景,故称桌上式。盆景所用的几架大多数都属此类。其样式有长方形、方形、椭圆形、圆形、六角形、两搁架、四搁架、高低连体架、博古架、书卷架等。在盆景展览时,有的将2个~3个书卷架叠在一起,上面放置盆景,寓意"读万卷书"。桌上式几架,以用树根及其自然形态制成的几架最古朴优雅。

3. 挂壁式

把博古架挂在墙上,称挂壁式几架。目前挂壁几架样式很多,常见的有圆形、长方形、六角形、花瓶形等,几架内的小格变化更多,大都精心构思,争立新意(图 9-2)。

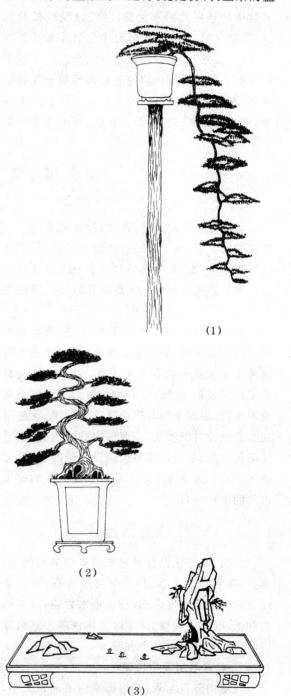

（三）几架与盆景的匹配

几架与盆景的匹配，关键是协调。上乘的盆

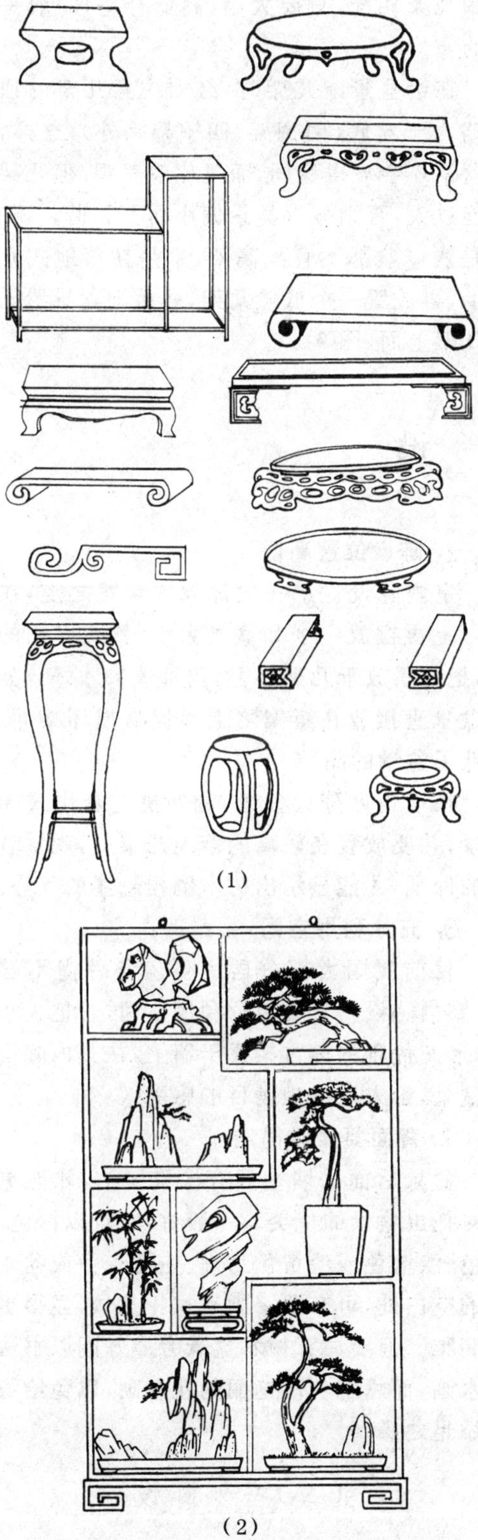

（1）

（2）

（3）

图 9-2　桌上式及挂壁式几架

（1）桌上式几架　（2）挂壁式几架

图 9-3　几架与盆景的匹配

（1）几架与盆景匹配不当致使盆景逊色

（2）圆形矮架配方形高盆显得协调美观

（3）长方形山水盆景常配四脚架

景和优美的几架,如不注意两者的大小、高低、样式,随便配在一起,也是不协调的。一般来讲,悬崖式树木盆景应配较高的几架,但栽种于签筒盆中的悬崖式树木盆景,也可以配较低的几架。圆盆要配圆形几架,但要注意盆钵和几架不要等高。长方形盆、椭圆形盆应配长方几架或书卷几架。自然树根几架的平面多呈圆形或近似圆形,配圆形盆比较好。长方形或椭圆形山水盆景,常配两搁架或四搁架。总之,同一式样的盆钵和几架相配,只要大小、高低合适,一般是协调的。

在给盆景配几架时,必须注意几架的顶面要略大于盆底(两搁架、四搁架除外),这样,放上盆景才会显得稳固,而且比较美观。但几架也不能过大,否则显得盆景偏小而不和谐。还有,凡是浅口盆都不宜配高架,常是在落地式几架之上,再放置一个低矮几架,然后把盆景置于这个几架上面(图 9-3)。

第二节 陈 设

盆景是供人们观赏的活的造型艺术品。一件优秀的盆景,只有在一定环境的衬托下,才能充分展示它那"无声的诗""立体的画"般的魅力。盆景的陈设分为室内陈设和室外陈设两大类。

由于陈设的目的和环境不同,盆景陈设布局方法也有区别。如同是室内陈设,盆景展览时的陈设和家庭室内盆景陈设就不尽相同,盆景展览时间较短,一般在两周左右,对树木生长影响不大,布展时主要考虑的是艺术效果;家庭室内盆景陈设时间较长,一般讲家庭室内光照、通风条件欠佳,所以家庭室内陈设盆景时,既要考虑陈设的艺术效果,又要考虑尽量少影响树木正常的生长发育。

(一)室内陈设

目前,家庭陈设盆景越来越多。如果制作、养护、布置技术掌握得好,虽身居斗室之中,也能领略到旷野林木之态,自然山水之貌,令人心旷神怡,既陶冶情操,又增进艺术修养。室内陈设盆景要注意以下几个方面。

1. 盆景与房间相协调

在室内陈设盆景,要根据室内的面积大小,来选择大小适宜的盆景。如在企业、事业单位或宾馆饭店大厅陈设盆景,就要挑选大、中型盆景;如在卧室陈设盆景,要选择小型或微型盆景。若房间小、盆景大,给人一种压抑感。

2. 陈设位置高低

室内陈设盆景一般都放置桌案之上,在桌案之上再摆放一个和盆景大小、款式协调的几架,把盆景放于几架之上,艺术效果才好。如果把盆景直接放在桌案之上不但易损坏桌面,也降低了盆景的品位。

在墙角处陈设盆景,最好挑选悬崖式树木盆景,并要放置在较高的落地几架上,观赏者适当的仰视,才能显示出树木倒挂悬崖的气势。

3. 充分利用空间

目前我国大部分居民住房条件尚不够宽裕,室内陈设盆景要充分利用空间,若把大小适宜,形态优雅的博古架置于墙上,在其内陈设微型盆景,给人以琳琅满目的感受。

4. 背面要淡雅简洁

盆景后面的墙壁只有淡雅简洁,才能更好地衬托出盆景的优美。一般讲,背景以白色、乳白色、淡蓝色或淡黄色为好。在盆景旁或盆景之间的空白处,可布置字画来衬托盆景,显得更别致高雅。但要注意树木盆景旁最好配以书法或山水画,而忌配色泽艳丽的花鸟画,以免给人画蛇添足之嫌。

(二)室外陈设

室外陈设盆景包括家庭的庭院、花圃、盆景园等在露天陈设的盆景。在室外露天陈设盆景日照充足,通风透气好,雨淋湿润等,都对树木生长有利。长期摆放树木盆景在此环境中，可边欣赏，边养护，两不耽误。在室外陈设盆景要注意以下几方面：

1. 陈设在几架上

在室外露天陈设盆景，不要把盆景直接放在土地上，因为蝼蛄等地下害虫可爬入盆内危害树木根系，另一方面也不美观。在室外陈设盆景常用石质、釉陶、水泥制作的几架。其中石质、釉陶几架美观大方，古朴幽雅，能把盆景衬托得更加优美，品位更高。

2. 树木种类及大小搭配

在室外陈设盆景应把不同树种、不同款式、不同大小的盆景适当搭配进行陈设。这样景物高低错落，款式多变，叶片、花果色泽不同，给人们音乐般的节奏感，以及颜色多变的色彩美。

3. 距离高度要适当

此处所说的距离包括两个方面：首先是盆景与盆景间的距离，左右相邻的两件盆景，既不能相距太近，也不能相距太远，太近干扰观赏者的视线，太远景物之间失去联系，展品间没有整体感，一般地讲，展品间距在 30 厘米左右为好。再则是观众与盆景间的距离，大型盆景和观众相距可远一些，中、小型盆景与观众可适当近一些，微型盆景与观众间距最小（在 1 米左右为好），再远看不清景物的细微部分。

盆景放置高度（悬崖式除外），一般而言，大部分观众的视平线应和景物的中间部位等高。如果盆景放置于低处，观赏者俯视盆景，那观赏者所见到的盆景，是变态的盆景，很难有美的享受。

盆景的陈设，不论是室内还是室外，都要把重要的盆景放置显要位置加以突出。所谓重要的盆景包括：在省市、全国或世界性盆景评比展览中获得金奖者；国家领导人、社会名流养护过的盆景；用稀有树木制作的比较成功的作品，具有创新的盆景等。如 20 世纪 80 年代初，北京市盆景展览时，把孙中山、宋庆龄养护过的一盆古桩石榴盆景在展览会展出时，放在最显要的位置，观看者很多，有的观众到了留连忘返的地步。

第十章 盆景艺术欣赏

盆景是雅俗共赏的高等艺术品。欣赏盆景，能丰富人们的文化生活，振奋精神，陶冶情操，提高艺术修养，消除疲劳，有益于身心健康。欣赏盆景艺术，要具备主观和客观两方面的条件。

在主观方面，欣赏者首先要有一定的美学知识、绘画知识、文学修养、审美能力和对大自然细致的观察力，才能具备一定的欣赏能力。其次要有充裕的时间和欣赏盆景的兴趣。只有这样，才能更好地欣赏盆景艺术，通过盆景的外形美，引起想象和联想，深入领会盆景的内涵美，也就是所谓的"神"——盆景的灵魂。

在客观方面，首先，盆景作品即欣赏对象，要具有一定的观赏价值。如果盆景艺术水平很低，欣赏者有再高的欣赏水平，也不会有美的享受。其次，要有一个良好的环境。一件上乘的盆景，若置于杂乱的环境中，使人无法认真细致地进行欣赏，就更难引起想象和联想了。

不论是欣赏山水盆景，还是欣赏植物盆景，主要是从四个方面来进行欣赏，即欣赏盆景艺术的自然美、整体美、艺术美和意境美，而意境美是盆景的灵魂，是其生命力之所在。

第一节 自然美

（一）山水盆景的自然美

山水盆景和一般艺术品既有共同点，也有不同之处。其不同之处在于，它是以自然山石为主要原料，其中的草木、青苔又具有生命力。因此，自然美是盆景美的一个重要方面。优秀的山水盆景作品，必然是自然美的直接再现。峰峦的色泽、纹理、形态，美观而又协调，其中的花草树木、舟、亭、塔、寺，都使人感到它真实而富有生机。因此，离开自然美，山水盆景艺术就不会产生和发展，更谈不到欣赏了。

山水盆景的自然美，主要体现在制作材料的质地、形态、纹理、色泽和植物种植是否符合自然规律等方面。各种材料都有其不同的自然特性，不论是"因材立意"还是"因意选材"，都是要利用原料的自然美而达到突出主题的目的。有一位盆景爱好者，得到一块质地坚硬、纹理通直的山石，他观石后确定，利用山石纹理的自然美，将石料竖向使用。立意后，拼接胶合成一件作品，其山峰挺拔雄伟，通直的山石纹理好似飞

瀑自天而降，一落千丈，因而命名为《飞瀑千仞》（与本书附图同名）。这是利用自然美的一件成功的作品。

在山水盆景中栽种植物，要符合自然规律，方能显示出自然美。如在山巅栽种高大挺拔的树木，山下铺苔稀疏，而山峰上部却铺苔稠密，这就违背了自然规律，显得矫揉造作。《飞瀑千仞》主峰内侧是悬崖峭壁，缺少曲线美，创作者为了弥补这一不足，在山腰背面种植一株树木，树干由主峰后面伸出并适当下垂，就像在峭壁悬崖上生长着似的。这株树木除起到绿化和改变山峰外形轮廓的作用外，树木顽强的生命力还给人一种矫健有力的感受。

（二）植物盆景的自然美

欣赏植物盆景的自然美与欣赏山水盆景的自然美有所不同。植物大都由根、干、枝、叶组成，有的还要开花结果。虽然一棵树木是一个统一的整体，但在欣赏时观赏者的注意力并不是平均分配到各个部位上去，而是每件植物盆景

都有其欣赏的侧重点,所以植物盆景有观根、观干、观枝叶、观花、观果等的不同形式。

1. 根的自然美

根是植物赖以生存的最重要的部位之一。一般植物的根虽然都扎入泥土之中,但全部扎入、看不到的却很少。盆景是高等艺术品,盆树不露根就降低了欣赏价值,故有"树根不露,如同插木"之说。所以盆景爱好者在野外掘取树桩时,对露根的树桩格外喜爱。挖回来经过"养胚"、上盆等过程,把根提露于盆土上面,供人们观赏。湖南张家界国家森林公园内有两棵并排长在一起的大楠树,伸出龙爪似的粗根,紧紧抓住一块足有一人多高的四方岩石,盘根错节,树石浑然一体,被人们誉为"双楠箍石",就是树根自然美的典型代表,可谓"鬼斧神工"的杰作(图10-1)。

(1)

(2)

图 10-1　根的自然美
(1)树根提出土面较高
(2)树根提出土面不高

2. 树干的自然美

在树木盆景的造型中,以树干变化最为丰富多彩,其中一部分是自然形成的。有的在一般人看来老木已经腐朽,当柴烧都不起火苗,简直就是一棵废树,但在盆景爱好者看来,它却是难得的珍品。

北京的盆景工作者创作《劫后余生》树桩盆景的过程,清楚地说明了这个问题。1980年春天,北京颐和园的盆景工作者,在圆明园遗址,发现了一棵当年该园被英法联军放火焚烧后残存下来的老榆树,现在这棵仅剩一块树皮的老榆树,竟又奇迹般地在其顶部生出枝条,他们如获至宝,便挖掘回来,精心养护,巧施造型,制作成了一件榆桩盆景。1989年,在湖北省武汉市举行的第二届中国盆景评比展览会上,这件以《劫后余生》命名的榆桩盆景,受到行家和盆景爱好者的一致好评,被评为一等奖,被人们称之为"国宝"。《劫后余生》的美,就美在那块形似雄鹰翅膀的古老树皮上。通过这件盆景的外形美,可以领会其内涵的神韵,尤其是见到《劫后余生》的命名,并知道其来历时,就会自然地回忆起130余年前英法联军、90余年前八国联军侵略我国,进入北京时烧杀抢掠、惨不忍睹的情景。"劫后"寓意一棵好端端的大榆树,在帝国主义分子对园林的疯狂洗劫后,仅剩一块不完整的树皮,揭示凶恶的帝国主义把中国破坏得支离破碎,民不聊生。"余生"寓意中华民族同帝国主义侵略者,经过长期斗争之后,终于在中国共产党的领导下,推翻了帝国主义、封建主义和官僚资本主义的反动统治,中华民族又屹立于世界民族之林,我们的共和国正像雄鹰一样展翅腾飞。这件盆景作品寓教于乐,观后给人以诸多启迪,它激励人们不忘国耻,要更加齐心协力地把我国建设得更加美丽、更加富强(图10-2)。

当然,树干的自然美是多种多样的,最常见的是树干在自然条件下所形成不规则"S"形弯曲,或者树干的一部分已经腐朽,而另一部分却生机盎然地活着,它饱经风雨,历尽沧桑,竟能顽强地生存下来,它会给人以启发和教益(图10-3)。

3. 枝叶的自然美

我们所说枝叶的自然美,更确切地说,应该

图 10-2　劫后余生

是枝条和叶片组成的枝叶外形美。在平原沃土中生长的树木,难以符合盆景造型对枝叶形态的要求。只有在荒山瘠地、山道路旁、高山风口等处,由于樵夫砍伐、人畜踩踏、牲畜啃咬、风雨摧残等因素,才能使树木自然形成截干蓄枝、折枝去皮以及自然结顶等比较优美的形态。找到这种形态的树木,掘取回来培育成活之后,略经加工,即成盆景。

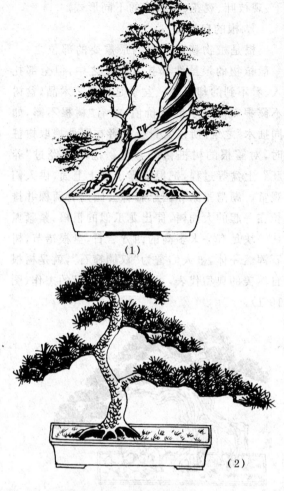

（1）

图 10-3　树干美

(1)返老还童
(2)树干呈"S"形,树冠呈不等边三角形

（2）

第二节　艺术美

（一）山水盆景的艺术美

制作山水盆景的材料,虽然取材于自然山石及草木,但它并不是自然界山石草木的模仿和照搬。因为自然界的美多是分散的,不典型的,它不能满足人们欣赏的需要。人们在欣赏自然景色时,有时感到它缺了点什么,有时又感到它多了点什么。这一多一少就是自然形态的美中不足。在设计山水盆景时,就要运用"缩地千里"、"缩龙成寸"、"繁中求简"、"有疏有密"、"对比烘托"等艺术手法,将自然界中的山水树木进行高度地概括和升华,使之取于自然又高于自然。在制作时也是如此,即使选到一块自然形态较好的岩石,也不可能完全具备制作盆景所需要的形态、纹理和气质。所以盆景艺术家在创作过程中,既要充分显示岩石的自然美,又要依据立意对岩石进行加工,使其在不失自然美的前提下,创造出比自然美更集中、更典型、更具有

普遍意义的美。这种美就是艺术美。如果说自然界的山水为第一现实景观,那么经过艺术加工,集自然美与艺术美于一体的山水盆景,就是第二现实景观。它比第一现实景观更理想、更完美、更富有生活情趣。

(二)植物盆景的艺术美

同前述山水盆景艺术美的道理一样,植物盆景中的树木,虽取材于自然界,但也不是照搬自然界中各种树木的自然形态,而是经过概括、提炼和艺术加工,把若干树木之美艺术地集中于一棵树木身上,使这棵树木具有更普遍、更典型的美。就拿树根来说,许多盆景爱好者模仿自然界生长于悬崖峭壁之上的树木,经过加工造型,有的悬根露爪,有的抱石而生,有的呈三足鼎立之势,有的呈盘根错节之状,有的把根编织成一定的艺术形态,真是千姿百态,美不胜收。

制作植物盆景的树木素材,有相当一部分是平淡无奇的或只具有一定的美。然而盆景艺术家根据树木特点,因材施艺,因势利导,经过巧妙加工,就能制成具有观赏价值的作品。有的盆景艺术家,抓住树木在狂风中枝叶向背风面弯曲飘荡的姿态,加以概括、提炼,制作成风吹式树木盆景。观看这种树木盆景,会给人以亲临其境和"无风胜有风"、"无声胜有声"的艺术感受(图10-4)。

图 10-4 无声胜有声

第三节 整体美

这里所讲盆景的整体美,是指一景、二盆、三架、四名,这四要素浑然一体的美。在四要素当中,以景物美为核心,但美的景致必须要有大小、款式、高低、深浅适合的盆钵与几架,以及高雅的命名,才能成为一件完整的艺术品。

景物。景物是指盆景中的山石或树木。景物美是整体美中最重要的部分。如山石、树木形态不美,观赏价值低或没有什么观赏价值,盆钵、几架、命名再好,也称不上是一件上乘佳品。关于景物的美,前面已经讲过,不再赘述。

盆钵。一件上乘景物,如果没有与之协调的盆钵相配,这件作品也是不够品位的。正如一个人,穿一身得体西服,但脚上穿了一双草鞋,这个人的形象便不言而喻了。景、盆匹配,其大小、款式、色泽是否协调是非常重要的。此外,还要注意盆的质地,上乘桩景常配以优质紫砂盆或古釉陶盆,这样的匹配才是恰当的。

图 10-5 危崖柏风

几架。上乘几架本身就是具有观赏价值的艺术品，评价一件盆景的优劣，和几架的样式、高低、大小、工艺是否精致是分不开的。除几架本身的质量外，更重要的是与景物、盆钵是否协调，浑然形成一体。如悬崖式古柏盆景《危崖柏风》，这件作品神形兼备，枯荣与共，神枝与利干一应俱全，是一件具有很高观赏价值的作品。按常规悬崖式盆景应栽种于签筒盆中，创作者却用了一个中等深度的圆形盆，为了更好展示下垂神枝风姿，创作者选用一个高脚几架，这个几架在该件作品中的作用非同小可，是该盆景完整美的重要组成部分(图 10-5)。

命名。一件优秀的盆景作品，没有诗情画意和贴切的命名，这件作品的美也是不完整的。命名的重要性前面已经介绍过，不再重复。

第四节　意境美

(一)山水盆景的意境美

意境是盆景艺术作品的情景交融，并与欣赏者的情感、知识相互沟通时所产生的一种艺术境界。欣赏优秀的山水盆景作品，使人有"一勺则江湖万里"、"一峰则太华千寻"之感，这种感触、联想与想象，就是意境。盆景的意境是内在的、含蓄的，只有具备一定欣赏能力的人才能体味到其中之美。同时人们对盆景的审美观也是随着时代的发展而不断变化的。

盆景作为一种特殊的艺术品，不但要具有自然美和艺术美，更主要的是要表现出深邃的意境美。使景中有情，情中有景，情景交融，给人以内心的艺术享受，达到景有尽而意无穷的境地。盆景作品追求的最高标准，只能是也必须是作品内在的意境美，在欣赏中最主要的也是欣赏盆景的意境美，意境的好坏是评价一件盆景作品优劣的主要标准。

在山水盆景创作中，最难表现的是意境美。盆景的意境主要是通过造型来体现的。造型就是构图，比如安排峰峦的位置，通过"小中见大"、"咫尺千里"等艺术手法，来创作盆景的意境。

意境的深浅并不取决盆景的大小或峰峦的多少。有的山水盆景虽不大，峰峦不多，但意境很深。如有一件名为《铁岭渔歌》盆景，盆长 29 厘米，主峰高仅 10 余厘米，由 3 组峰峦组成。主峰高耸入云，有壁立千仞之态，高拔五岳之势；次峰高低错落有致，山的坡脚伸向远方；远山又由高低大小不等的几块山石构成。这样的造型就能给人以"横看成岭侧成峰，远近高低各不同"之感。主峰山脚处点缀一悠闲自得的老翁在垂钓；盆景用的又是洁白如雪的汉白玉浅口盆，衬托出山水的秀丽。整个构图显得浓淡相宜，静动相衬，气韵浓郁，富有深邃的意境。

(二)植物盆景的意境美

对树木盆景意境美的欣赏，是通过树木的外形来领会其蕴含的神韵，神韵即盆景的意境。如直干式树木盆景，主干直立而挺拔，树干虽不高，却有顶天立地之气势，以象征正人君子之风度。再如连根式树木盆景，猛一看好似株株树木生长在一盆之中，仔细再看，下部还有一条根把几棵树木连在一起。通过这一树木外观，可以启发观赏者的许多灵感。有的观赏者可能会想到兄弟本是一母所生，应相互团结和睦、情同手足；有的观赏者还可能联想到居住在台湾的同胞和在异国他乡的我国侨胞，都是炎黄子孙，中国的富强和国际地位的不断提高，海外赤子都感到光荣和骄傲(图 10-6)。

树木盆景不仅干和根要体现意境美，枝叶也要体现意境美。图 10-7 中的两件松树盆景，有相同之处，也有不同之点。相同之处是树干形态都呈不规则的"S"形，枝叶都是 5 片。不同之点是枝叶在树干生出的位置，上边那盆枝叶基本对生，就显得呆板而缺乏美感；下边那盆枝叶呈互生,则显得生动活泼,观之使人有步步青云的感受。两件盆景最大的不同是枝叶意境的不同。

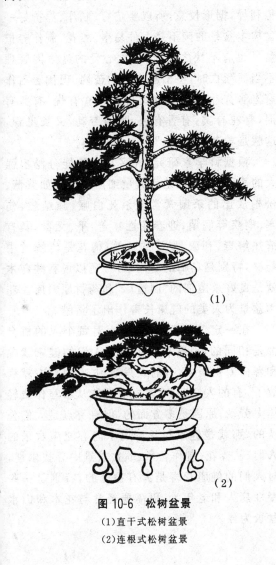

图 10-6 松树盆景
(1)直干式松树盆景
(2)连根式松树盆景

图 10-7 "S"形盆景
(1)枝叶呈对称形不美
(2)枝叶呈互生形变美

随着改革开放的不断发展,我国与世界各国的文化交流日趋频繁,人们对各种文化艺术形式的审美观念和欣赏情趣也在不断提高。这就要求盆景工作者和盆景爱好者,要在继承发扬传统的基础上,使盆景艺术能够不断地有所发展、有所创新。盆景艺术只有在发展和创新中才有生命力,才能满足人们文化生活不断提高和国际文化交流日益发展的需要。

第五节 制作欣赏盆景有益健康

盆景艺术所以能得到各国人民的喜爱,说明它有多方面的魅力,是人们不可缺少的精神食粮。

有人讲"制作和常欣赏盆景有益身心健康",是有道理的。盆景以它特有的艺术魅力来美化、绿化人们的工作和生活环境,陶冶人们的情操,给人们以美的享受。欣赏优美的盆景,犹如置身于大自然的怀抱,神游其间。欣赏神形兼备的盆景能振奋精神,激发情感,解除人们工作后疲劳,丰富文化生活,增添生活乐趣,有益于身心健康。

科学家发现,幽静的绿色环境和盛开的花朵,通过人们的视觉和嗅觉,能使人们紧张的中枢神经系统松弛,情绪稳定,有利于改善人体各种功能,使人的体温有所降低,呼吸均匀,血压稳定,心脏负担减轻,有助于提高药物疗效。这对冠心病、高血压、神经衰弱等一些慢性病患者以及老年人都是大有益处的。

古往今来,文人学者对养花(树木盆景是艺术化的花木)与健康的关系都有自己的见解,有的还留有诗词。如唐代著名医学家孙思邈在100岁高龄时还在养花。他说:"常使小劳,则外邪难袭。"宋代大诗人陆游晚年养花,写诗曰:"芳兰移取偏中林,余地何妨种玉簪。更乞两丛香百合,老翁七十尚童心。"现代文学家兼盆景艺术家周瘦鹃先生的盆景艺术高超,闻名于世,周恩来总理和邓颖超同志都参观过他的盆景园,他在90高龄时仍以制作欣赏盆景为乐事。

春季在庭院、阳台或室内陈设青翠欲滴、造型典雅的榕树、榆树等盆景,将给你生活增加浓厚的愉快气息。在炎热的夏季,用开满白色小花的六月雪盆景美化居室,不但给人以美的享受,而且觉得空气凉爽,有六月忘暑之感。金秋之时陈设火棘、石榴盆景,嫣红的果实挂满枝头,给你带来丰收的喜悦。在百花凋谢、群芳养息的严冬,在阳台或室内陈设四季常青、性格坚强,不因寒暑变色的松柏类盆景,能增强人们的斗志。

养花、培育制作盆景是一种体力和智力劳动。因为花木种类繁多,习性各不相同,对水、肥、阳光、温度、土壤要求不一,在造型时又要因势利导,据形授意,所以要培育、制作、养护好一盆树木盆景的确不是一件易事。养花、制作养护盆景也有不快之时,当一盆心爱的盆景因管理不当而死亡时,将引起人们的苦恼。现代著名作家老舍先生深有感触地说:"有喜有忧,有哭有泪,有花有实,有香有色,既须劳动,又长见识,这就是养花的乐趣。"

根据科学家研究,许多花木都能分泌出强大的杀菌毒素,能杀死大量细菌、真菌。如紫薇、松柏放出的杀菌素常能杀死白喉、肺结核、伤寒、痢疾等病菌;迎春花性味苦、平、无毒,具有清热解毒、利尿、发汗的功效;梅花是传统的中药材,特别是乌梅的药用最广。所以说有些花木就是良好杀菌剂的"制造厂"和药材原料库。花木盆景为人类的健康长寿作出了贡献。

在一定条件下,健康长寿对每个人的机会都是相同的,但在现实生活中人们的健康状况和寿命差别很大,有的人只活到40岁左右就病故了。有的人活到80岁左右还能从事写作或轻体力劳动,原因是多方面的,但有一点是人们公认的,那就是健康与长寿属于内心充满欢乐的人们。从养花、制作盆景、欣赏盆景中寻找乐趣,对人们的健康长寿是大有益处的,特别是一些慢性病人和老年人,更需要经常与花木和山水盆景为伴。

附录一：　　　　　　　　制作盆景的工具

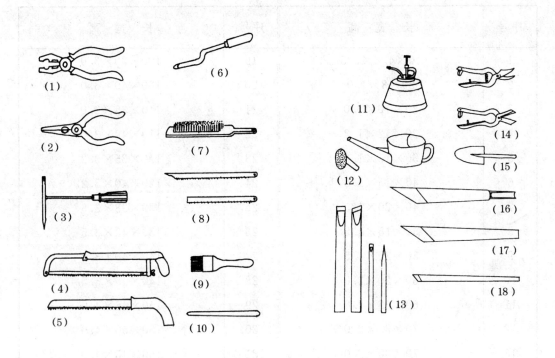

(1)克丝钳　　　　　　(10)竹片

(2)尖嘴钳　　　　　　(11)小喷壶

(3)小山子　　　　　　(12)两用壶

(4)钢锯　　　　　　　(13)錾子

(5)手锯　　　　　　　(14)剪刀

(6)异型凿子　　　　　(15)小铁锹

(7)铁刷　　　　　　　(16)两用水仙刀

(8)废钢锯条　　　　　(17)锯片刀

(9)油漆刷　　　　　　(18)刻字刀

附录二： 　　　　　山水盆景石盆规格　（单位：厘米）

序号	长　宽　高	序号	长　宽　高
1	10×4.8×0.5	19	100×30×3.0
2	20×8×1.0	20	100×40×3.0
3	20×10×1.0	21	110×35×3.0
4	30×12×1.2	22	110×40×3.0
5	30×15×1.2	23	120×35×3.2
6	40×15×1.5	24	120×40×3.2
7	40×20×1.5	25	130×38×3.5
8	50×15×1.5	26	130×42×3.5
9	50×20×1.5	27	140×40×3.5
10	60×20×2.0	28	140×45×3.5
11	60×25×2.0	29	150×45×4.0
12	70×25×2.0	30	150×50×4.0
13	70×30×2.0	31	160×45×4.0
14	80×30×2.2	32	160×50×4.0
15	80×35×2.2	33	170×50×4.5
16	90×30×3.0	34	170×55×4.5
17	90×35×3.0	35	180×55×4.5
18	90×40×3.0	36	180×60×4.5

主要参考文献

1. 陈　植．《观赏树木学》(修订版)．北京：中国林业出版社，1984
2. 赵庆泉．《中国盆景造型艺术分析》．上海：同济大学出版社，1989
3. 徐晓白等．《中国盆景制作技艺》．合肥：安徽科学技术出版社，1994
4. 袁奎荣等．《中国观赏石》．北京：北京工业大学出版社，1994
5. 赵有德等．《中国第二届赏石展精粹》．广东：岭南美术出版社，1996
6. 赵怡元．《古代画论辑解》．西安：陕西人民美术出版社，1984

作者介绍

本书作者简介

马文其先生现任中国盆景艺术家协会副秘书长,北京市盆景艺术研究会常务副会长,中国海峡两岸及港澳地区盆景名花研讨会副秘书长,《中国花卉盆景》杂志特邀编委,第三届中国盆景艺术展览会评委,东方名人研究院常务理事。

马文其先生于1937年出生,其职业为医师。从1965年起开始制作盆景,其作品多次在全国盆景展览中获等级奖。近10余年来从事盆景教学和理论研究,已有14种不同版本盆景专著问世。代表作有《盆景制作与养护》、《中国盆景欣赏与创作》、《当代中国盆景艺术》、《中国水仙造型及欣赏》等书。其中《盆景制作与养护》一书1997年参加中国艺术界名人作品展示会获银鼎奖。1983年以来在17家省市及中央级报刊上发表160余篇有关盆景艺术的文章,其撰写的中国盆景艺术文章德国盆景杂志曾予以连载。1988年以来为中央电视台、北京电视台拍过多集盆景造型及欣赏科教片。其传略已辑入《中国当代艺术界名人录》、《国魂——跨世纪中华兴国精英大典》、《中华百年》(人物篇)等多种典录。

本书彩页盆景作品作者

(一)中国盆景艺术大师、中国盆景艺术家协会副会长及顾问等

陈思甫	中国盆景艺术大师	中国盆景艺术家协会顾问
伍宜孙	中国盆景艺术大师	
贺淦荪	中国盆景艺术大师	中国盆景艺术家协会副会长
胡乐国	中国盆景艺术大师	中国盆景艺术家协会副会长
潘仲连	中国盆景艺术大师	中国盆景艺术家协会副会长
赵庆泉	中国盆景艺术大师	中国盆景艺术家协会副会长
林凤书	中国盆景艺术大师	中国盆景艺术家协会常务理事
汪彝鼎	中国盆景艺术大师	中国盆景艺术家协会常务理事
王选民	中国盆景艺术大师	中国盆景艺术家协会常务理事

傅耐翁 中国盆景艺术家协会副会长

钱阿炳 中国盆景艺术家协会顾问

米夏埃尔·克罗尔茨 德国盆栽协会理事会发言人

(二)中国盆景艺术家协会理事

张尊中 秦蓁翊 冯连生 冯舜钦 刘友坚

周国梁 薛 平 刘传刚 李双海 刘天明 于锡昭

陶志明 仲济南

(三)中国盆景艺术家协会会员、省市盆景艺术家协会成员、省市盆景协会成员等

华炳生 周龙华 高鹤鸣 黄元正 雷从军

伞志民 乔松波 李保山 陈添丁 吴义伯

蒋东壁 贺生仓 刘荣森 庄荣奎 王明生

柯宗英 万海青 刘 渊 彭先仲 闫文林

毛耀南　赵士杰　张建朝　尹家春　贺东岭
赵征祚　刘发群　符灿章　周文广　王　修
卢逈骅　施德勇　苏义吉　周西华　刘宗仁
郑建明　陈新森　李华超　刘　洪　姬民生
袁其芳　蔡平安　高　存
湖北省武穴市花木公司　开封龙亭公司　河北农业大学

本书绘图、摄影作者

马德荣　李荣光　刘文友　马文其　蒋　铎
萧　荣　吴建康　魏文富
黄　乐　王选民　戴新民　姜景全　刘梁华
乔松波　刘长河　俞建跃　郑高华　邢　毅
马　莉　孙延洪　王建华　王力力　蒋　铎
毛成山　崔连泉　张小丁　施德勇　白岫云
吴绍良

后　记

　　本书自1993年问世以来,得到广大盆景工作者和爱好者的喜爱,多次印刷,仍供不应求。本书1997年参加中国艺术界名人作品展示会获银鼎奖。近几年来盆景艺术发展很快,必须增添新的内容才能跟上时代前进的步伐,满足广大读者的需要。

　　在编写修订版本过程中,得到国内外盆景界领导和同仁们的关心和支持。中国盆景艺术大师、中国盆景艺术家协会会长徐晓白教授为本书写了书名并撰写题记。中国盆景艺术大师胡乐国、台湾盆景艺术协会副理事长苏义吉、德国盆栽协会理事会发言人米夏埃尔·克罗尔茨先生等为本书提供了精美盆景照片,使本书内容更加丰富多彩。

　　在本书修订编写过程中,还得到解秀纯、施德勇、周文广、卢逈骅、石万钦、明宗晨、刘虹、郭崇嵬等先生的大力支持,在此一并致谢!

　　本书封面盆景作者蔡平安,第1版前言页盆景作者汪彝鼎,版权页、获赏状页、修订版说明页、修订版题记页盆景作者均为马文其。特此说明。

作　者
2000年2月